高等学校经济管理类主干课程教材

应用随机过程

方 杰 周熙雯 郭君默 编著

U0385848

中国人民大学出版社

·北京·

前　言

随机过程是广泛应用于电子信息工程、通信工程、保险精算、金融工程、统计学等学科相关领域的一门重要的基础课程。目前国内不同学科和专业领域出版了大量以此为主题的专业教材。然而，这些教材往往针对自然科学领域的随机过程应用场景，以社会科学为应用视角、针对本科阶段特别是应用型本科阶段、以随机过程为主题的教材鲜见于市场。

党的二十大报告指出："教育、科技、人才是全面建设社会主义现代化国家的基础性、战略性支撑。必须坚持科技是第一生产力、人才是第一资源、创新是第一动力。"我们在多年课程教学的基础上，努力吸收国内外优秀教材之长处，编写了这本教材，以适应应用型本科突出技能与应用的要求，为人才培养提供助力。

本书在介绍随机过程基础理论的前提下，着重使用图表等多种形式，形象地展示课程的脉络。在介绍部分难以理解的知识点时，本书附有相关的软件代码，学生可以使用这些代码自行操作，从而更加形象地理解相关知识点。对于复杂的数学推导，在不影响阅读的前提下，一律放到章后的附录中，以供学有余力的学生参考学习。另外，书中还穿插介绍了随机过程学科发展过程中重要学者的生平及其研究问题的基本思路和方法，以此激励学生树立学术志向，培养良好的思维品质和科学精神。

为了突出《应用随机过程》书名中的"应用"二字，书中所举的很多相关例子和课后习题具有经济和社会生活的应用背景，有助于培养学生的知识迁移能力和创新精神。作为一门数理类课程，本书的先修课程有概率论与数理统计、微积分和线性代数。如果读者接触过微分方程和差分方程相关知识，则更好。同时，本书各章附有丰富的课后习题，可供学生及时检验学习的效果。

本书由方杰主编。其中第一章和第六章由方杰编写；第二章和第三章由方杰和周熙雯共同编写，其余各章内容由方杰和郭君默共同编写。方杰负责全书的统稿和习题的汇编，周熙雯负责书稿的校对工作。

本教材的出版得到了福建省本科高校教育教学改革研究重大项目"以产为教，知行合一——金融类专业产教融合之路"（项目编号：FBJG20200164）以及福建省社科研究基地福建江夏学院金融风险管理研究中心、福建省金融科技创新重点实验室、福建省数字金融协同创新中心等学科平台的资助，在此一并表示感谢。

本书在付梓之前，得到了国内多所高校相关授课教师的帮助，在此特别感谢河南农业大学王瑞老师。王老师基于数学的专业背景，针对前版教材（《随机过程及其在金融中的应用》）中的缺漏和错误之处提出了大量宝贵建议。所谓教学相长，我们在多年的教学中，得到了历届学生的积极反馈，这是本教材能够成功付梓的关键，在此对他们表示衷心的感谢。

本教材在编写过程中参考了大量已出版的相关教材和研究论文，在此向这些文献资料的作者表示谢意。同时，与本书内容配套的视频课程已经在 B 站（**bilibili.com**）开放，学员可通过扫描下方的二维码访问视频课程网址，并点击"合集和列表"选项进入视频课程相关页面。教材中涉及的软件代码可通过百度网盘下载，相应的二维码如下：

视频课程　　　　　　　　　　　软件代码

虽经过多轮校对，但本教材仍可能存在不妥甚至错误之处，我们期待您的批评指正。编者的电子邮箱地址为：james_fang_fe2016@163.com。选用本教材的教师也可以通过该邮箱索取配套的课件资源、软件代码和习题参考答案。

编者

2024 年 4 月

目　录

第一章　预备知识

本章主要是对概率统计中的基本概念和结论加以回顾，并在此基础上给出随机过程的定义及其特征。

第一节　事件与概率

一、样本和样本空间

通常把按照一定想法去做的事件称为试验（experiment），把试验的可能结果称为样本点（sample point），把样本点的集合称为样本空间（sample space）。通常将样本空间记为 Ω，样本点记为 ω。

对此可以用生活中的例子来说明：一个均匀的骰子（dice）有六个面，每次抛出这个骰子，会得到相应的点数（比如：3）。这里"抛骰子"就是一个事件，也就是"试验"；在抛出骰子后得到的"点数"3 就是"样本点"（$\omega = 3$）；而骰子的可能点数为 $1, 2, 3, \ldots, 6$，因此对应的样本空间就是 $\Omega = \{1, 2, 3, \ldots, 6\}$。

知识讲解

事件与概率

二、事件与概率

事件（event）是样本空间 Ω 的子集，且满足以下三个条件：

(1) Ω 是事件；

(2) 若 A 是事件，则 A^c 是事件[①]；

(3) 若 A_i 是事件，则 $\bigcup\limits_{i=1}^{\infty} A_i$ 是事件。

回到骰子的例子，如果"抛出的点数为 3"是事件 A，则其对立事件 A^c 就是"抛出的点数不为 3"；另外，如果"抛一次骰子"是事件，则"抛若干次骰子"组成的所有事件的并集也是事件。

对于事件 A，如果使用 $\mathbb{P}(A)$ 表示事件发生的概率，则 $\mathbb{P}(A)$ 满足以下条件：

(1) 非负性：$\mathbb{P}(A) \geqslant 0$；

(2) 完备性：$\mathbb{P}(\Omega) = 1$；

[①] A^c 称为事件 A 的补集（complement）。

(3) 可列可加性：对于互不相容的事件 $A_1, A_2, \ldots$，有：

$$\mathbb{P}\left(\bigcup_{i=1}^{\infty} A_i\right) = \sum_{i=1}^{\infty} \mathbb{P}(A_i) \tag{1.1}$$

同样，针对抛骰子的问题，每次抛出质量均匀的骰子得到的点数值 i 应当满足 $\mathbb{P}(A) = \mathbb{P}(\omega = i) = \dfrac{1}{6} > 0$，其中 $i = 1, 2, \ldots, 6$。如果事件 A_1 抛出的骰子点数为 1，事件 A_2 抛出的骰子点数为 3，则两个互不相容事件 A_1 和 A_2 的并集就是抛出的骰子点数为 1 或 3 的概率，因此，

$$\mathbb{P}(A_1) = \mathbb{P}(A_2) = \frac{1}{6}, \qquad \mathbb{P}(A_1 \cup A_2) = \mathbb{P}(A_1) + \mathbb{P}(A_2) = \frac{1}{3}$$

三、概率空间

对于样本空间 Ω 和概率 $\mathbb{P}$，用 $\mathcal{F}$ 表示全体事件时，称三位一体的 $(\Omega, \mathcal{F}, \mathbb{P})$ 为概率空间（probability space）。$\mathcal{F}$ 称作 σ-代数（sigma-algebra）[①]，相当于样本空间 Ω 的子集的集合。

假设样本空间 $\Omega = \{1, 2, 3\}$，则 $\mathcal{F}$ 可表示为：

$$\mathcal{F} = \left\{\varnothing, \{1\}, \{2\}, \{3\}, \{1, 2\}, \{1, 3\}, \{2, 3\}, \Omega\right\}$$

对于 σ-代数 $\mathcal{F}$，其中的元素满足以下条件：

(1) 若 $A_i \in \mathcal{F}$，则 $A_i^c \in \mathcal{F}$；
(2) 若 $A_i, A_j \in \mathcal{F}$，$\forall i, j$，则 $A_i \cap A_j \in \mathcal{F}$；
(3) 若 $A_i, A_j \in \mathcal{F}$，$\forall i, j$，则 $A_i \cup A_j \in \mathcal{F}$。

简言之，对 σ-代数 $\mathcal{F}$ 中的元素取并集、交集和补集，结果均在 $\mathcal{F}$ 中。（σ-代数对并、交、补运算均封闭。）

不难验证，前面的样本空间 $\Omega = \{1, 2, 3\}$ 对应的 σ-代数 $\mathcal{F}$ 满足对并、交、补运算封闭的性质，比如，

$$\{1\} \cap \{2, 3\} = \varnothing \in \mathcal{F}$$
$$\{1\} \cup \{2, 3\} = \{1, 2, 3\} = \Omega \in \mathcal{F}$$
$$\{1, 2\}^c = \{3\} \in \mathcal{F}$$

四、概率的基本性质

对于事件 A_i，$i = 1, 2, \ldots, n$，其发生的概率具有如下性质：

(1) $\mathbb{P}(\varnothing) = 0$；
(2) 当且仅当 $A_1, A_2, \ldots, A_n$ 互不相容时，下式的等号成立：

$$\mathbb{P}\left(\bigcup_{i=1}^{n} A_i\right) \leqslant \sum_{i=1}^{n} \mathbb{P}(A_i) \tag{1.2}$$

[①] σ-代数也被称为 σ-域（sigma-field）。

(3) 如果 $A_2 \subset A_1$，则 $\mathbb{P}(A_1) - \mathbb{P}(A_2) = \mathbb{P}(A_1 - A_2) \geqslant 0$；

(4) $\mathbb{P}(A_1 \cup A_2) = \mathbb{P}(A_1) + \mathbb{P}(A_2) - \mathbb{P}(A_1 A_2)$；

(5) 条件概率公式：当 $\mathbb{P}(A_1) > 0$ 时，

$$\mathbb{P}(A_2|A_1) = \frac{\mathbb{P}(A_1 A_2)}{\mathbb{P}(A_1)} \tag{1.3}$$

除此以外，概率还有乘法公式、全概率公式和贝叶斯公式，具体如下：

（一）乘法公式

乘法公式可看作条件概率公式的直接推论，其表达式如下：

$$\mathbb{P}(B_1 B_2 \cdots B_n) = \mathbb{P}(B_1)\mathbb{P}(B_2|B_1) \cdots \mathbb{P}(B_n|B_1 B_2 \cdots B_{n-1}) \tag{1.4}$$

当 $\mathbb{P}(A) > 0$ 时，

$$\mathbb{P}(B_1 B_2 \cdots B_n|A) = \mathbb{P}(B_1|A)\mathbb{P}(B_2|B_1 A) \cdots \mathbb{P}(B_n|B_1 B_2 \cdots B_{n-1}A) \tag{1.5}$$

证明： 容易验证：

$$\begin{aligned}
&\mathbb{P}(B_1) \cdot \mathbb{P}(B_2|B_1) \cdots \mathbb{P}(B_n|B_1 B_2 \cdots B_{n-1}) \\
&= \mathbb{P}(B_1) \times \frac{\mathbb{P}(B_1 B_2)}{\mathbb{P}(B_1)} \times \frac{\mathbb{P}(B_1 B_2 B_3)}{\mathbb{P}(B_1 B_2)} \times \cdots \times \frac{\mathbb{P}(B_1 B_2 \cdots B_{n-1} B_n)}{\mathbb{P}(B_1 B_2 \cdots B_{n-1})} \\
&= \mathbb{P}(B_1 B_2 \cdots B_n)
\end{aligned}$$

另外，

$$\begin{aligned}
&\mathbb{P}(B_1|A)\mathbb{P}(B_2|B_1 A) \cdots \mathbb{P}(B_n|B_1 B_2 \cdots B_{n-1}A) \\
&= \frac{\mathbb{P}(B_1 A)}{\mathbb{P}(A)} \times \frac{\mathbb{P}(B_1 B_2 A)}{\mathbb{P}(B_1 A)} \times \frac{\mathbb{P}(B_1 B_2 B_3 A)}{\mathbb{P}(B_1 B_2 A)} \times \cdots \times \frac{\mathbb{P}(B_1 B_2 \cdots B_{n-1} B_n A)}{\mathbb{P}(B_1 B_2 \cdots B_{n-1}A)} \\
&= \frac{\mathbb{P}(B_1 B_2 \cdots B_n A)}{\mathbb{P}(A)} = \mathbb{P}(B_1 B_2 \cdots B_n|A)
\end{aligned}$$

（二）全概率公式

若事件 $A_1, A_2, \ldots, A_n$ 互不相容，则当 $\bigcup\limits_{i=1}^{n} A_i = \Omega$ 时，有：

$$\mathbb{P}(B) = \sum_{i=1}^{n} \mathbb{P}(BA_i) = \sum_{i=1}^{n} \mathbb{P}(B|A_i)\mathbb{P}(A_i) \tag{1.6}$$

当 $\mathbb{P}(A) > 0$ 时，有：

$$\mathbb{P}(B|A) = \sum_{i=1}^{n} \mathbb{P}(B|A_i A)\mathbb{P}(A_i|A) \tag{1.7}$$

知识讲解

乘法公式、全概率公式、贝叶斯公式、随机变量与随机向量

　　全概率公式的意义在于，当直接计算 $\mathbb{P}(B)$ 较为困难时，可以通过求小事件的概率，然后相加，从而求得事件 B 的概率。而将事件 B 进行分割的时候，则是先找到样本空间 Ω 的某个划分（partition）$\{A_1, A_2, \ldots, A_n\}$，进而得到相对应的事件 B 的分解，即：

$$B = BA_1 + BA_2 + \cdots + BA_n$$

利用条件概率的计算公式，可得：

$$\mathbb{P}(B) = \mathbb{P}(BA_1) + \mathbb{P}(BA_2) + \cdots + \mathbb{P}(BA_n)$$

$$= \mathbb{P}(B|A_1)\mathbb{P}(A_1) + \mathbb{P}(B|A_2)\mathbb{P}(A_2) + \cdots + \mathbb{P}(B|A_n)\mathbb{P}(A_n) = \sum_{i=1}^{n} \mathbb{P}(B|A_i)\mathbb{P}(A_i)$$

在 $\mathbb{P}(B|A_i)$ 和 $\mathbb{P}(A_i)$ 的计算较为简单时，利用全概率公式计算 $\mathbb{P}(B)$ 是可行的方法。

（三）贝叶斯公式

　　若 $A_1, A_2, \ldots, A_n$ 为一系列互不相容的事件，并且

$$\bigcup_{i=1}^{n} A_i = \Omega, \quad \mathbb{P}(A_i) > 0, \ \forall i$$

则对任一事件 B，有：

$$\mathbb{P}(A_i|B) = \frac{\mathbb{P}(B|A_i)\mathbb{P}(A_i)}{\sum\limits_{k=1}^{n} \mathbb{P}(B|A_k)\mathbb{P}(A_k)}, \qquad i = 1, 2, \ldots, n \tag{1.8}$$

　　与全概率公式解决的问题相反，贝叶斯（Bayesian）公式是建立在条件概率的基础上，通过确定的结果寻找发生的原因。此处 $\mathbb{P}(A_i)$ $(i = 1, 2, \ldots, n)$ 表示各种原因发生的可能性大小，故称先验概率（prior probability）；$\mathbb{P}(A_i|B)$ 则反映当结果 B 发生之后，再对产生这一结果的各种原因的可能概率进行推断，故称后验概率（posterior probability）。为了说明全概率公式与贝叶斯公式的联系和区别，举例如下：

例 1.1　某工厂有甲、乙、丙三台机器，各台机器生产的产品数量占总产量的比重分别为 25%、35% 和 40%，并且三台机器生产的产品次品率分别为 5%、4% 和 2%。请问：
(1) 该工厂总的产品次品率是多少？
(2) 假设从生产的产品中检查出一个次品，那么其是由甲机器生产的概率是多少？

解答：第一个问题考察的是全概率公式的运用，根据前面的公式，$\mathbb{P}(B)$ 是次品的概率；$\mathbb{P}(A_i)$ 则是第 i 台机器生产的产品数量占总产量的比重；而对应的 $\mathbb{P}(B|A_i)$ 则是第 i 台机器生产的产品的次品率。因此，

$$\mathbb{P}(B) = \mathbb{P}(B|A_1)\mathbb{P}(A_1) + \mathbb{P}(B|A_2)\mathbb{P}(A_2) + \mathbb{P}(B|A_3)\mathbb{P}(A_3)$$

$$= 5\% \times 25\% + 4\% \times 35\% + 2\% \times 40\% = 3.45\%$$

第二个问题则是考察贝叶斯公式的运用，根据前面的公式，事件 B 是抽查出次品，事件 A_1 是次品是由甲机器生产出来的，则问题转化为求 $\mathbb{P}(A_1|B)$。因此，

$$\mathbb{P}(A_1|B) = \frac{\mathbb{P}(B|A_1)\mathbb{P}(A_1)}{\mathbb{P}(B|A_1)\mathbb{P}(A_1) + \mathbb{P}(B|A_2)\mathbb{P}(A_2) + \mathbb{P}(B|A_3)\mathbb{P}(A_3)}$$
$$= \frac{5\% \times 25\%}{5\% \times 25\% + 4\% \times 35\% + 2\% \times 40\%} = 36.2\%$$

第二节　随机变量和随机向量

一、随机变量

随机变量 X 是定义在样本空间 Ω 上的函数。若样本空间 Ω 中的样本点 ω 是离散的，则相应的 $X(\omega)$ 是离散型（discrete）随机变量；若样本点 ω 是连续的，则相应的 $X(\omega)$ 是连续型（continuous）随机变量。

以金融市场为例，考虑股票价格跳跃次数的样本空间，其可能的取值为 $\Omega = \{0, 1, 2, \ldots\}$，不难看出取值是非负的整数，此时得到的股价跳跃次数的随机变量就是离散型随机变量；若考虑股票在某时刻的可能价格的样本空间，则其取值应当为 $\Omega \in \mathbb{R}^+ \cup \{0\}$，此时得到的股价随机变量就是连续型随机变量，因为对应的样本空间 Ω 取值为非负实数。[①]

对于离散型随机变量而言，其对应样本点 ω 的概率是非负的，并且样本点所有可能取值下的概率之和等于 1（满足概率的完备性），即：

$$\mathbb{P}(X = \omega) \geqslant 0, \qquad \sum_{\omega \in \Omega} \mathbb{P}(X = \omega) \equiv 1$$

但是，对于连续型随机变量，无法得到类似的性质。由于样本点是连续的，对应的某一个样本点 ω 的概率接近于零，因此需要引入新的概念来刻画连续型随机变量的概率等特征，这就是分布函数。

二、分布函数

对于连续型随机变量 X 而言，其分布函数 $F_X(t)$（distribution function）定义为：

$$F_X(t) = \mathbb{P}(X \leqslant t) = \int_{-\infty}^{t} f_X(s)\,\mathrm{d}s \tag{1.9}$$

其中，$f_X(s)$ 是 X 的概率密度函数（probability density function, pdf）。

需要说明的是，分布函数 $F_X(t)$ 是单调不减的右连续函数，并且其取值范围为 $[0,1]$。概率密度函数可以定义在任何连续随机变量上，比如服从正态分布、F 分布、t 分布、χ^2 分布等的随机变量。

[①]由于股份有限公司是有限负债的，其最大亏损数额以股东的出资额为限，因此股票的价格永远不可能为负值。

另外，对于离散型随机变量 Y 而言，其分布函数 $G_Y(t)$ 也有类似的定义，只不过原先的积分符号变成了求和符号罢了，公式如下：

$$G_Y(t) = \mathbb{P}(Y \leqslant t) = \sum_{\substack{\omega \leqslant t \\ \omega \in \Omega}} \mathbb{P}(Y = \omega) \tag{1.10}$$

此处的 $\mathbb{P}(Y = \omega)$ 称作概率质量函数（probability mass function, pmf）。概率质量函数可以定义在任何离散型随机变量上，比如服从二项分布、负二项分布、泊松分布、几何分布等的随机变量。

概率质量函数和概率密度函数的不同之处在于：概率质量函数是对离散型随机变量定义的，本身代表该值的概率；概率密度函数是对连续型随机变量定义的，本身不是概率，只有对连续型随机变量的概率密度函数在某区间内进行积分后才是概率。比如，要想求得连续型随机变量 X 在 $[a, b]$ 这一区间上的概率，则计算公式如下：

$$\mathbb{P}(a \leqslant X \leqslant b) = \int_a^b f_X(s) \, \mathrm{d}s \tag{1.11}$$

三、随机向量

如果 $X_1, X_2, \ldots, X_n$ 都是随机变量，则 $\mathbf{X} = (X_1, X_2, \ldots, X_n)$ 称作随机向量。相应地，定义在 n 维实数域 $\mathbb{R}^n$ 上的 n 元函数

$$F_{\mathbf{X}}(x_1, x_2, \ldots, x_n) = \mathbb{P}(X_1 \leqslant x_1, X_2 \leqslant x_2, \ldots, X_n \leqslant x_n) \tag{1.12}$$

称作 $\mathbf{X} = (X_1, X_2, \ldots, X_n)$ 的分布函数。

与前面类似，对于连续型随机向量 $\mathbf{X}$，其在 $\mathbb{R}^n$ 上的区域（domain）D 的概率为：

$$\mathbb{P}(\mathbf{X} \in D) = \underbrace{\int_{-\infty}^{x_1} \int_{-\infty}^{x_2} \cdots \int_{-\infty}^{x_n}}_{n\uparrow} f(\mathbf{x}) \, \mathrm{d}x_1 \, \mathrm{d}x_2 \cdots \mathrm{d}x_n = \int_D f(\mathbf{x}) \, \mathrm{d}x_1 \, \mathrm{d}x_2 \cdots \mathrm{d}x_n \tag{1.13}$$

其中，$f(\mathbf{x}) = f(x_1, x_2, \ldots, x_n)$ 是 $\mathbf{X}$ 的联合密度。

四、随机变量之和的性质

定义 1.1 离散型随机变量之和的概率

设随机变量 X 和 Y 独立，且满足

$$\mathbb{P}(X = k) = a_k, \quad \mathbb{P}(Y = k) = b_k, \qquad k = 0, 1, \ldots$$

则 $Z = X + Y = n$，$n \geqslant 0$ 的概率为：

$$\mathbb{P}(Z = n) = \mathbb{P}(X + Y = n) = \sum_{i=0}^{n} \mathbb{P}(X = i, Y = n - i)$$

$$= \sum_{i=0}^{n} \mathbb{P}(X = i)\mathbb{P}(Y = n - i) = \sum_{i=0}^{n} a_i b_{n-i}$$

令 $\mathbb{P}(Z = n) = c_n$，则 $c_n = \sum_{i=0}^{n} a_i b_{n-i}$。

这里的序列 $\{c_n\}$ 称作序列 $\{a_n\}$ 和 $\{b_n\}$ 的卷积（convolution），其中 $n \geqslant 0$。

定义 1.2 连续型随机变量之和的分布函数

设随机变量 X 和 Y 独立，其分布函数分别为 $F(x)$ 和 $G(y)$，则 $U = X + Y$ 有如下分布函数：

$$U(t) = \mathbb{P}(X + Y \leqslant t) = \sum_{0 \leqslant s \leqslant t} \mathbb{P}(X + Y \leqslant t | Y = s)\mathbb{P}(Y = s)$$

$$= \int_0^t \mathbb{P}(X \leqslant t - s)\,\mathrm{d}G(s) = \int_0^t F(t - s)\,\mathrm{d}G(s)$$

由于 $X + Y = Y + X$，因此，

$$U(t) = \mathbb{P}(X + Y \leqslant t) = \sum_{0 \leqslant s \leqslant t} \mathbb{P}(X + Y \leqslant t | X = s)\mathbb{P}(X = s)$$

$$= \int_0^t \mathbb{P}(Y \leqslant t - s)\,\mathrm{d}F(s) = \int_0^t G(t - s)\,\mathrm{d}F(s)$$

从而

$$\int_0^t F(t - s)\,\mathrm{d}G(s) = \int_0^t G(t - s)\,\mathrm{d}F(s)$$

定义 1.3 连续型随机变量之和的密度函数

设随机变量 X 和 Y 独立，其概率密度函数分别为 $f(x)$ 和 $g(y)$，则 $U = X + Y$ 有

如下概率密度函数$u(t)$：

$$u(t) = \int_0^t f(t-s)g(s)\,\mathrm{d}s = (f * g)(s)$$

$$= \int_0^t g(t-s)f(s)\,\mathrm{d}s = (g * f)(s)$$

$(f * g)(s)$ 称为函数 f 和 g 的卷积。

需要说明的是，卷积运算满足交换律，即 $f * g = g * f$。

例 1.2 设随机变量 X 和 Y 独立，其分布函数分别为：

$$F_X(x) = 1 - \mathrm{e}^{-\lambda x}, \ x \geqslant 0; \qquad G_Y(y) = y/2, \ 0 \leqslant y \leqslant 2$$

求 $U = X + Y$ 的分布函数。

解答： 求解分布函数的公式如下：

$$U(t) = \mathbb{P}(X + Y \leqslant t) = \int_0^t F_X(t-s)\,\mathrm{d}G_Y(s)$$

这里要特别注意，由于 $y \in [0,2]$，因此需要根据 t 的取值分情况来讨论。

当 $t < 2$ 时，

$$U(t) = \int_0^t F_X(t-s)\,\mathrm{d}G_Y(s) = \int_0^t \left[1 - \mathrm{e}^{-\lambda(t-s)}\right]\,\mathrm{d}\left(\frac{s}{2}\right)$$

$$= \frac{1}{2}\left(\int_0^t \mathrm{d}s - \mathrm{e}^{-\lambda t}\int_0^t \mathrm{e}^{\lambda s}\,\mathrm{d}s\right) = \frac{1}{2}\left(t - \frac{1}{\lambda} + \frac{\mathrm{e}^{-\lambda t}}{\lambda}\right)$$

知识讲解

随机变量之和、卷积公式

当 $t \geqslant 2$ 时，

$$U(t) = \int_0^2 F_X(t-s)\,\mathrm{d}G_Y(s) = \int_0^2 \left[1 - \mathrm{e}^{-\lambda(t-s)}\right]\,\mathrm{d}\left(\frac{s}{2}\right)$$

$$= \frac{1}{2}\left(\int_0^2 \mathrm{d}s - \mathrm{e}^{-\lambda t}\int_0^2 \mathrm{e}^{\lambda s}\,\mathrm{d}s\right) = 1 - \frac{\mathrm{e}^{-\lambda t}}{2\lambda}\left(\mathrm{e}^{2\lambda} - 1\right)$$

因此，

$$U(t) = \begin{cases} \dfrac{1}{2}\left(t - \dfrac{1}{\lambda} + \dfrac{\mathrm{e}^{-\lambda t}}{\lambda}\right), & t < 2 \\[2mm] 1 - \dfrac{\mathrm{e}^{-\lambda t}}{2\lambda}\left(\mathrm{e}^{2\lambda} - 1\right), & t \geqslant 2 \end{cases}$$

例 1.3 设随机变量 X 和 Y 独立，其概率密度函数分别为：

$$f_X(x) = \lambda\mathrm{e}^{-\lambda x}; \qquad f_Y(y) = \lambda\mathrm{e}^{-\lambda y}$$

求 $U = X + Y$ 的概率密度函数。

解答： 运用卷积求解如下：

$$f_U(t) = \int_0^t f_X(t-s) f_Y(s)\,\mathrm{d}s = \int_0^t \lambda \mathrm{e}^{-\lambda(t-s)} \lambda \mathrm{e}^{-\lambda s}\,\mathrm{d}s$$

$$= \lambda^2 \int_0^t \mathrm{e}^{-\lambda t}\,\mathrm{d}s = \lambda^2 \mathrm{e}^{-\lambda t} s \Big|_{s=0}^{s=t} = \lambda^2 t \cdot \mathrm{e}^{-\lambda t}$$

第三节　随机变量的数字特征

对于随机变量而言，我们通常关心它的重要数字特征，比如期望、方差、偏度、峰度等等。本节主要介绍期望和方差，以及更一般的矩母函数和特征函数。

一、期望

期望（expectation）用于反映随机变量平均取值的大小。根据随机变量的不同，可以得到离散型随机变量和连续型随机变量的期望。

（一）离散型随机变量的期望

设随机变量 X 有离散的概率分布如下：

$$p_i = \mathbb{P}(X = x_i), \qquad i = 1, \ldots, n$$

则

$$\mathbb{E}(X) = \sum_{i=1}^n x_i \mathbb{P}(X = x_i) = \sum_{i=1}^n x_i p_i \tag{1.14}$$

例 1.4 假设随机变量 X 服从参数为 λ 的泊松分布，相应的概率质量函数如下：

$$\mathbb{P}(X = n) = \frac{\lambda^n}{n!}\mathrm{e}^{-\lambda}, \qquad \lambda > 0,\, n = 0, 1, 2, \ldots$$

求泊松分布的期望 $\mathbb{E}(X)$。

解答： 根据期望的定义，可得：

$$\mathbb{E}(X) = \sum_{n=0}^\infty n \cdot \mathbb{P}(X = n) = \sum_{n=0}^\infty n \cdot \frac{\lambda^n}{n!}\mathrm{e}^{-\lambda}$$

$$= \sum_{n=0}^\infty \frac{\lambda^n}{(n-1)!}\mathrm{e}^{-\lambda} = \lambda \sum_{n=0}^\infty \frac{\lambda^{n-1}}{(n-1)!}\mathrm{e}^{-\lambda} = \lambda$$

注意，这里最后一步化简用到了 e^x 的泰勒展开式，即：

$$\mathrm{e}^x = 1 + x + \frac{x^2}{2!} + \frac{x^3}{3!} + \cdots = \sum_{n=0}^\infty \frac{x^n}{n!}$$

定理 1.1

设 X 为取值是非负整数的随机变量，其期望值的计算公式如下：

$$\mathbb{E}(X) = \sum_{k=1}^{\infty} \mathbb{P}(X \geqslant k) \tag{1.15}$$

证明： 该定理的证明使用了求和符号交换的知识（见图 1.1），具体如下：

$$\sum_{k=1}^{\infty} \mathbb{P}(X \geqslant k) = \sum_{k=1}^{\infty} \sum_{i=k}^{\infty} \mathbb{P}(X = i) = \sum_{i=1}^{\infty} \underbrace{\sum_{k=1}^{i} \mathbb{P}(X = i)}_{i\text{个}\mathbb{P}(X=i)}$$

$$= \sum_{i=1}^{\infty} i \cdot \mathbb{P}(X = i) = \mathbb{E}(X)$$

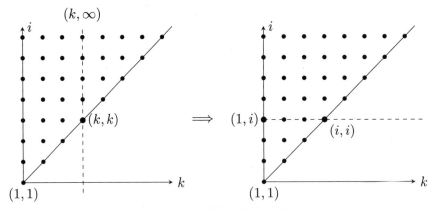

图 1.1　求和符号交换的图示

（二）连续型随机变量的期望

设 X 是有密度函数 $f_X(x)$ 的随机变量，即它的分布函数满足

$$F_X(a) = \mathbb{P}(X \leqslant a) = \int_{-\infty}^{a} f_X(x)\,\mathrm{d}x \tag{1.16}$$

则

$$\mathbb{E}(X) = \int_{-\infty}^{\infty} x f_X(x)\,\mathrm{d}x \tag{1.17}$$

例 1.5 假设随机变量 X 服从参数为 λ 的指数分布，相应的概率密度函数如下：

$$f_X(x) = \lambda \mathrm{e}^{-\lambda x}, \qquad \lambda > 0,\ x \geqslant 0$$

求指数分布的期望 $\mathbb{E}(X)$。

解答： 根据期望的定义，可得：

$$\mathbb{E}(X) = \int_0^\infty x f_X(x)\,\mathrm{d}x = \int_0^\infty \lambda x e^{-\lambda x}\,\mathrm{d}x$$

记 $u = -\lambda x$，则

$$\text{上式} = \frac{1}{\lambda} \int_0^{-\infty} u e^u \,\mathrm{d}u = \frac{1}{\lambda}\Big[e^u(u-1) \Big]_0^{-\infty} = \frac{1}{\lambda}$$

定理 1.2

设 X 是非负的随机变量，则：

$$\mathbb{E}(X) = \int_0^\infty \mathbb{P}(X > x)\,\mathrm{d}x = \int_0^\infty \big[1 - F_X(x) \big]\,\mathrm{d}x$$

证明： 该定理的证明与定理 1.1 类似，只是将求和符号的交换变成了积分的交换（见图 1.2），具体如下：

$$\int_0^\infty \mathbb{P}(X > x)\,\mathrm{d}x = \int_0^\infty \mathrm{d}x \int_x^\infty f_X(y)\,\mathrm{d}y = \int_0^\infty \mathrm{d}y \underbrace{\int_0^y f_X(y)\,\mathrm{d}x}_{f_X(y)\text{可从积分中提出}}$$

$$= \int_0^\infty y f_X(y)\,\mathrm{d}y = \mathbb{E}(X)$$

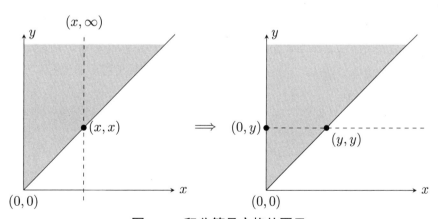

图 1.2　积分符号交换的图示

（三）条件期望

对于两个随机变量 X 和 Y，条件期望（conditional expectation）$\mathbb{E}(X|Y=y)$ 表示在随机变量 $Y=y$ 的条件下，随机变量 X 的期望值。对于离散型随机变量 X，条件

期望 $\mathbb{E}(X|Y = y)$ 的定义如下：

$$\mathbb{E}(X|Y = y) = \sum_x x \cdot \mathbb{P}(X = x|Y = y)$$

从中不难看出，条件期望可看作在条件概率的基础上，对随机变量的取值进行加权平均。类似地，对于连续型随机变量 X，条件期望 $\mathbb{E}(X|Y)$ 的定义如下：

$$\mathbb{E}(X|Y) = \int_{-\infty}^{\infty} x \cdot f_{X|Y}(x|y)\,\mathrm{d}x$$

其中，$f_{X|Y}(x|y)$ 是在 $Y = y$ 的条件下，随机变量 X 的条件概率密度函数（conditional probability density function）。

假设随机变量 X 的取值取决于 N 次发生的事件构成的信息集 $\{Z_1, Z_2, \ldots, Z_N\}$。以其中前 n 次事件的信息集为条件，得到的随机变量期望就是条件期望，通常记作：

$$\mathbb{E}_n(X) = \mathbb{E}(X|Z_1, Z_2, \ldots, Z_n) \tag{1.18}$$

当 $0 \leqslant n \leqslant N$ 时，条件期望 $\mathbb{E}_n(X)$ 满足以下性质：

(1) 线性性质（linearity）。对于所有常数 c_1 和 c_2，以下等式成立：

$$\mathbb{E}_n(c_1 X + c_2 Y) = c_1 \mathbb{E}_n(X) + c_2 \mathbb{E}_n(Y)$$

(2) 提取已知量（taking out what is known）。若 X 的取值只依赖于 n 次事件的信息集，则：

$$\mathbb{E}_n(XY) = X \cdot \mathbb{E}_n(Y)$$

在这里，X 在 n 次事件的信息集下是可测的，从而可以从条件期望中提取出来。

(3) 迭代条件期望（iterated conditioning）。若 $0 \leqslant n \leqslant m \leqslant N$，则有：

$$\mathbb{E}_n\left[\mathbb{E}_m(X)\right] = \mathbb{E}_n(X)$$

从中可以看出，X 的条件期望取决于信息集中最小者。特别是针对无条件期望而言，有：

$$\mathbb{E}\left[\mathbb{E}_m(X)\right] = \mathbb{E}(X)$$

(4) 独立性（independence）。若 X 取决于由第 $(n+1)$ 次到第 N 次事件所构成的信息集 $\{Z_{n+1}, Z_{n+2}, \ldots, Z_N\}$，则有：

$$\mathbb{E}_n(X) = \mathbb{E}(X)$$

因为此处的条件与随机变量 X 无关。

(5) 詹森（Jensen）不等式。如果 $\phi(\cdot)$ 是凸函数，则下列不等式成立：

$$\mathbb{E}_n[\phi(X)] \geqslant \phi[\mathbb{E}_n(X)] \tag{1.19}$$

二、方差

方差（variance）是反映随机变量离散程度的指标。在有关概率统计的教科书中，方差计算的恒等式如下：

$$\text{Var}(X) = \mathbb{E}(X^2) - [\mathbb{E}(X)]^2 \tag{1.20}$$

接下来分别利用这个恒等式来计算离散型随机变量和连续型随机变量的方差。

例 1.6 假设随机变量 X 服从参数为 λ 的泊松分布，相应的概率质量函数如下：

$$\mathbb{P}(X = n) = \frac{\lambda^n}{n!}\mathrm{e}^{-\lambda}, \qquad \lambda > 0, \; n = 0, 1, 2, \ldots$$

求泊松分布的方差 $\text{Var}(X)$。

解答：前面已经计算出泊松分布的期望 $\mathbb{E}(X) = \lambda$，要求出方差，还需要计算 $\mathbb{E}(X^2)$，具体如下：

$$
\begin{aligned}
\mathbb{E}(X^2) &= \sum_{n=0}^{\infty} n^2 \mathbb{P}(X = n) = \sum_{n=0}^{\infty} n^2 \cdot \frac{\lambda^n}{n!}\mathrm{e}^{-\lambda} \\
&= \sum_{n=0}^{\infty} \frac{n\lambda^n}{(n-1)!}\mathrm{e}^{-\lambda} = \lambda\mathrm{e}^{-\lambda} \sum_{n=0}^{\infty} \frac{n\lambda^{n-1}}{(n-1)!}
\end{aligned}
$$

记 $f(\lambda) = \displaystyle\sum_{n=0}^{\infty} \frac{n\lambda^{n-1}}{(n-1)!}$，对上式两端关于 λ 取积分，可得：

$$\int f(\lambda)\,\mathrm{d}\lambda = \sum_{n=0}^{\infty} \frac{\lambda^n}{(n-1)!} = \lambda\mathrm{e}^{\lambda}$$

再取微分还原，可得：

$$f(\lambda) = (\lambda + 1)\mathrm{e}^{\lambda}$$

综合上面各式，可得：

$$\mathbb{E}(X^2) = \lambda\mathrm{e}^{-\lambda} \cdot (\lambda + 1)\mathrm{e}^{\lambda} = \lambda(\lambda + 1)$$

因此：

$$\text{Var}(X) = \mathbb{E}(X^2) - [\mathbb{E}(X)]^2 = \lambda(\lambda + 1) - \lambda^2 = \lambda$$

例 1.7 假设随机变量 X 服从参数为 λ 的指数分布，相应的概率密度函数如下：

$$f_X(x) = \lambda\mathrm{e}^{-\lambda x}, \qquad \lambda > 0, \; x \geqslant 0$$

求指数分布的方差 $\text{Var}(X)$。

解答: 前面已经计算出指数分布的期望 $\mathbb{E}(X) = \dfrac{1}{\lambda}$，要求出方差，还需要计算 $\mathbb{E}(X^2)$，具体如下:

$$\mathbb{E}(X^2) = \int_0^\infty x^2 f_X(x)\,\mathrm{d}x = \int_0^\infty x^2 \lambda \mathrm{e}^{-\lambda x}\,\mathrm{d}x$$
$$= \frac{1}{\lambda}\int_0^\infty (\lambda x)^2 \mathrm{e}^{-\lambda x}\,\mathrm{d}x$$

记 $u = -\lambda x$，则

$$上式 = -\frac{1}{\lambda^2}\int_0^{-\infty} u^2 \mathrm{e}^u\,\mathrm{d}u$$
$$= -\frac{1}{\lambda^2}\left[\mathrm{e}^u(u^2 - 2u + 2)\right]_0^{-\infty} = \frac{2}{\lambda^2}$$

因此，

$$\mathrm{Var}(X) = \mathbb{E}(X^2) - [\mathbb{E}(X)]^2 = \frac{2}{\lambda^2} - \frac{1}{\lambda^2} = \frac{1}{\lambda^2}$$

三、矩母函数

前面大致回顾了概率统计中提及的期望和方差的概念，与之相关的概念便是矩（moment），其中期望是一阶（原点）矩；方差则是二阶中心矩。在此基础上引入一个新的概念——矩母函数。

所谓的矩母函数（moment generating function, mgf）是一种构造函数。对于任何满足概率密度函数为 $f_X(x)$ 的随机变量 X，其矩母函数的定义如下:

知识讲解

概率母函数和
矩母函数

$$M_X(t) = \mathbb{E}(\mathrm{e}^{tX}) = \int_{-\infty}^\infty \mathrm{e}^{tx} f_X(x)\,\mathrm{d}x \tag{1.21}$$

根据前面提及的泰勒展开式，即:

$$\mathrm{e}^x = 1 + x + \frac{x^2}{2!} + \frac{x^3}{3!} + \cdots = \sum_{k=0}^\infty \frac{x^k}{k!}$$

可得:

$$\mathrm{e}^{tx} = \sum_{k=0}^\infty \frac{(tx)^k}{k!}$$

矩母函数可以相应进行如下展开:

$$M_X(t) = \int_{-\infty}^\infty \mathrm{e}^{tx} f_X(x)\,\mathrm{d}x = \int_{-\infty}^\infty f_X(x) \sum_{k=0}^\infty \frac{(tx)^k}{k!}\,\mathrm{d}x$$
$$= \sum_{k=0}^\infty \frac{t^k}{k!}\int_{-\infty}^\infty x^k f_X(x)\,\mathrm{d}x = \sum_{k=0}^\infty \frac{t^k}{k!}\cdot \mathbb{E}(X^k) \tag{1.22}$$
$$= 1 + t\cdot\mathbb{E}(X) + \frac{t^2}{2!}\cdot\mathbb{E}(X^2) + \cdots + \frac{t^n}{n!}\cdot\mathbb{E}(X^n) + \cdots$$

由此可见，矩母函数包含了随机变量 X 的各阶矩 $\mathbb{E}(X^n), n = 1, 2, 3, \dots$

同时注意到，若对 $M_X(t)$ 关于 t 求导，可得：

$$\frac{\mathrm{d}M_X(t)}{\mathrm{d}t} = \int_{-\infty}^{\infty} \mathrm{e}^{tx} \cdot x f_X(x) \, \mathrm{d}x$$

类似地，

$$\frac{\mathrm{d}^n M_X(t)}{\mathrm{d}t^n} = \int_{-\infty}^{\infty} \mathrm{e}^{tx} \cdot x^n f_X(x) \, \mathrm{d}x$$

当 $t = 0$ 时，

$$\left. \frac{\mathrm{d}^n M_X(t)}{\mathrm{d}t^n} \right|_{t=0} = \int_{-\infty}^{\infty} x^n f_X(x) \, \mathrm{d}x = \mathbb{E}(X^n) \tag{1.23}$$

因此，可以通过对矩母函数关于 t 求 n 阶导，并令 $t = 0$，进而求出随机变量的 n 阶矩。

例 1.8 假设随机变量 X 服从速率为 λ 的指数分布，其概率密度函数为：

$$f_X(x) = \lambda \mathrm{e}^{-\lambda x}, \qquad \lambda > 0, \, x \geqslant 0$$

求其各阶矩。

解答： 由矩母函数的定义可得：

$$\begin{aligned} M_X(t) = \mathbb{E}\left(\mathrm{e}^{tx}\right) &= \int_0^{\infty} \mathrm{e}^{tx} \lambda \mathrm{e}^{-\lambda x} \, \mathrm{d}x \\ &= \lambda \int_0^{\infty} \mathrm{e}^{-(\lambda - t)x} \, \mathrm{d}x \\ &= \left. \frac{\lambda}{t - \lambda} \mathrm{e}^{-(\lambda - t)x} \right|_{x=0}^{x=\infty} = \frac{\lambda}{\lambda - t}, \qquad \lambda > t \end{aligned}$$

相应地，

$$\frac{\mathrm{d}M_X(t)}{\mathrm{d}t} = \frac{\lambda}{(\lambda - t)^2} \quad \Rightarrow \quad \mathbb{E}(X) = \left. \frac{\mathrm{d}M_X(t)}{\mathrm{d}t} \right|_{t=0} = \frac{1}{\lambda}$$

$$\frac{\mathrm{d}^2 M_X(t)}{\mathrm{d}t^2} = \frac{2\lambda}{(\lambda - t)^3} \quad \Rightarrow \quad \mathbb{E}(X^2) = \left. \frac{\mathrm{d}^2 M_X(t)}{\mathrm{d}t^2} \right|_{t=0} = \frac{2}{\lambda^2}$$

$$\frac{\mathrm{d}^3 M_X(t)}{\mathrm{d}t^3} = \frac{2 \cdot 3\lambda}{(\lambda - t)^4} \quad \Rightarrow \quad \mathbb{E}(X^3) = \left. \frac{\mathrm{d}^3 M_X(t)}{\mathrm{d}t^3} \right|_{t=0} = \frac{6}{\lambda^3}$$

因此，

$$\mathbb{E}(X^n) = \frac{n!}{\lambda^n}$$

从中不难看出，通过矩母函数可以相对容易地求出服从某个概率分布的随机变量之各阶矩。但是该方法仍有不足之处：它依赖于矩母函数关于 t 求 n 阶导后，在 $t = 0$ 处有定义，否则会出现无法计算各阶矩的问题。

为解决这个问题，引入特征函数（characteristic function, cf），其定义如下：

$$\phi_X(t) = \mathbb{E}(e^{itx}) = \int_{-\infty}^{\infty} e^{itx} f_X(x)\,\mathrm{d}x \tag{1.24}$$

从表面上看，虽然特征函数与矩母函数在表达式上只相差了一个虚数项 i，但是它的性质要好过矩母函数。部分概率分布（比如柯西分布）不存在矩母函数，但是特征函数却是一定存在的。与矩母函数类似，特征函数具有如下性质：

$$\left.\frac{\mathrm{d}^n \phi_X(t)}{\mathrm{d}t^n}\right|_{t=0} = i^n \mathbb{E}(X^n) \tag{1.25}$$

结合前面介绍的矩母函数的性质，还可以得到矩母函数与特征函数之间的如下关系式：

$$\left.\frac{\mathrm{d}^n M_X(t)}{\mathrm{d}t^n}\right|_{t=0} = \mathbb{E}(X^n) = \frac{1}{i^n}\left.\frac{\mathrm{d}^n \phi_X(t)}{\mathrm{d}t^n}\right|_{t=0}, \qquad n = 1, 2, \ldots \tag{1.26}$$

特征函数的重要用途在于，若随机变量 X 的概率分布 $f_X(x)$ 无法直接算出，可以首先计算出它的特征函数 $\phi_X(t)$，再通过傅立叶变换（Fourier transform）最终算出概率分布 $f_X(x)$。计算公式如下：

$$f_X(x) = \frac{1}{2\pi} \int_{-\infty}^{\infty} e^{-itx} \phi_X(t)\,\mathrm{d}t \tag{1.27}$$

特征函数的求解往往要用到复变函数中围道积分的相关知识，这里不再过多介绍。最后，以正态分布的矩母函数和特征函数的求解结束本节的内容。

例 1.9 假设 $X \sim \mathcal{N}(\mu, \sigma^2)$，相应的概率密度函数如下：

$$f_X(x) = \frac{1}{\sqrt{2\pi}\sigma} \exp\left[-\frac{(x-\mu)^2}{2\sigma^2}\right]$$

求随机变量 X 的矩母函数和特征函数。

解答：

$$M_X(t) = \mathbb{E}(e^{tX}) = \int_{-\infty}^{\infty} e^{tx} f_X(x)\,\mathrm{d}x = \int_{-\infty}^{\infty} \exp\left[-\frac{(x-\mu)^2}{2\sigma^2} + tx\right]\mathrm{d}x$$

类似地，

$$\phi_X(t) = \mathbb{E}(e^{itX}) = \int_{-\infty}^{\infty} e^{itx} f_X(x)\,\mathrm{d}x = \int_{-\infty}^{\infty} \exp\left[-\frac{(x-\mu)^2}{2\sigma^2} + itx\right]\mathrm{d}x$$

其中，

$$
\begin{aligned}
-\frac{(x-\mu)^2}{2\sigma^2} + tx &= -\frac{1}{2\sigma^2}\left(x^2 - 2\mu x - 2\sigma^2 tx + \mu^2\right) \\
&= -\frac{1}{2\sigma^2}\left[x^2 - 2(\mu + \sigma^2 t)x + (\mu + \sigma^2 t)^2 - 2\mu\sigma^2 t - \sigma^4 t^2\right] \\
&= -\frac{1}{2\sigma^2}\left[x - (\mu + \sigma^2 t)\right]^2 + \mu t + \frac{1}{2}\sigma^2 t^2
\end{aligned}
$$

$$-\frac{(x-\mu)^2}{2\sigma^2} + itx = -\frac{1}{2\sigma^2}\left(x^2 - 2\mu x - 2\sigma^2 \cdot itx + \mu^2\right)$$

$$= -\frac{1}{2\sigma^2}\left[x^2 - 2(\mu + i\sigma^2 t)x + (\mu + i\sigma^2 t)^2 - 2i\mu\sigma^2 t - i^2\sigma^4 t^2\right]$$

$$i^2 = -1 \rightarrow = -\frac{1}{2\sigma^2}\left[x - (\mu + i\sigma^2 t)\right]^2 + i\mu t - \frac{1}{2}\sigma^2 t^2$$

因此，

$$M_X(t) = \exp\left(\mu t + \frac{1}{2}\sigma^2 t^2\right) \cdot \frac{1}{\sqrt{2\pi}\sigma} \int_{-\infty}^{\infty} \exp\left\{-\frac{1}{2\sigma^2}\left[x - (\mu + \sigma^2 t)\right]^2\right\}\mathrm{d}x$$

$$= \exp\left(\mu t + \frac{1}{2}\sigma^2 t^2\right)$$

$$\phi_X(t) = \exp\left(i\mu t - \frac{1}{2}\sigma^2 t^2\right) \cdot \frac{1}{\sqrt{2\pi}\sigma} \int_{-\infty}^{\infty} \exp\left\{-\frac{1}{2\sigma^2}\left[x - (\mu + i\sigma^2 t)\right]^2\right\}\mathrm{d}x$$

$$= \exp\left(i\mu t - \frac{1}{2}\sigma^2 t^2\right)$$

第四节　随机变量的收敛性

本节给出随机变量的几种收敛性，分别为依概率收敛、以概率 1 收敛、均方收敛和依分布收敛。

一、依概率收敛

定义 1.4

设 $\{X_n\}$，$n \in \mathbb{N}$ 是一个随机变量序列。若存在一个随机变量 X，使得 $\forall \varepsilon > 0$，均有：
$$\lim_{n \to \infty} \mathbb{P}\big(|X_n - X| > \varepsilon\big) = 0$$
则称序列 $\{X_n\}$ 依概率收敛（convergence in probability）于 X，记作：
$$X_n \xrightarrow{P} X \qquad 或者 \qquad \mathrm{plim}_{n \to \infty} X_n = X$$

依概率收敛可以理解为：任意指定一个正数 ε，无论 n 取多大，X_n 与 X 差距的绝对值大于 ε 的可能次数仍然是存在的，但只要 n 足够大，出现这种例外情形的次数占比就会逐渐趋于 0。

> **定理 1.3 弱大数定律**
>
> 设 $\{X_n\}$ 是一个随机变量序列，$\mathbb{E}(X_n)$ 存在。令 $\bar{X}_n = \dfrac{1}{n}\sum_{i=1}^{n} X_i$，若
>
> $$\bar{X}_n - \mathbb{E}(\bar{X}_n) \xrightarrow{P} 0$$
>
> 则称随机变量序列 $\{X_n\}$ 服从弱大数定律（weak law of large numbers）。

二、以概率 1 收敛

> **定义 1.5**
>
> 设 $\{X_n\}$，$n \in \mathbb{N}$ 是一个随机变量序列，若存在一个随机变量 X，使得：
>
> $$\lim_{n\to\infty} \mathbb{P}\left(\bigcup_{i=n}^{\infty} |X_i - X| > \varepsilon \right) = 0$$
>
> 则称序列 $\{X_n\}$ 以概率 1 收敛（convergence with probability 1）于 X，也称作"几乎处处收敛"（almost surely convergence），记作：
>
> $$X_n \xrightarrow{\text{a.s.}} X, \qquad 或 \qquad X_n \to X, \quad \text{a.s.}$$
>
> 该定义的等价形式是：
>
> $$\mathbb{P}\left(\lim_{n\to\infty} X_n = X \right) = 1$$

以概率 1 收敛可以理解为：任意指定一个正数 ε，只要 n 足够大，就总能找到一个 N，使得 $n > N$ 时，X_n 与 X 的差距的绝对值不再大于 ε。正因如此，以概率 1 收敛比依概率收敛的条件强，也就是说，以概率 1 收敛意味着一定依概率收敛，反之则不然。

> **定理 1.4 强大数定律**
>
> 设 $\{X_n\}$ 是一个随机变量序列，$\mathbb{E}(X_n)$ 存在。令 $\bar{X}_n = \dfrac{1}{n}\sum_{i=1}^{n} X_i$，若
>
> $$\bar{X}_n - \mathbb{E}(X_n) \xrightarrow{a.s.} 0 \qquad 或 \qquad \mathbb{P}\left[\lim_{n\to\infty} \bar{X}_n = \mathbb{E}(X_n) \right] = 1$$
>
> 则称随机变量序列 $\{X_n\}$ 服从强大数定律（strong law of large numbers）。

所谓大数定律，实际上是想要说明当对一个随机变量进行无限次采样时，得到的平均值会无限接近真实的期望值。只不过强大数定律是想说明，采样的次数越多，平均值几乎一定越接近真实期望值（这意味着不可能出现反方向的偏离）；而弱大数定律则是

想说明，采样的次数越多，平均值接近真实期望值的可能性越大（这意味着也有极小的可能出现反方向的偏离）。

定理 1.5 柯尔莫哥洛夫（Kolmogorov）大数定律

设 $\{X_n\}$ 是相互独立的随机变量序列，并且 $\sum\limits_{k=1}^{\infty}\dfrac{\text{Var}(X_k)}{k^2}<\infty$，则 $\{X_n\}$ 服从强大数定律，即：

$$\mathbb{P}\left\{\lim_{n\to\infty}\frac{1}{n}\sum_{k=1}^{\infty}[X_k-\mathbb{E}(X_k)]=0\right\}=1$$

更进一步，在柯尔莫哥洛夫大数定律的基础上，假设 $\{X_n\}$ 同分布，并且 $\mathbb{E}(X_n)=\mu$，令 $\bar{X}_n=\dfrac{1}{n}\sum\limits_{i=1}^{n}X_i$，则

$$\mathbb{P}\left(\lim_{n\to\infty}\bar{X}_n=\mu\right)=1$$

换句话说，如果随机变量序列 $\{X_n\}$ 独立同分布（independent and identically distributed, iid），则随着样本的增大，样本的均值将以概率 1 收敛于总体均值。这是后面研究随机过程性质的重要基础。

三、均方收敛

定义 1.6

设 $\{X_n\}$，$n\in\mathbb{N}$ 是一个随机变量序列，X 是一个随机变量。若

$$\lim_{n\to\infty}\mathbb{E}\big[(X_n-X)^2\big]=0$$

则称序列 $\{X_n\}$ 均方收敛（convergence in mean square）于 X，记作：

$$X_n\xrightarrow{\text{m.s.}}X$$

均方收敛是从随机变量的二阶矩的角度考虑收敛问题，其约束很严格，且不能与以概率 1 收敛互相推导。

四、依分布收敛

定义 1.7

设 $\{F_n(x)\}$ 是随机变量序列 $\{X_n\}$，$n\in\mathbb{N}$ 的分布函数列，如果存在一个单调不减函数 $F(x)$，使得在 $F(x)$ 所有的连续点 x 上，有：

$$\lim_{n\to\infty}F_n(x)=F(x)$$

则称随机变量序列 X_n 依分布收敛（convergence with distribution）于 X，记作：

$$X_n \xrightarrow{L} X$$

称函数列 $\{F_n(x)\}$ 弱收敛于 $F(x)$。

依分布收敛的约束非常弱，此种形式的收敛并未考虑随机变量的值，只考察两者的分布函数是否相近。

五、几种收敛的关系

根据上面四种随机变量的收敛性强弱关系可以得到对应的关系图（如图 1.3 所示），其中的箭头表示可以从一种收敛得到另一种收敛，在图形上方的随机变量的收敛性强；在图形下方的随机变量的收敛性弱。

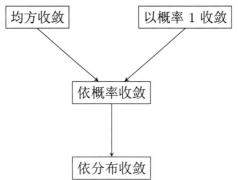

图 1.3 四种随机变量收敛性的关系图

阅读材料：许宝騄生平

许宝騄（1910—1970），中国现代数学家、统计学家，1910 年 4 月生于北京，1928 年入燕京大学学习，1930 年转入清华大学攻读数学，毕业后在北京大学任助教，1936 年赴英国留学，在伦敦大学读研究生，同时又在剑桥大学学习，获哲学博士和科学博士学位。1940 年回国任北京大学教授，执教于西南联合大学。1945 年再次出国，先后在美国加州大学伯克利分校、哥伦比亚大学等任访问教授。1947年回国后，他一直在北京大学任教授，还担任中国科学院学部委员。

许宝騄是中国早期从事概率论和数理统计学研究并达到世界先进水平的一位杰出学者。他在多元统计分析与统计推断方面发表了一系列出色论文，推进了矩阵论在数理统计学中的应用。他对高斯-马尔可夫模型中方差的最优估计的研究是后来关于方差分量和方差的最佳二次估计的众多研究的起点，他揭示了线性假设的似然比检验的第一个优良性质，经研究他得到了样本方差分布的渐进展开以及中心极限定理中误差大小的阶的精确估计及其他若干成果。

20 世纪 50 年代后他抱病工作，为国家培养新一代数理工作者做出了很大贡献，并对马尔可夫过程转移函数的可微性、次序统计量的极限分布等多方面开展研究，发表了有价值的论文。他的著作主要有《抽样论》《许宝騄论文选集》等。许宝騄逝世时年仅 60 岁，但他留下了举世瞩目的学术成就，为我国概率统计学科的建立和发展做出了巨大贡献，也留下了热爱祖国、献身科学的宝贵精神财富。

第五节 随机过程的概念

设 $(\Omega, \mathcal{F}, \mathbb{P})$ 是一个概率空间，T 为一个参数集。若对每一个 $t \in T$，均有定义在概率空间上的一个随机变量 $X_t(\omega)$，$\omega \in \Omega$ 与之对应，则称 $\{X_t : t \in T\}$ 为 $(\Omega, \mathcal{F}, \mathbb{P})$ 上的一个随机过程（stochastic process）。这里的 t 通常理解成时间，相应的参数集 T 就是时间参数；X_t 可看作过程在时刻 t 的状态。X_t 的取值范围称作状态空间 Ω。

对于 $X_t(\omega)$，

(1) 若固定 ω，则 X_t 称为样本函数或轨道，是随机过程的一次实现（realization）；

(2) 若固定 t，则 $X(\omega)$ 称为一个随机变量；

(3) 所有可能出现的结果的总体 $\{X_1(\omega), X_2(\omega), \ldots, X_n(\omega), \ldots\}$，$\omega \in \Omega$ 构成一个随机过程。

由上述定义可以看出，随机过程这个词包含了两重含义："随机"意味着某时刻出现结果的不确定性，但是可能的结果一定在状态空间内；"过程"意味着还要考虑随机现象随时间的演化规律。正因如此，随机过程可看作所有样本函数的集合（assemble）。

为了形象地说明这个概念，我们以股价为例进行阐述（见图 1.4）。当前时刻记为 0，对于 $t \geqslant 0$，用 X_t 表示 t 时刻的股价，显然 X_t 是随机变量。

如图 1.4（a）所示，这里模拟了股价未来可能的 15 条变动路径，每一条可看作一条轨道（trajectory），在其上每隔 50 天选取一个时间点，轨道与对应时间点的垂线相交可以分别得到 15 个不同的交点，这些交点分别代表了不同时点股价的可能取值［见图 1.4（b）中的圆圈］，这些取值就是对应时间点的随机变量。而在整幅图当中，所有时间点所有可能路径的总和，就构成了关于股票价格的随机过程。

随机过程理论及其应用的领域非常广泛，大到银河亮度的起伏和星系空间的物质分布、小到分子的布朗运动和原子的蜕变过程，从化学反应动力学到电子通信理论、从谣言的传播到传染病的流行、从金融市场的预测到密码的破译，几乎无所不包。

人类历史上第一个从理论上提出并加以研究的随机过程模型是马氏链，它是由俄国数学家安德烈·马尔可夫（Andrey Markov, 1856—1922）首先提出的，对概率论乃至人类思想的发展做出了伟大的贡献。从下一章开始，我们将以马氏链为起点，正式进入随机过程内容的学习。

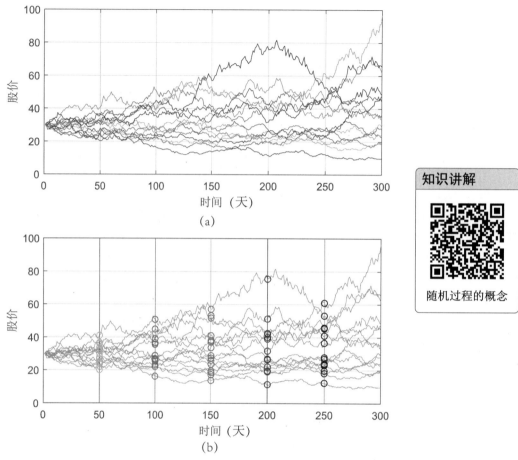

知识讲解

随机过程的概念

图 1.4　以股价为例说明随机过程的含义

本章习题

1. 设随机变量 X 服从几何分布，即 $\mathbb{P}(X=k)=p(1-p)^{k-1}$, $k=1,2,\ldots$ 求随机变量 X 的期望和方差。

2. 设随机变量 X 的概率分布函数为：

$$F_X(x)=\begin{cases} A+B\exp\left(-\dfrac{x^2}{2}\right), & x\geqslant 0 \\ 0, & x<0 \end{cases}$$

   求 A 和 B。

3. 设随机变量 X 的概率密度函数为：

$$f_X(x)=\begin{cases} Ax\mathrm{e}^{-x}, & x>0 \\ 0, & x\leqslant 0 \end{cases}$$

   求系数 A 的取值。

4. 设二维随机变量 (X,Y) 的联合概率密度函数为：

$$f(x,y) = \begin{cases} A\mathrm{e}^{-(x+y)}, & x > 0,\ y > 0 \\ 0, & \text{其他} \end{cases}$$

　　求：(a) A 的值；(b) $\mathbb{P}(X < 1, Y < 2)$。

5. 设随机变量 X 服从参数为 λ 和 α 的 Gamma 分布，即概率密度函数为：

$$f_X(x) = \frac{\lambda^\alpha}{\Gamma(\alpha)} x^{\alpha-1} \exp(-\lambda x), \qquad x > 0$$

　　求随机变量 X 的期望、方差和矩母函数。

6. 假设随机变量 X 服从参数为 λ 的泊松分布，即：

$$\mathbb{P}(X = n) = \mathrm{e}^{-\lambda} \cdot \frac{\lambda^n}{n!}, \qquad n = 0, 1, \ldots$$

　　求随机变量 X 的矩母函数和特征函数。

第二章　离散时间马氏链

在上一章的结尾，我们给出了随机过程的定义，并知道随机过程的研究基于状态和时间两个维度。根据状态和时间的特点，随机过程既有离散状态和连续状态，也有离散时间和连续时间。将它们加以组合，便可以得到不同类别的随机过程。

本章则是从最简单的一类随机过程展开叙述，这便是状态和时间均离散的离散时间马氏链（discrete-time Markov chain）。该随机过程因俄国数学家安德烈·马尔可夫（见图 2.1）而得名。

图 2.1　安德烈·马尔可夫

第一节　定义和例子

一、马氏链的定义

> **定义 2.1**
>
> 考虑一个离散时间的随机过程 X_n $(n = 0, 1, 2, \ldots)$，X_n 在有限集合 S 内取值，称 X_n 的所有可能取值为系统的状态（state），相应的集合 S 称作状态空间（state space）。

> **定义 2.2**
>
> 定义转移概率（transition probability），其表达式如下：
>
> $$p_{n+1}(i, j) = \mathbb{P}(X_{n+1} = j \mid X_n = i,\ X_{n-1} = i_{n-1}, X_{n-2} = i_{n-2},\ \ldots,\ X_0 = i_0)$$

可见，转移概率 $p_{n+1}(i, j)$ 是一个条件概率，度量的是过程 X_n 在过去 $0 \sim n$ 期状态的条件下，第 $(n+1)$ 期状态为 j 的概率。

如果 $p_{n+1}(i, j) = \mathbb{P}(X_{n+1} = j \mid X_n = i)$，则称这个过程 X_n 具有马氏性（Markov property），相应的过程称作马氏链（Markov chain）[①]。即，X_{n+1} 的状态 j 只与 X_n 的

[①] 在本章，除非特别说明，否则凡是"马氏链"的提法，均指"离散时间马氏链"。

状态 i 有关，而与之前各期的状态 $i_{n-1}, \ldots, i_0$ 无关。

如图 2.2 所示，马氏性可以通俗地表述为：在已知"现在" X_n 的条件下，"将来" X_{n+1} 与"过去" $(X_{n-1}, \ldots, X_1, X_0)$ 无关的特性。

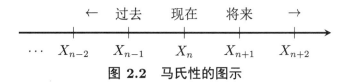

图 2.2 马氏性的图示

知识讲解

对此可以进行如下推演：X_{n+1} 的状态只与 X_n 的状态有关；X_n 的状态只与 X_{n-1} 的状态有关；……各期状态只与其前一期的状态有关，如此环环相扣，如同锁链一般，这也是该过程得名"马氏链"的原因。

更进一步地，如果假设时刻 n 的取值与转移概率无关，即：

$$\mathbb{P}(X_{n+1} = j \mid X_n = i) = p(i, j), \qquad \forall n \tag{2.1}$$

则称该性质为时间齐次性（time-homogeneous），简称"时齐"。相应的马氏链称作时齐马氏链，本章内容就是基于时齐马氏链展开的。

离散时间马氏链的概念及特征、马氏性的含义

二、马氏链的例子

例 2.1 赌徒破产问题。赌徒在一次赌博中，赢得 1 元的概率是 0.4；输掉 1 元的概率是 0.6。赌徒退出赌博的条件为：输光（财富为零），或者财富数额达到 N 元。

假设随机变量 X_n 表示赌徒在第 n 次赌博后的财富数量。可见，X_{n+1} 只与 X_n 有关，而与之前的状态 $(X_{n-1}, \ldots, X_0)$ 无关，X_n 具有马氏性，即：

$$\mathbb{P}(X_{n+1} = j \mid X_n = i, X_{n-1} = i_{n-1}, X_{n-2} = i_{n-2}, \ldots, X_0 = i_0)$$
$$= \mathbb{P}(X_{n+1} = j \mid X_n = i) = p(i, j)$$

这里的 $p(i, j)$ 就是转移概率。对于赌徒而言，其第 $(n+1)$ 次赌博输赢的条件概率为：

$$p(i, i-1) = \mathbb{P}(X_{n+1} = i-1 \mid X_n = i) = 0.6, \qquad 输$$
$$p(i, i+1) = \mathbb{P}(X_{n+1} = i+1 \mid X_n = i) = 0.4, \qquad 赢$$

该问题中的转移概率取值分别为：

$$p(i, i+1) = 0.4, \qquad p(i, i-1) = 0.6, \quad 0 < i < N$$

而当 $p(0, 0) = 1$，$p(N, N) = 1$ 时，赌博停止。

此处 $p(i,j)$ 的相应数值可以标注在一个矩阵的第 i 行、第 j 列。这样的矩阵 **P** 称为转移概率矩阵（transition matrix）。

$$\mathbf{P} = \begin{bmatrix} p(0,0) & p(0,1) & \cdots & p(0,N) \\ p(1,0) & p(1,1) & \cdots & p(1,N) \\ \vdots & \vdots & \ddots & \vdots \\ p(N,0) & p(N,1) & \cdots & p(N,N) \end{bmatrix}$$

当 $N=5$ 时，转移概率矩阵如下：

知识讲解

马氏链的例子：
赌徒破产问题

$$\mathbf{P} = \begin{array}{c} 0 \\ 1 \\ 2 \\ 3 \\ 4 \\ 5 \end{array} \begin{bmatrix} 1 & 0 & 0 & 0 & 0 & 0 \\ 0.6 & 0 & 0.4 & 0 & 0 & 0 \\ 0 & 0.6 & 0 & 0.4 & 0 & 0 \\ 0 & 0 & 0.6 & 0 & 0.4 & 0 \\ 0 & 0 & 0 & 0.6 & 0 & 0.4 \\ 0 & 0 & 0 & 0 & 0 & 1 \end{bmatrix}$$

在该问题中，马氏链的状态空间 $S=\{0,1,2,3,4,5\}$，这是一个有限状态的马氏链。根据该马氏链的状态及各状态之间的转移概率，还可以绘制出相对应的转移概率图（如图 2.3 所示）。

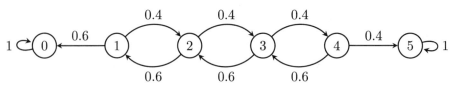

图 2.3 赌徒破产问题对应马氏链的图形展示

注意到，在该问题中，$p(0,0)=1$，$p(5,5)=1$。这意味着当前时刻到达状态 0 或 5 时，下一时刻将仍然停留在原来的状态。在赌徒破产问题中，这意味着赌徒最终破产或赢钱离开，其财富数量不再发生变化。这样的状态（0 和 5）称为吸收态（absorbing state）。

另外，根据图 2.3，赌徒破产问题还相当于一维带有吸收壁的随机游走（random walk with absorbing boundary），其中的质点在 0 和 5 之间随机游走，向左移一个单位的概率是 0.6，向右移一个单位的概率是 0.4，当质点到达两端的吸收壁 0 或 5 处时，将以概率 1 被吸收。

在赌徒破产问题当中，我们一般比较关心的问题有：赌徒何时会离开赌场？赌徒破产离开的概率是多少？这些问题将在本章的第五节得到解答。

例 2.2 埃伦费斯特链（Ehrenfest Chain）[①]。总共有 N 个球，且这些球只可能在罐子 A 或 B 中。每次随机地从任一罐子中取球一个，并投入另一罐子中。

①该问题源于物理学家埃伦费斯特在研究统计力学的循环问题时提出的模型，故得此名。

假设 n 时刻罐子 A 中有 i 个球,则

(1) $(n+1)$ 时刻罐子 A 中有 $(i+1)$ 个球的概率是 $(N-i)/N$;

(2) $(n+1)$ 时刻罐子 A 中有 $(i-1)$ 个球的概率是 i/N。

即:

$$p(i,i+1) = \frac{N-i}{N}, \quad p(i,i-1) = \frac{i}{N} \qquad 1 \leqslant i \leqslant N-1$$

另外,$p(0,1) = 1$,$p(N,N-1) = 1$ 分别表示当罐子 A 中没有球时,下一次只可能从罐子 B 中取球放入罐子 A 中;类似地,当罐子 A 中球满时,下一次只可能从罐子 A 中取球放入罐子 B 中。

当球的数量 $N = 4$ 时,可以得到对应的转移概率矩阵如下:

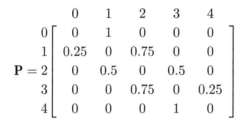

知识讲解

马氏链的例子:
埃伦费斯特链和
库存链

从上面的两个例子中,不难看出马氏链的转移概率具有如下性质:

(1) $p(i,j) \geqslant 0$,转移概率非负;

(2) $\sum\limits_{j} p(i,j) = 1$,转移概率矩阵每行元素之和均为 1。可以看出,转移概率矩阵 **P** 每行元素之和一定等于 1,因为从一个状态转移到其余所有可能状态的概率之和必须满足概率的完备性。

例 2.3 库存链。假设有一个电子产品店,若一天结束时,某款游戏的库存量为 1 或 0,则他们需要订购足够单位的商品,以使得第二天开始时的库存总量为 5。假设第二天的需求数量 k 及对应的概率如下:

k	0	1	2	3
$\mathbb{P}$	0.3	0.4	0.2	0.1

求库存链的转移概率矩阵。

解答: 在该问题中,我们关注的是电子产品店一天结束时游戏的库存,其状态空间为: $S = \{0,1,2,3,4,5\}$ (因为库存总量不超过 5)。

如果一天结束时库存为 5,则第二天结束时库存有可能是 5、4、3 或 2。对应的概率分别为 0.3、0.4、0.2 和 0.1,相应的转移概率分别如下:

$$p(5,5) = 0.3, \quad p(5,4) = 0.4, \quad p(5,3) = 0.2, \quad p(5,2) = 0.1$$

如果一天结束时库存为 0 或 1，则第二天开始时的库存总量将补足至 5，因此对于这样的情形，其转移概率与前一天结束时库存为 5 的情形完全相同，因此，

$$p(1,5)=0.3, \quad p(1,4)=0.4, \quad p(1,3)=0.2, \quad p(1,2)=0.1$$

$$p(0,5)=0.3, \quad p(0,4)=0.4, \quad p(0,3)=0.2, \quad p(0,2)=0.1$$

另外，本问题中还需考虑需求无法完全得到满足的情况。比如，如果一天结束时库存为 2，则第二天数量为 3 的需求无法完全得到满足（2 件库存只能卖给 3 位顾客中的 2 位），因此相应的转移概率分别如下：

$$p(2,2)=0.3, \quad p(2,1)=0.4, \quad p(2,0)=0.2+0.1=0.3$$

其余的情形可以按照类似的方式进行推演，最终可得：

$$\mathbf{P}=\begin{array}{c}\ \\0\\1\\2\\3\\4\\5\end{array}\begin{bmatrix}0&0&0.1&0.2&0.4&0.3\\0&0&0.1&0.2&0.4&0.3\\0.3&0.4&0.3&0&0&0\\0.1&0.2&0.4&0.3&0&0\\0&0.1&0.2&0.4&0.3&0\\0&0&0.1&0.2&0.4&0.3\end{bmatrix}$$

在库存链问题中，我们通常会关心如下问题：当库存总量（这里是 5）和补货的临界值（这里是 1）是多少时，商家可以得到最大的盈利和付出最少的库存成本？这些问题将在本章的第四节得到解答。

例 2.4 修复链。一台机器有三个关键零件容易出故障，但只要其中两个能工作，机器就可正常运行。当有两个出故障时，它们将被替换，并于第二天恢复正常运转，以损坏的零件序号 {0,1,2,3,12,13,23} 为状态空间，并假定没有两个零件在同一天损坏，且三个零件损坏的概率分别为：

序号	1	2	3
$\mathbb{P}$	0.01	0.02	0.04

由上面的信息，可以得到修复链的转移概率矩阵如下：

$$\mathbf{P}=\begin{array}{c}\ \\0\\1\\2\\3\\12\\13\\23\end{array}\begin{bmatrix}0.93&0.01&0.02&0.04&0&0&0\\0&0.94&0&0&0.02&0.04&0\\0&0&0.95&0&0.01&0&0.04\\0&0&0&0.97&0&0.01&0.02\\1&0&0&0&0&0&0\\1&0&0&0&0&0&0\\1&0&0&0&0&0&0\end{bmatrix}$$

知识讲解

马氏链的例子：
修复链和多步转
移概率

例 2.5 某信用评级公司根据市场上不同公司的信用评级的变化，制作了一年信用评级的转移概率矩阵，如表 2.1 所示。

表 2.1　一年信用评级的转移概率矩阵（%）

	Aaa	Aa	A	Baa	Ba	B	Caa	Ca~C	违约
Aaa	90.94	8.36	0.59	0.08	0.02	0.00	0.00	0.00	0.00
Aa	0.87	89.68	8.84	0.45	0.07	0.04	0.02	0.00	0.02
A	0.06	2.64	90.90	5.67	0.51	0.12	0.04	0.01	0.06
Baa	0.04	0.16	4.44	90.16	4.09	0.75	0.17	0.02	0.18
Ba	0.01	0.05	0.47	6.66	83.03	7.90	0.78	0.12	0.99
B	0.01	0.03	0.16	0.51	5.32	82.18	7.39	0.61	3.79
Caa	0.00	0.01	0.03	0.11	0.46	7.82	78.52	3.30	9.75
Ca~C	0.00	0.00	0.07	0.00	0.80	3.19	11.41	51.28	33.24
违约	0.00	0.00	0.00	0.00	0.00	0.00	0.00	0.00	100.00

我们通常会关心如下问题：经过一个月，评级为 Aaa 的公司其评级仍然保持不变的概率是多少？经过三年呢？长期呢？这些问题在本章的第二节会得到解答。

第二节　多步转移概率

定义 2.3

$p(i,j) = \mathbb{P}(X_{n+1} = j \mid X_n = i)$ 给出了从状态 i 到 j 的一步转移概率；类似地，从 i 到 j 的 m 步 $(m > 1)$ 转移概率定义为：

$$p^m(i,j) = \mathbb{P}(X_{n+m} = j \mid X_n = i) \tag{2.2}$$

这里的 $p^m(i,j)$ 是 m 步转移概率矩阵 $\mathbf{P}^m$ 第 i 行、第 j 列的数值。

一、多步转移概率的求解

定理 2.1

m 步转移概率矩阵是 1 步转移概率矩阵 $\mathbf{P}$ 的 m 次幂，即 $\mathbf{P}^m$。

证明： 以两步转移概率为例，假定状态总数为 n，初始状态为 $X_0 = i$，经过一步转移状态变为 $X_1 = k,\ k = 1, 2, \ldots, n$，最终的状态为 $X_2 = j$，求 $p^2(i,j)$。

$$i \longrightarrow k \longrightarrow j$$

由于

$$p^2(i,j) = \mathbb{P}(X_2 = j \mid X_0 = i) = \sum_{k=1}^{n} \mathbb{P}(X_2 = j, X_1 = k \mid X_0 = i)$$

对 $\mathbb{P}(X_2 = j, X_1 = k \mid X_0 = i)$ 进行展开，可得：

$$\begin{aligned}
\mathbb{P}(X_2 = j, X_1 = k \mid X_0 = i) &= \frac{\mathbb{P}(X_2 = j, X_1 = k, X_0 = i)}{\mathbb{P}(X_0 = i)} \\
&= \frac{\mathbb{P}(X_2 = j, X_1 = k, X_0 = i)}{\mathbb{P}(X_1 = k, X_0 = i)} \cdot \frac{\mathbb{P}(X_1 = k, X_0 = i)}{\mathbb{P}(X_0 = i)} \\
&= \mathbb{P}(X_2 = j \mid X_1 = k, X_0 = i) \cdot \mathbb{P}(X_1 = k \mid X_0 = i)
\end{aligned}$$

根据马氏性，$\mathbb{P}(X_2 = j \mid X_1 = k, X_0 = i) = \mathbb{P}(X_2 = j \mid X_1 = k)$，因此，

$$上式 = \mathbb{P}(X_1 = k \mid X_0 = i) \cdot \mathbb{P}(X_2 = j \mid X_1 = k) = p(i,k) \cdot p(k,j)$$

最终，

$$\begin{aligned}
p^2(i,j) = \mathbb{P}(X_2 = j \mid X_0 = i) &= \sum_{k=1}^{n} p(i,k) \cdot p(k,j) \\
&= p(i,1)p(1,j) + p(i,2)p(2,j) + \cdots + p(i,n)p(n,j)
\end{aligned}$$

基于上面的证明过程，可以相应拓展至 m 步转移概率矩阵的求解（基于数学归纳法），最终定理可得证。

将上面的方程 $p^2(i,j) = \displaystyle\sum_{k=1}^{n} p(i,k) \cdot p(k,j)$ 使用矩阵表示如下：

$$\underbrace{\begin{bmatrix} p(1,1) & p(1,2) & \cdots & p(1,n) \\ p(2,1) & p(2,2) & \cdots & p(2,n) \\ \vdots & \vdots & \ddots & \vdots \\ \boxed{p(i,1)} & \boxed{p(i,2)} & \cdots & \boxed{p(i,n)} \\ \vdots & \vdots & \ddots & \vdots \\ p(n,1) & p(n,2) & \cdots & p(n,n) \end{bmatrix}}_{\mathbf{P}} \underbrace{\begin{bmatrix} p(1,1) & p(1,2) & \cdots & \boxed{p(1,j)} & \cdots & p(1,n) \\ p(2,1) & p(2,2) & \cdots & \boxed{p(2,j)} & \cdots & p(2,n) \\ \vdots & \vdots & \ddots & \vdots & \ddots & \vdots \\ p(n,1) & p(n,2) & \cdots & \boxed{p(n,j)} & \cdots & p(n,n) \end{bmatrix}}_{\mathbf{P}}$$

$$(2.3)$$

可见，$p^2(i,j)$ 是转移概率矩阵二次幂 $\mathbf{P}^2$ 第 i 行、第 j 列的数值。相应的 $\mathbf{P}^2$ 表示两步转移的转移概率矩阵。

二、多步转移概率举例

例 2.6 赌徒破产问题回顾。

在第一节介绍的赌徒破产问题中，得到了如下的一步转移概率矩阵：

$$\mathbf{P} = \begin{bmatrix} 1 & 0 & 0 & 0 & 0 & 0 \\ 0.6 & 0 & 0.4 & 0 & 0 & 0 \\ 0 & 0.6 & 0 & 0.4 & 0 & 0 \\ 0 & 0 & 0.6 & 0 & 0.4 & 0 \\ 0 & 0 & 0 & 0.6 & 0 & 0.4 \\ 0 & 0 & 0 & 0 & 0 & 1 \end{bmatrix} \qquad (2.4)$$

知识讲解

多步转移概率的
计算及软件实现

相应地，如果要求解 n 步的转移概率矩阵 $\mathbf{P}^n$，那么只需对 $\mathbf{P}$ 取 n 次幂即可。

但是对于这样的 6×6 矩阵，要求其 n 次幂，直接手算难度太大，对此可以借助计算机软件来完成相应的运算。本书使用 Matlab/GNU Octave[1]完成相应的计算。以 $\mathbf{P}^2$ 为例，完成相应计算的代码如下[2]：

```
>> P=[ 1  0  0  0  0  0;  0.6  0  0.4  0  0  0;
    0  0.6  0  0.4  0  0;  0  0  0.6  0  0.4  0;
    0  0  0  0.6  0  0.4;  0  0  0  0  0  1];
>> P^2
```

最终得到的转移概率矩阵为：

$$\mathbf{P}^2 = \begin{bmatrix} 1 & 0 & 0 & 0 & 0 & 0 \\ 0.6 & 0.24 & 0 & 0.16 & 0 & 0 \\ 0.36 & 0 & 0.48 & 0 & 0.16 & 0 \\ 0 & 0.36 & 0 & 0.48 & 0 & 0.16 \\ 0 & 0 & 0.36 & 0 & 0.24 & 0.4 \\ 0 & 0 & 0 & 0 & 0 & 1 \end{bmatrix}$$

当然，我们甚至可以用软件算出 1000 步赌博后的转移概率矩阵，只需使用如下代码：

```
>> P^1000
```

最终的结果如下：

$$\mathbf{P}^{1000} = \begin{bmatrix} 1 & 0 & 0 & 0 & 0 & 0 \\ 0.9242 & 0 & 0 & 0 & 0 & 0.0758 \\ 0.8104 & 0 & 0 & 0 & 0 & 0.1896 \\ 0.6398 & 0 & 0 & 0 & 0 & 0.3602 \\ 0.3839 & 0 & 0 & 0 & 0 & 0.6161 \\ 0 & 0 & 0 & 0 & 0 & 1 \end{bmatrix} \qquad (2.5)$$

---

[1]Matlab 是矩阵实验室 (matrix laboratory) 的简称，但是该软件是商业化付费软件。对于未购买该软件的用户，本书中所介绍的相关软件操作也可以通过 GNU Octave 软件来实现，该软件的基本命令和函数调用与 Matlab 完全一致，并且是免费软件，可以通过登录 http://www.gnu.org/software/octave/ 下载安装。

[2]代码中的 >> 符号是软件命令输入的提示符，在输入代码时不用键入。

可见，随着赌徒不断地进行赌博，其最终的结果只有两个：破产或获利出局。如果赌徒在入局之时只有 1 元，那么其最终破产的概率高达 92.42%；如果有 4 元，那么其最终破产的概率也高达 38.39%。

如果进一步求解 $\mathbf{P}^{1001}$ 和 $\mathbf{P}^{1002}$ 的结果会惊奇地发现，这两个转移概率矩阵与 $\mathbf{P}^{1000}$ 完全相同。这说明随着马氏链的转移步数的增加，最终的转移概率矩阵不再发生变化。这被称为马氏链的平稳性（stationarity），相应的马氏链在状态 0 和 5 处的转移概率构成离出分布（exit distribution），本章的第四节和第五节会介绍这一现象。

例 2.7 库存链回顾。对于库存链，也可以使用 Matlab 求出其在 1000 步的转移概率矩阵，代码如下：

```
>> P=[ 0  0  0.1  0.2  0.4  0.3;  0  0  0.1  0.2  0.4  0.3;
       0.3  0.4  0.3  0  0   0;  0.1  0.2  0.4  0.3  0  0;
       0  0.1  0.2  0.4  0.3  0;  0  0  0.1  0.2  0.4  0.3]
>> P^1000
```

得到的结果如下：

$$\mathbf{P}^{1000} = \begin{bmatrix} 0.0909 & 0.1556 & 0.2310 & 0.2156 & 0.2012 & 0.1056 \\ 0.0909 & 0.1556 & 0.2310 & 0.2156 & 0.2012 & 0.1056 \\ 0.0909 & 0.1556 & 0.2310 & 0.2156 & 0.2012 & 0.1056 \\ 0.0909 & 0.1556 & 0.2310 & 0.2156 & 0.2012 & 0.1056 \\ 0.0909 & 0.1556 & 0.2310 & 0.2156 & 0.2012 & 0.1056 \\ 0.0909 & 0.1556 & 0.2310 & 0.2156 & 0.2012 & 0.1056 \end{bmatrix}$$

这样的转移概率矩阵每列的数值均相同。这说明从任意状态 x，经过 1000 步转移到某个状态 y 的概率均相等。如果更进一步计算更多步数的转移概率矩阵，那么最终呈现的结果仍然不变，本章的第四节会介绍这一现象。这里得到的概率所组成的分布称为马氏链的极限概率分布。

例 2.8 埃伦费斯特链回顾。对于埃伦费斯特链，同样可以使用 Matlab 求出其在 $1000 \sim 1002$ 步的转移概率矩阵，代码如下：

```
>> P=[ 0  1  0  0  0;  0.25  0  0.75  0  0;  0  0.5  0  0.5  0;
       0  0  0.75  0  0.25;  0  0  0  1  0]
>> P^1000
>> P^1001
>> P^1002
```

经过求解得到的结果如下：

$$\mathbf{P}^{1000} = \begin{bmatrix} 0.125 & 0 & 0.75 & 0 & 0.125 \\ 0 & 0.5 & 0 & 0.5 & 0 \\ 0.125 & 0 & 0.75 & 0 & 0.125 \\ 0 & 0.5 & 0 & 0.5 & 0 \\ 0.125 & 0 & 0.75 & 0 & 0.125 \end{bmatrix} \quad \mathbf{P}^{1001} = \begin{bmatrix} 0 & 0.5 & 0 & 0.5 & 0 \\ 0.125 & 0 & 0.75 & 0 & 0.125 \\ 0 & 0.5 & 0 & 0.5 & 0 \\ 0.125 & 0 & 0.75 & 0 & 0.125 \\ 0 & 0.5 & 0 & 0.5 & 0 \end{bmatrix}$$

$$\mathbf{P}^{1002} = \begin{bmatrix} 0.125 & 0 & 0.75 & 0 & 0.125 \\ 0 & 0.5 & 0 & 0.5 & 0 \\ 0.125 & 0 & 0.75 & 0 & 0.125 \\ 0 & 0.5 & 0 & 0.5 & 0 \\ 0.125 & 0 & 0.75 & 0 & 0.125 \end{bmatrix}$$

从中不难发现，$\mathbf{P}^{1000} = \mathbf{P}^{1002}$，但是 $\mathbf{P}^{1000} \neq \mathbf{P}^{1001}$。如果继续计算第 1003 步甚至更多步，会发现最终转移概率矩阵呈现出 $\mathbf{P}^{1000}$ 和 $\mathbf{P}^{1001}$ 的结果交替出现的现象。在本章的第三节会介绍这一现象，这被称为马氏链的周期性（periodicity）。

三、C-K 方程

定理 2.2

查普曼-柯尔莫哥洛夫（Chapman-Kolmogorov, C-K）方程如下：

$$p^{m+n}(i,j) = \mathbb{P}(X_{m+n} = j \mid X_0 = i) = \sum_k p^m(i,k) \cdot p^n(k,j) \tag{2.6}$$

图 2.4 展示了查普曼和柯尔莫哥洛夫这两位学者。

图 2.4 查普曼（左）和柯尔莫哥洛夫（右）

证明：由于

$$p^{m+n}(i,j) = \mathbb{P}(X_{m+n} = j \mid X_0 = i) = \sum_k \mathbb{P}(X_{m+n} = j, X_m = k \mid X_0 = i)$$

其中，

$$\mathbb{P}(X_{m+n} = j, X_m = k \mid X_0 = i) = \frac{\mathbb{P}(X_{m+n} = j, X_m = k, X_0 = i)}{\mathbb{P}(X_0 = i)}$$

$$= \frac{\mathbb{P}(X_{m+n} = j, X_m = k, X_0 = i)}{\mathbb{P}(X_m = k, X_0 = i)} \cdot \frac{\mathbb{P}(X_m = k, X_0 = i)}{\mathbb{P}(X_0 = i)}$$

$$= \mathbb{P}(X_{m+n} = j \mid X_m = k, X_0 = i) \cdot \mathbb{P}(X_m = k \mid X_0 = i)$$

$$= \mathbb{P}(X_{m+n} = j \mid X_m = k) \cdot \mathbb{P}(X_m = k \mid X_0 = i)$$

$$= p^n(k, j) \cdot p^m(i, k)$$

因此，

$$p^{m+n}(i, j) = \sum_k p^m(i, k) \cdot p^n(k, j)$$

可见，

$$p^2(i, j) = \mathbb{P}(X_2 = j \mid X_0 = i) = \sum_{k=1}^n p(i, k) \cdot p(k, j) \tag{2.7}$$

可看作 C-K 方程在 $m = n = 1$ 时的特例。

由于 $\forall k, \ p^m(i, k) \cdot p^n(k, j) \geqslant 0$，因此基于 C-K 方程，还能得到如下不等式：

$$p^{m+n}(i, j) \geqslant p^m(i, k) \cdot p^n(k, j), \qquad \forall k \tag{2.8}$$

这个不等式在后面的相关定理证明中有重要作用。

知识讲解

C-K 方程、状态
的分类

阅读材料：柯尔莫哥洛夫生平

安德烈·柯尔莫哥洛夫（Andrey Kolmogorov，1903 年 4 月 25 日—1987 年 10 月 20 日），苏联数学家，在概率论、算法信息论和拓扑学方面做出了重大贡献，其最为人所称道的是对概率论公理化所作出的贡献。他曾说："概率论作为数学学科，可以而且应该从公理开始建设，和几何、代数的路一样。"

柯尔莫哥洛夫 1925 年毕业于莫斯科大学，1929 年研究生毕业，成为莫斯科大学数学研究所研究员。1930 年 6 月到 1931 年 3 月访问哥廷根、慕尼黑及巴黎。1931 年任莫斯科大学教授，1933 年任该校数学力学研究所所长。1935 年获物理数学博士学位，1939 年当选为苏联科学院院士，1966 年当选为苏联教育科学院院士。他还被选为荷兰皇家学会、英国皇家学会、美国国家科学院、法国科学院、罗马尼亚科学院以及其他多个国家科学院的会员或院士，并获得了不少国外著名大学的荣誉博士称号。

柯尔莫哥洛夫是现代概率论的开拓者之一，柯尔莫哥洛夫与辛钦（Khinchin）共同把实变函数的方法应用于概率论。1933 年，柯尔莫哥洛夫的专著《概率论的基础》出版，书中第一次在测度论基础上建立了概率论的严密公理体系，这一光辉成就使他名垂史册，因为这一专著不仅提出了概率论的公理定义，而且在公理的框架内系统地给出了概率论理论体系。

作为随机过程论的奠基人之一，20 世纪 30 年代，柯尔莫哥洛夫建立了马尔可夫过程的两个基本方程，他的卓越论文《概率论的解析方法》为现代马尔可夫随机过程论和揭示概率论与常微分方程及二阶偏微分方程的深刻联系奠定了基础。他还创立了具有可数状态的马尔可夫链理论。他找到了连续的分布函数与它的经验分布函数之差的上确界的极限分布，这个结果是非参数统计中分布函数拟合检验的理论依据，成为统计学的核心之一。

由于取得了这些卓越成就，柯尔莫哥洛夫七次荣膺列宁勋章，并被授予苏联社会主义劳动英雄的称号，他还是列宁奖金和国家奖金的获得者。1980 年荣获了沃尔夫奖，1986 年荣获了罗巴切夫斯基奖。

第三节　状态的分类

我们研究马氏链，主要是进行两类分析：瞬态分析和稳态分析。

(1) 瞬态分析是研究在某一固定时刻 n，马氏链对应系统的概率特征，即求 n 步转移概率。

(2) 稳态分析则是研究当 $n \to \infty$ 时，马氏链对应系统的概率特征，比如：$\lim_{n\to\infty} p^n(i,j)$ 是否存在；与状态的关系如何；极限概率能否构成概率分布。

为解决这两类问题，就需要对状态进行分类。

一、几个重要的标记

在介绍状态的分类之前，先给出在后面的推导过程中经常用到的几个简略标记：

(1) 初始时刻状态为 x 的条件下，事件 A 发生的概率记作 $\mathbb{P}_x(A)$，即：

$$\mathbb{P}_x(A) = \mathbb{P}(A|X_0 = x) \tag{2.9}$$

(2) 首次返回状态 x 的最短时间记作 τ_x，即[①]：

$$\tau_x = \min\{n : n \geqslant 1, X_n = x\} \tag{2.10}$$

需要注意的是，随机过程随不同的路径演化，相应的首次返回的时间也是随机变动的，因此 τ_x 是随机的。

(3) 第 k 次返回状态 x 的最短时间记作 τ_x^k，即：

$$\tau_x^k = \min\left\{n : n > \tau_x^{k-1}, X_n = x\right\} \tag{2.11}$$

(4) 从初始时刻的状态 x，经过有限步首次返回到状态 x 的概率记作 f_{xx}，即：

$$f_{xx} = \mathbb{P}_x(\tau_x < \infty) = \mathbb{P}(\text{有限时间首次返回 } x \text{ 状态}|X_0 = x) \tag{2.12}$$

[①]有的教科书将 min 写作 inf，即"下确界"，本书使用第一种记法，便于非数学专业背景的学生理解。

由于当 $n=0$ 时，$f_{xx} \equiv 1$，因此为避免该情况，规定 $n \geqslant 1$。

(5) 经过有限时间，返回状态 x 的次数为 k 的概率记作 f_{xx}^k，即：

$$f_{xx}^k = \mathbb{P}_x(\tau_x^k < \infty) = \mathbb{P}(\text{有限时间第 } k \text{ 次返回 } x \text{ 状态}|X_0 = x) \qquad (2.13)$$

使用下文所介绍的强马氏性，可得：

$$\begin{aligned}
f_{xx}^2 &= \mathbb{P}(\text{有限时间第 2 次返回状态 } x|X_0 = x) \\
&= \mathbb{P}(X_\tau = x|X_0 = x) \cdot \mathbb{P}(\text{有限时间第 2 次返回状态 } x|X_\tau = x) \\
&= \mathbb{P}(X_\tau = x|X_0 = x) \cdot \mathbb{P}(\text{有限时间首次返回状态 } x|X_0 = x) \\
&= f_{xx} \cdot f_{xx} = (f_{xx})^2
\end{aligned}$$

类似地，

$$f_{xx}^k = (f_{xx})^k$$

二、停时和强马氏性

定义 2.4

如果某事件"在时刻 n 停止"，则记该时刻 n 为停时（stopping time）。前面提及的首次返回状态 x 的最短时间 τ_x 就是一个停时，可以表示为：

$$\{\tau_x = n\} = \{X_n = x, X_{n-1} \neq x, \ldots, X_1 \neq x\}$$

在金融市场上，经常会遇到所谓的停时概念，比如，当股票价格达到一定的数值时就进行买卖操作，于是相应的买卖时点就可以看作一个停时；在保险领域，投保人在保险期内第一次出险的时间也可以看作一个停时；对于美式期权，若在到期前行权能够获得收益，则该期权的买方会选择将该期权提前行权了结，那么行权的时点也是一个停时。

定义 2.5

若设 T 是停时，假定 $T=n$，$X_T = y$，则关于 $X_0, \ldots, X_T$ 的其他信息与未来的预测无关，并且 $X_{T+k}, k \geqslant 0$ 的行为与初始状态为 y 的马氏链相同，即：

$$\mathbb{P}(X_{T+1} = z \mid X_T = y, T = n) = \mathbb{P}(X_1 = z \mid X_0 = y) = p(y, z)$$
$$\mathbb{P}(X_{T+k} = z \mid X_T = y, T = n) = \mathbb{P}(X_k = z \mid X_0 = y) = p^k(y, z), \quad k \geqslant 1$$

则称过程 X_T 具有强马氏性（strong Markov property）。

证明：目标是证明

$$\mathbb{P}(X_{T+1} = z|X_T = y, T = n) = \mathbb{P}(X_{T+1} = z|X_T = y) = p(y, z)$$

记状态向量 $V_n = (x_0, \ldots, x_n)$，使得 $X_0 = x_0, X_1 = x_1, \ldots, X_n = x_n$，并且 $T = n$ 时，$X_T = y$，由此可得：

$$\mathbb{P}(X_{T+1} = z, X_T = y, T = n) = \sum_{x \in V_n} \mathbb{P}(X_{n+1} = z, X_n = x_n, \ldots, X_0 = x_0)$$
$$= \sum_{x \in V_n} \mathbb{P}(X_{n+1} = z | X_n = x_n, \ldots, X_0 = x_0) \cdot \mathbb{P}(X_n = x_n, \ldots, X_0 = x_0)$$

由马氏性可得：

$$\mathbb{P}(X_{n+1} = z | X_n = x_n, \ldots, X_0 = x_0) = \mathbb{P}(X_{n+1} = z | X_n = x_n)$$

因此，

$$\mathbb{P}(X_{T+1} = z, X_T = y, T = n) = \sum_{x \in V_n} \mathbb{P}(X_{n+1} = z | X_n = x_n) \cdot \mathbb{P}(X_n = x_n, \ldots, X_0 = x_0)$$
$$= \mathbb{P}(X_{T+1} = z | X_T = y) \sum_{x \in V_n} \mathbb{P}(X_T = y, \ldots, X_0 = x_0)$$
$$= p(y, z) \cdot \mathbb{P}(X_T = y, T = n)$$

因此，

$$p(y, z) = \frac{\mathbb{P}(X_{T+1} = z, X_T = y, T = n)}{\mathbb{P}(X_T = y, T = n)} = \mathbb{P}(X_{T+1} = z | X_T = y, T = n)$$

如图 2.5 所示，若过程 X_T 具有强马氏性，则从 T 时刻的状态 y 到 $(T+k)$ 时刻的状态 x 的转移概率，等于初始时刻的状态 y 到 k 时刻的状态 x 的转移概率。

本章第一节所介绍的马氏性是指：已知在"现在" X_n 的条件下，"将来" X_{n+1} 与"过去" $(X_{n-1}, \ldots, X_1, X_0)$ 无关的特性。而这里的强马氏性则是指：在已知停时 T 的条件下，将来时刻 $T+1$ 的状态 X_{T+1} 与过去各时刻的状态无关的特性。这两个性质的最大差别在于：马氏性当中的当前时间是确定的；而强马氏性当中的停时则是随机的。

知识讲解

强马氏性、可达和互通的含义及性质

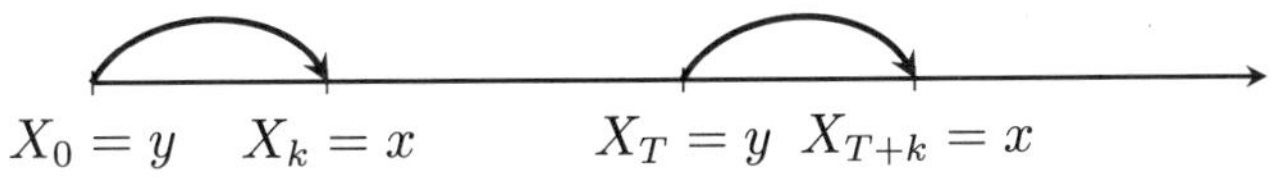

$X_0 = y \quad X_k = x \qquad X_T = y \quad X_{T+k} = x$

图 2.5 强马氏性示意图

三、可达和互通

如果从状态 x 有正的概率到达状态 y，则称 x 可达（accessible）y，记作 $x \rightarrow y$，即：

$$f_{xy} = \mathbb{P}_x(\tau_y < \infty) > 0$$

也可以表示为：

$$\exists n, \quad p^n(x, y) > 0$$

即：从状态 x，经过 n 步到达状态 y 的概率为正。

如果从状态 x 不能到达状态 y，则记为 $x \nrightarrow y$，意味着对任意 n，$p^n(x, y) \equiv 0$。

若 x 可达 y，并且 y 可达 x，则称 x 和 y 互通（communicate），记作 $x \leftrightarrow y$，即：

$$x \rightarrow y, \, y \rightarrow x \quad \Rightarrow \quad x \leftrightarrow y$$

也可以表示为：

$$\exists m, n, \quad p^m(x, y) > 0, \, p^n(y, x) > 0 \quad \Rightarrow \quad x \leftrightarrow y$$

即：从状态 x 经过 m 步到达状态 y 的概率为正，并且从状态 y 经过 n 步到达状态 x 的概率也为正。

互通满足自反性、对称性和传递性，即：
  (1) 自反性（reflexive）：$x \leftrightarrow x$。
  (2) 对称性（symmetric）：若 $x \leftrightarrow y$，则 $y \leftrightarrow x$。
  (3) 传递性（transitive）：若 $x \leftrightarrow k$，且 $k \leftrightarrow y$，则 $x \leftrightarrow y$。

证明：传递性的证明：
- 第一步：由 $x \rightarrow k$，$k \rightarrow y$，证明 $x \rightarrow y$。
  由于 $x \rightarrow k$，$k \rightarrow y$，因此 $\exists m, n$，使得：

$$p^m(x, k) > 0, \qquad p^n(k, y) > 0$$

根据 C-K 方程推论的不等式 (2.8) 可得：

$$p^{m+n}(x, y) \geqslant p^m(x, k) \cdot p^n(k, y) > 0$$

因此 $\exists (m+n)$，使得 $x \rightarrow y$。

- 第二步：由 $y \to k, \quad k \to x$，证明 $y \to x$。

  由于 $y \to k, \quad k \to x$，因此 $\exists s, t$，使得

  $$p^s(y, k) > 0, \qquad p^t(k, x) > 0$$

  根据 C-K 方程推论的不等式 (2.8) 可得：

  $$p^{s+t}(y, x) \geqslant p^s(y, k) \cdot p^t(k, x) > 0$$

  因此 $\exists (s+t)$，使得 $y \to x$。

综合上述结论，得证。

四、状态的常返性判定

定义 2.8

若对于状态 x，其经过有限时间可以概率 1 返回状态 x，则称其为常返态（recurrent state），即：

$$f_{xx} = \mathbb{P}_x(\tau_x < \infty) = 1$$

根据前面提到的强马氏性可知，当 $f_{xx} = 1$ 时，对任意 $k > 1$，$f_{xx}^k = 1$。这意味着对于常返态 x，其回到状态 x 的次数有无穷多次。

如果 $p(x, x) = 1$，即 $\mathbb{P}_x(\tau_x = 1) = 1$，则 x 是吸收态，此时的状态 x 是非常强的常返态，因为马氏链的状态将永远停留在那里。回顾本章开始时提到的赌徒破产问题，赌徒财富为 0 或 5 时离开赌场，意味着 $p(0, 0) = p(5, 5) = 1$，此时的状态 0 和 5 都是吸收态/常返态。

知识讲解

状态的判定

定义 2.9

若对于状态 x，其经过有限时间有正的概率不再返回状态 x，则称其为非常返态（transient state），也称暂态，即：

$$\mathbb{P}_x(\tau_x = \infty) > 0$$

或者

$$f_{xx} = \mathbb{P}_x(\tau_x < \infty) = 1 - \mathbb{P}_x(\tau_x = \infty) < 1$$

同样，根据前面提到的强马氏性，当 $f_{xx} < 1$ 时，随着 $k \to \infty$，$f_{xx}^k \to 0$，这意味着最终马氏链将不再回到状态 x。

再次回到刚才提到的赌徒破产问题，对于状态 1~4，结合式 (2.7)，以其中的状态 2

为例，永不回到状态 2 的概率为[①]：

$$\mathbb{P}_2(\tau_2 = \infty) > p(2,1)p(1,0) = 0.6 \times 0.6 = 0.36$$

相应地，

$$f_{22} = \mathbb{P}_2(\tau_2 < \infty) = 1 - \mathbb{P}_2(\tau_2 = \infty) < 1 - 0.36 = 0.64 < 1$$

根据定义可知，状态 2 是非常返态。类似地，状态 1~4 均是非常返态。

这样的状态分类结果还可以从转移概率最终的变动结果得到。从式 (2.8) 可以看出：从状态 1 到状态 4，经过 1 步再次回到这些状态的概率均为零，这从侧面验证了状态 1~4 是非常返态。

另外，由式 (2.12) 可知，"有限时间首次返回状态 x" 的对立事件便是 "永远无法返回状态 x"，因此，

$$\mathbb{P}_x(\tau_x = \infty) = 1 - \mathbb{P}_x(\tau_x < \infty) = 1 - f_{xx} \tag{2.14}$$

相应地，若状态 x 是常返态，则意味着 $\mathbb{P}_x(\tau_x = \infty) = 0$；而若状态 x 是非常返态，则意味着 $\mathbb{P}_x(\tau_x = \infty) > 0$。

最终可以得到如下的等价表达式：

(1) 常返：状态 x 在有限时间内（首次）返回 x 的概率为 1。

$$f_{xx} = 1 \iff \mathbb{P}_x(\tau_x < \infty) = 1 \iff \mathbb{P}_x(\tau_x = \infty) = 0$$

(2) 非常返：状态 x 有正的概率不返回 x。

$$f_{xx} < 1 \iff \mathbb{P}_x(\tau_x < \infty) < 1 \iff \mathbb{P}_x(\tau_x = \infty) > 0$$

在继续介绍新的内容之前，本书先做一些理论上的推导。本书前面提到了第 k 次返回状态 x 的最短时间为 τ_x^k，即：

$$\tau_x^k = \min\left\{n : n > \tau_x^{k-1}, X_n = x\right\}$$

并且经过有限时间，从状态 x 转移到状态 y 的概率记作 f_{xy}，即：

$$f_{xy} = \mathbb{P}_x(\tau_y < \infty)$$

根据强马氏性可以得到，从状态 x 经过有限时间 k 次访问状态 y 的概率如下：

$$\mathbb{P}_x(\tau_y^k < \infty) = \mathbb{P}_x(\tau_y < \infty) \cdot \mathbb{P}_y(\tau_y^{k-1} < \infty) = f_{xy} \cdot f_{yy}^{k-1}$$

上式当中，第一项表示有限时间内，从状态 x 首次到达状态 y 的概率；第二项则表示有限时间内，从状态 y 返回原状态的次数为 $(k-1)$ 次的概率。

记 $N(y)$ 是访问状态 y 的次数，可以相应计算访问次数的期望值 $\mathbb{E}[N(y)]$。

[①]这里只考虑了 $2 \to 1 \to 0$ 这一种可能的情形，实际的概率自然要高于此。

定理 2.4

若记 $\mathbb{E}_x[N(y)]$ 是在初始状态为 x 的条件下，访问状态 y 的次数之期望值，则

$$\mathbb{E}_x[N(y)] = \frac{f_{xy}}{1 - f_{yy}} = \sum_{n=1}^{\infty} p^n(x, y)$$

证明： 首先证明 $\mathbb{E}_x[N(y)] = \dfrac{f_{xy}}{1 - f_{yy}}$。

解法 1： 由于 $N(y)$ 是访问状态 y 的次数，因此从状态 x 开始访问状态 y 的次数为 k 的概率为：

$$\begin{aligned}\mathbb{P}_x[N(y) = k] &= \mathbb{P}_x(\tau_y^k < \infty) \cdot \mathbb{P}_y(\tau_y^{k+1} = \infty) \\ &= f_{xy} \cdot f_{yy}^{k-1} \cdot (1 - f_{yy})\end{aligned}$$

知识讲解

状态相关的定理
证明

需要注意的是，这里概率的求解分为两步：第一步是求出从状态 x 经过有限时间 k 次访问状态 y 的概率；第二步是求出未来不再访问状态 y 的概率。

因此，根据期望的定义可以得到：

$$\begin{aligned}\mathbb{E}_x[N(y)] &= \sum_{k=1}^{\infty} k \cdot \mathbb{P}_x[N(y) = k] = \sum_{k=1}^{\infty} k \cdot \left[f_{xy} \cdot f_{yy}^{k-1} \cdot (1 - f_{yy}) \right] \\ &= f_{xy}(1 - f_{yy}) \sum_{k=1}^{\infty} k \cdot f_{yy}^{k-1} \\ &= f_{xy}(1 - f_{yy}) \cdot \frac{1}{(1 - f_{yy})^2} = \frac{f_{xy}}{1 - f_{yy}}\end{aligned}$$

解法 2： 根据式 (1.15) 可得：

$$\mathbb{E}_x[N(y)] = \sum_{k=1}^{\infty} \mathbb{P}_x[N(y) \geqslant k]$$

其中，

$$\begin{aligned}\mathbb{P}_x[N(y) \geqslant k] &= \sum_{n=k}^{\infty} \mathbb{P}_x[N(y) = n] = \sum_{n=k}^{\infty} f_{xy} f_{yy}^{n-1}(1 - f_{yy}) \\ &= f_{xy}(1 - f_{yy}) \sum_{n=k}^{\infty} f_{yy}^{n-1} = f_{xy}(1 - f_{yy}) \cdot \frac{f_{yy}^{k-1}}{1 - f_{yy}} \\ &= f_{xy} \cdot f_{yy}^{k-1}\end{aligned}$$

因此，

$$\mathbb{E}_x[N(y)] = \sum_{k=1}^{\infty} f_{xy} \cdot f_{yy}^{k-1} = \frac{f_{xy}}{1 - f_{yy}}$$

接下来证明 $\mathbb{E}_x[N(y)] = \sum\limits_{n=1}^{\infty} p^n(x, y)$，这里需要引入示性函数（indicator function）及其性质，相关内容参见本章附录。此处，

$$N(y) = \sum_{n=1}^{\infty} \mathbf{1}_{\{X_n = y\}}$$

对上式两端求条件期望，可得：

$$\mathbb{E}_x[N(y)] = \sum_{n=1}^{\infty} \mathbb{P}_x(X_n = y) = \sum_{n=1}^{\infty} p^n(x, y)$$

知识讲解

状态的常返性判定、闭集的概念

由前面给出的定理可知：若状态 y 是常返态，则意味着 $f_{yy} = 1$，此时根据公式 $\mathbb{E}_x[N(y)] = \dfrac{f_{xy}}{1 - f_{yy}}$ 可得：$\mathbb{E}_x[N(y)] = \infty$。因此，对于常返态 y 而言，其访问状态 y 的次数的期望值为无穷大。另外，由 $\mathbb{E}_x[N(y)] = \sum\limits_{n=1}^{\infty} p^n(x, y)$ 可知，当状态 y 是常返态时，$\sum\limits_{n=1}^{\infty} p^n(x, y) = \infty$。

与此类似，若状态 y 是非常返态，则意味着 $f_{yy} < 1$，相应地，$\mathbb{E}_x[N(y)] < \infty$，对应的 $\sum\limits_{n=1}^{\infty} p^n(x, y) < \infty$。基于该结论还可以得到如下的等价表达式：

(1) 常返态：从状态 x 无限次返回 x。

$$f_{xx} = 1 \iff \mathbb{E}_x[N(x)] = \infty \iff \sum_{n=1}^{\infty} p^n(x, x) = \infty$$

(2) 非常返态：从状态 x 有限次返回 x。

$$f_{xx} < 1 \iff \mathbb{E}_x[N(x)] < \infty \iff \sum_{n=1}^{\infty} p^n(x, x) < \infty$$

定理 2.5

若状态 x 是常返态，并且 $x \to y$，则状态 y 是常返态。

证明： 由于状态 x 是常返态，并且 x 可达 y，所以 $f_{xy} > 0$。根据前面的定理可知，$f_{yx} = 1$，这意味着从状态 y 一定可以回到状态 x。取 i 和 j，使得 $p^j(x, y) > 0$ 且 $p^i(y, x) > 0$。记 $p^{i+k+j}(y, y)$ 是状态 y 经过了 $(i + k + j)$ 步最终回到原状态的概率。

根据 C-K 方程的推论，下式成立：

$$p^{i+k+j}(y, y) \geqslant p^i(y, x) \cdot p^k(x, x) \cdot p^j(x, y)$$

对上式两端关于 k 求和，可得：

$$\sum_{k=0}^{\infty} p^{i+k+j}(y,y) \geqslant p^i(y,x) \cdot \left[\sum_{k=0}^{\infty} p^k(x,x)\right] \cdot p^j(x,y)$$

由于状态 x 是常返态，因此 $\sum_{k=0}^{\infty} p^k(x,x) = \infty$，而 $p^j(x,y) > 0$，$p^i(y,x) > 0$，故可得：

$$\sum_{k=0}^{\infty} p^{i+k+j}(y,y) = \infty$$

所以状态 y 是常返态。

定理 2.6

若 $f_{xy} > 0$，且 $f_{yx} < 1$，则 x 是非常返态。

证明：假设 N 是从状态 x 到状态 y 的最少步数，即 $N = \min\{n : p^n(x,y) > 0\}$，那么一定有某个状态序列 $y_1, y_2, \ldots, y_{N-1}$，使得

$$p(x,y_1)p(y_1,y_2)\cdots p(y_{N-1},y) > 0$$

相应地，

$$\mathbb{P}_x(\tau_x = \infty) \geqslant \left[p(x,y_1)p(y_1,y_2)\cdots p(y_{N-1},y)\right] \cdot (1 - f_{yx}) > 0$$

因此，x 是非常返态。

定理 2.7

若状态 x 是常返态，并且 $f_{xy} > 0$，则 $f_{yx} = 1$。

证明：采用反证法，假设 $f_{yx} < 1$，则根据前面的定理，x 是非常返态，这与状态 x 是常返态的前提矛盾，因此该假设不成立，相应地，$f_{yx} = 1$。

例 2.9 七状态马氏链。考虑如下转移概率矩阵：

$$\mathbf{P} = \begin{array}{c} \\ 1 \\ 2 \\ 3 \\ 4 \\ 5 \\ 6 \\ 7 \end{array} \begin{array}{c} \begin{array}{ccccccc} 1 & 2 & 3 & 4 & 5 & 6 & 7 \end{array} \\ \left[\begin{array}{ccccccc} 0.7 & 0 & 0 & 0 & 0.3 & 0 & 0 \\ 0.1 & 0.2 & 0.3 & 0.4 & 0 & 0 & 0 \\ 0 & 0 & 0.5 & 0.3 & 0.2 & 0 & 0 \\ 0 & 0 & 0 & 0.5 & 0 & 0.5 & 0 \\ 0.6 & 0 & 0 & 0 & 0.4 & 0 & 0 \\ 0 & 0 & 0 & 0 & 0 & 0.2 & 0.8 \\ 0 & 0 & 0 & 1 & 0 & 0 & 0 \end{array}\right] \end{array}$$

如何识别常返态和非常返态？

解答：绘制的转移概率图如图2.6所示。从中不难看出，状态2可达状态1、3和4；状态3可达状态5和4，但是从状态1、5、4、6、7却不可达状态2或3。这说明状态2和3是非常返态，即有正的概率不再返回原先的状态。

相比之下，状态1和5，以及状态4、6、7分别组成的环状区域，可以实现状态的互通，状态互通意味着可以概率1返回原来的状态，因此状态1、5、4、6、7是常返态。

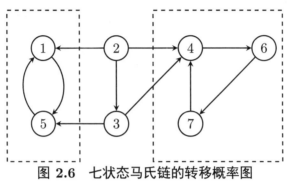

图2.6 七状态马氏链的转移概率图

五、状态空间的分解

定义 2.10

若 $x \in A$，并且 $y \notin A$，则 $p(x,y) = 0$，称集合 A 是闭集（closed set）。所谓的闭集，就意味着 A 内部的状态无法到达 A 的外部，这意味着一旦状态进入闭集 A 中，它就会永远留在其中运动。

以前面的例子来说明：从图2.6中不难发现，状态1和5无法转移到其他状态，状态4、6、7也无法转移到其他状态，因此 $\{1,5\}$ 和 $\{4,6,7\}$ 是两个闭集。另外，这两个闭集的并集 $\{1,4,5,6,7\}$ 也是闭集。如果加入状态3，则 $\{1,3,4,5,6,7\}$ 仍然是一个闭集。更一般地，整个状态空间 $S = \{1,2,3,4,5,6,7\}$ 也必然是一个闭集，因为所有的状态转移均不可能超出这个状态空间。

知识讲解

状态空间的分解

综上不难看出，闭集的概念是普适的，只是前面例子中可以举出的闭集当中，有些闭集的元素太多，因此有必要对这些闭集进行限定，于是引入不可约闭集的概念。

定义 2.11

对于闭集 A，若其中任意状态 x 和 y 均互通，则称闭集 A 是不可约闭集（irreducible closed set），即：

$$\forall x, y \in A, \quad x \leftrightarrow y \quad \Rightarrow \quad A \text{ 不可约}$$

不可约闭集中的元素构成一个吸收型（absorbing）互通类。

定义 2.12

如果马氏链只有一个吸收型互通类，则称这个链不可约（irreducible）；若吸收型互通类超过一个，则称这个链可约（reducible）。

从前面的例子中可以看出：$1 \leftrightarrow 5$，并且 $4 \leftrightarrow 6 \leftrightarrow 7$，因此 $\{1,5\}$ 和 $\{4,6,7\}$ 是两个不可约闭集。另外，这个马氏链包含了两个吸收型互通类，因此这是可约马氏链。这里需要说明的是，互通类当中还包含一类非吸收型的互通类，其中的各状态虽然互通，但是它们不满足闭集的条件，即这些状态会以一定概率转移到互通类之外。

定理 2.8

对于任何互通类 C 而言，其中的所有状态均为常返态或非常返态。

证明：根据互通类的定义可知，对于任意两个状态 $x, y \in C$，均有 $x \leftrightarrow y$，因此，存在 $m, n > 0$，使得

$$p^m(x,y) > 0, \qquad p^n(y,x) > 0$$

根据 C-K 方程的推论，可得：

$$p^{m+k+n}(x,x) \geqslant p^m(x,y) \cdot p^k(y,y) \cdot p^n(y,x)$$

对上式关于 k 求和，可得：

$$\sum_{k=1}^{\infty} p^{m+k+n}(x,x) \geqslant p^m(x,y) \cdot \sum_{k=1}^{\infty} p^k(y,y) \cdot p^n(y,x)$$

若 y 是常返态，则 $\sum_{k=1}^{\infty} p^k(y,y) = \infty$，相应地 $\sum_{k=1}^{\infty} p^{m+k+n}(x,x) = \infty$，因此 x 也是常返态。类似地，若 x 是常返态，则 y 也是常返态。

当然，若 x 是非常返态，则 $\sum_{k=1}^{\infty} p^{m+k+n}(x,x) < \infty$，相应地 $p^m(x,y) \cdot \sum_{k=1}^{\infty} p^k(y,y) \cdot p^n(y,x) < \infty$，于是有 $\sum_{k=1}^{\infty} p^k(y,y) < \infty$，因此 y 也是非常返态。类似地，若 y 是非常返态，则 x 也是非常返态。

根据前面关于互通类的分析，我们可知：吸收型互通类中的所有状态均为常返态，因为这样的互通类构成一个闭集；非吸收型互通类中的所有状态均为非常返态，因为其中的元素会转移到该类之外的状态中，长期来看，转移到非吸收型互通类中各状态的概率将趋近于零。

定理 2.9

对于一个有限闭集 C，其中至少有一个常返态。

证明： 假设有限闭集 C 中全是非常返态，则对于其中的任意两个状态 x, y，均有：$\mathbb{E}_x[N(y)] < \infty$，由于 C 中的状态是有限的，因此，

$$\sum_{y \in C} \mathbb{E}_x[N(y)] = \sum_{y \in C} \sum_{n=1}^{\infty} p^n(x, y)$$

接下来交换加法次序，可得：

$$\sum_{n=1}^{\infty} \sum_{y \in C} p^n(x, y) = \sum_{n=1}^{\infty} 1 = \infty$$

而 $\displaystyle\sum_{y \in C} \mathbb{E}_x[N(y)] < \infty$，两者产生了矛盾。

因此假设不成立，有限闭集 C 中至少有一个常返态。

定理 2.10 状态空间的分解

若 S 是有限状态空间（finite state space），则 S 可以写为互不相交集合的并集，即：

$$S = T \cup R_1 \cup \cdots \cup R_k$$

其中，T 是非常返态组成的集合；R_i, $i = 1, 2, \ldots, k$ 是常返态组成的不可约闭集。

以前面介绍的七状态马氏链为例，对其中的不可约闭集进行归并和整理，可得出如下转移概率矩阵：

$$
\begin{array}{c}
\\
1 \\ 5 \\ 4 \\ 6 \\ 7 \\ 2 \\ 3
\end{array}
\begin{array}{cccccccc}
1 & 5 & 4 & 6 & 7 & 2 & 3 \\
\end{array}
\left[\begin{array}{ccccc|cc}
0.7 & 0.3 & 0 & 0 & 0 & 0 & 0 \\
0.6 & 0.4 & 0 & 0 & 0 & 0 & 0 \\
\hline
0 & 0 & 0.5 & 0.5 & 0 & 0 & 0 \\
0 & 0 & 0 & 0.2 & 0.8 & 0 & 0 \\
0 & 0 & 1 & 0 & 0 & 0 & 0 \\
\hline
0.1 & 0 & 0.4 & 0 & 0 & 0.2 & 0.3 \\
0 & 0.2 & 0.3 & 0 & 0 & 0 & 0.5
\end{array}\right]
=
\begin{array}{c}
\\ R_1 \\ R_2 \\ T
\end{array}
\begin{array}{ccc}
R_1 & R_2 & T
\end{array}
\left[\begin{array}{c|c|c}
\mathbf{R_1} & \mathbf{0} & \mathbf{0} \\
\hline
\mathbf{0} & \mathbf{R_2} & \mathbf{0} \\
\hline
\mathbf{T_1} & \mathbf{T_2} & \mathbf{T}
\end{array}\right]
$$

$$
\mathbf{R}_1 = \begin{bmatrix} 0.7 & 0.3 \\ 0.6 & 0.4 \end{bmatrix}, \qquad
\mathbf{R}_2 = \begin{bmatrix} 0.5 & 0.5 & 0 \\ 0 & 0.2 & 0.8 \\ 1 & 0 & 0 \end{bmatrix}, \qquad
\mathbf{T} = \begin{bmatrix} 0.2 & 0.3 \\ 0 & 0.5 \end{bmatrix}
$$

其中，分块矩阵 $\mathbf{R}_1$ 和 $\mathbf{R}_2$ 分别由不可约闭集 $\{1, 5\}$ 和 $\{4, 6, 7\}$ 构成，相应的状态均为常返态；分块矩阵 $\mathbf{T}$ 则是由非常返态 $\{2, 3\}$ 构成；分块矩阵 $\mathbf{T}_1$ 和 $\mathbf{T}_2$ 反映了由非常返态经过一步转移到常返态的对应转移概率。从重新归并整理后的转移概率矩阵当中不难发现，两个由常返态所构成的不可约闭集之间的转移概率均为零，这也从侧面验证了不可约闭集的特点——其内的状态无法转移到闭集之外。

例 2.10 设 $S = \{1, 2, \ldots, 6\}$，相应的转移概率矩阵为：

$$\mathbf{P} = \begin{bmatrix} 0 & 0 & 1 & 0 & 0 & 0 \\ 0 & 0 & 0 & 0 & 0 & 1 \\ 0 & 0 & 0 & 0 & 1 & 0 \\ \dfrac{1}{3} & \dfrac{1}{3} & 0 & \dfrac{1}{3} & 0 & 0 \\ 1 & 0 & 0 & 0 & 0 & 0 \\ 0 & \dfrac{1}{2} & 0 & 0 & 0 & \dfrac{1}{2} \end{bmatrix}$$

试分解此马氏链，并指出各状态的常返性。

解答： 根据转移概率矩阵绘图（如图 2.7 所示，其中未考虑状态自身转移的情形）。从中不难看出，$1 \leftrightarrow 3 \leftrightarrow 5$，$2 \leftrightarrow 6$。因此该马氏链当中，$\{1, 3, 5\}$ 和 $\{2, 6\}$ 分别构成一个互通类，且其中的各状态均为常返态，而 $4 \rightarrow 1$，$4 \rightarrow 2$，故 $\{4\}$ 是非常返态。

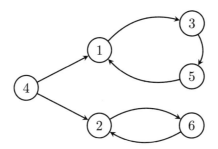

图 2.7 六状态马氏链的转移概率图

因此，该马氏链可以分解为两个由常返态组成的不可约闭集 $\{1, 3, 5\}$ 和 $\{2, 6\}$，以及一个由非常返态构成的集合 $\{4\}$。

六、状态的周期

定义 2.13

一个状态 x 的周期是 $I_x = \{n \geqslant 1 : p^n(x, x) > 0\}$ 的最大公约数（greatest common divisor, gcd），记作
$$d(x) = \gcd\{n \geqslant 1 : p^n(x, x) > 0\}$$
若 $d(x) > 1$，则称状态 x 是周期的（periodic）；若 $d(x) = 1$，则称状态 x 是非周期的（aperiodic）。

对于状态 x 而言，若其周期为 $d(x)$，则根据定义，其回到原状态的步数 n 一定是 $d(x)$ 的整数倍。

定理 2.11

I_x 是加法封闭集（对加法运算封闭），即，若 $m, n \in I_x$，则 $(m+n) \in I_x$。

证明： 由于 $m, n \in I_x$，因此，

$$p^m(x,x) > 0, \qquad p^n(x,x) > 0$$

根据 C-K 方程的推论，下式成立：

$$p^{m+n}(x,x) \geqslant p^m(x,x) \cdot p^n(x,x) > 0 \quad \Rightarrow \quad p^{m+n}(x,x) > 0$$

因此，$(m+n) \in I_x$。

知识讲解

状态的周期

例 2.11 三角形和正方形。

$$\mathbf{P} = \begin{array}{c} \\ -2 \\ -1 \\ 0 \\ 1 \\ 2 \\ 3 \end{array} \begin{array}{c} \begin{array}{cccccc} -2 & -1 & 0 & 1 & 2 & 3 \end{array} \\ \left[\begin{array}{cccccc} 0 & 0 & 1 & 0 & 0 & 0 \\ 1 & 0 & 0 & 0 & 0 & 0 \\ 0 & 0.5 & 0 & 0.5 & 0 & 0 \\ 0 & 0 & 0 & 0 & 1 & 0 \\ 0 & 0 & 0 & 0 & 0 & 1 \\ 0 & 0 & 1 & 0 & 0 & 0 \end{array} \right] \end{array}$$

从图 2.8 不难看出，状态 0 的左侧，$p^3(0,0) > 0$；状态 0 的右侧，$p^4(0,0) > 0$。因此，$3, 4 \in I_0$。

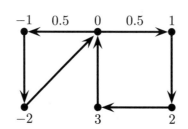

图 2.8 三角形和正方形的转移概率图

由于 I_0 是加法封闭集，且 $p^3(0,0) > 0$, $p^4(0,0) > 0$，因此，

$$I_0 = \{3, 4, 6, 7, 8, 9, 10, 11, 12, \ldots\}$$

上面序列的最大公约数为 1，所以状态 0 的周期为 1。

定理 2.12

若 $p(x, x) > 0$，则状态 x 的周期为 1。

证明：若 $p(x, x) > 0$，则 $1 \in I_x$，因此 I_x 的最大公约数为 1，相应状态 x 的周期为 1。

定理 2.13

若 $f_{xy} > 0$，且 $f_{yx} > 0$，则状态 x 和 y 具有相同的周期。

证明：根据定义 2.3，若 $f_{xy} > 0$，且 $f_{yx} > 0$，则 $x \leftrightarrow y$。据此可知，状态 x 和 y 属于一个互通类。

因此，存在 m 和 n，使得

$$p^m(x, y) > 0, \ p^n(y, x) > 0$$

根据 C-K 方程的推论可知：

$$p^{m+n}(x, x) \geqslant p^m(x, y) \cdot p^n(y, x) > 0$$

故 $(m + n) \in I_x$，且 $(m + n)$ 能被 $d(x)$ 整除。

令 t 是任意整数，使得 $p^t(y, y) > 0$，因此，

$$p^{m+t+n}(x, x) \geqslant p^m(x, y) \cdot p^t(y, y) \cdot p^n(y, x) > 0$$

故 $(m + n + t) \in I_x$，相应地，t 能被 $d(x)$ 整除；由于对任意 t，均有 $p^t(y, y) > 0$，相应地，$d(y)$ 也能被 $d(x)$ 整除。将 x 和 y 的位置对调，$d(x)$ 也能被 $d(y)$ 整除。

因此，$d(x) = d(y)$，即 x 和 y 具有相同的周期。

知识讲解

状态的周期举例

例 2.12 奇数个节点的环。以节点 A 为例，其沿顺时针方向遍历一圈，返回状态 A 的步数为 5；A→B→A 的步数为 2［见图 2.9（左）］。可见，$2, 5 \in I_A$，其最大公约数 $\gcd(2, 5) = 1$。因此，此时的周期为 1，该马氏链是非周期的。

例 2.13 偶数个节点的环。以节点 A 为例，其沿顺时针方向遍历一圈，返回状态 A 的步数为 6；A→B→A 的步数为 2［见图 2.9（右）］。可见，$2, 6 \in I_A$，其最大公约数 $\gcd(2, 6) = 2$。因此，该马氏链的周期为 2。

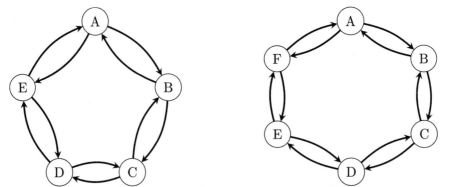

图 2.9 奇数个节点的环的转移概率图（左）和偶数个节点的环的转移概率图（右）

例 2.14 求以下马氏链的周期：

$$\mathbf{P} = \begin{array}{c} \\ 1 \\ 2 \\ 3 \\ 4 \\ 5 \end{array} \begin{array}{ccccc} 1 & 2 & 3 & 4 & 5 \\ \left[\begin{array}{ccccc} 0 & 0.3 & 0.7 & 0 & 0 \\ 0 & 0 & 0 & 0.25 & 0.75 \\ 0 & 0 & 0 & 0.5 & 0.5 \\ 1 & 0 & 0 & 0 & 0 \\ 1 & 0 & 0 & 0 & 0 \end{array}\right] \end{array}$$

解答： 根据马氏链的转移概率矩阵，可得对应的转移概率图（见图 2.10）：

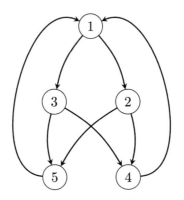

图 2.10 周期的马氏链的转移概率图

以状态 1 为例，其再次访问原状态的路径有：$1 \to 3 \to 5 \to 1$；$1 \to 3 \to 4 \to 1$；$1 \to 2 \to 5 \to 1$；$1 \to 2 \to 4 \to 1$，各路径下的步数均为 3，可见，$d(1) = 3$。类似地，其他状态的周期也均为 3。因此，该马氏链的周期为 3。

第四节　平稳分布

> **定理 2.14**
>
> 一个非周期且有限状态的不可约马氏链收敛于一个平稳分布 $\{\pi(y),\ y \in S\}$，即：
>
> $$\lim_{n \to \infty} p^n(x, y) = \pi(y)$$

运用条件概率的定义可得：

$$\mathbb{P}(X_n = j) = \sum_i \mathbb{P}(X_0 = i, X_n = j)$$
$$= \sum_i \mathbb{P}(X_0 = i)\mathbb{P}(X_n = j \mid X_0 = i) = \sum_i q(i)p^n(i, j)$$

其中，$q(i) = \mathbb{P}(X_0 = i)$ 是初始概率。

接下来，由 $q(i)$，$i \in S$ 组成的概率向量 $\mathbf{q}$ 构成初始概率分布，并将之右乘转移概率矩阵 $\mathbf{P}^n$，可得 n 期概率所组成的向量 $\mathbf{q}_n$，具体如下：

$$\mathbf{q}\mathbf{P}^n = \underbrace{\begin{bmatrix} q(1) & q(2) & \cdots & q(k) \end{bmatrix}}_{\text{初始概率向量}} \overbrace{\begin{bmatrix} p^n(1,1) & p^n(1,2) & \cdots & p^n(1,k) \\ p^n(2,1) & p^n(2,2) & \cdots & p^n(2,k) \\ \vdots & \vdots & \ddots & \vdots \\ p^n(k,1) & p^n(k,2) & \cdots & p^n(k,k) \end{bmatrix}}^{n \text{ 阶转移概率矩阵}}$$

知识讲解

平稳分布

$$= \begin{bmatrix} \sum_{i=1}^{k} q(i)p^n(i,1) & \sum_{i=1}^{k} q(i)p^n(i,2) & \cdots & \sum_{i=1}^{k} q(i)p^n(i,k) \end{bmatrix}$$
$$= \begin{bmatrix} \mathbb{P}(X_n = 1) & \mathbb{P}(X_n = 2) & \cdots & \mathbb{P}(X_n = k) \end{bmatrix}$$
$$= \mathbf{q}_n$$

因此，

$$\mathbb{P}(X_n = j) = \sum_i q(i)p^n(i, j) \quad \Rightarrow \quad \mathbf{q}\mathbf{P}^n = \mathbf{q}_n$$

在已知初始概率分布 $\mathbf{q}$ 的基础上，对其乘以 n 阶转移概率矩阵 $\mathbf{P}^n$，最终可得 n 期概率分布 $\mathbf{q}_n$。

一、平稳概率分布

定义 2.14

记 $\mathbf{q}\mathbf{P}^n = \boldsymbol{\pi}$，如果 $\boldsymbol{\pi}\mathbf{P} = \boldsymbol{\pi}$，则称 $\boldsymbol{\pi}$ 为平稳概率向量，其中的各元素组成平稳概率分布；如果 $\lim\limits_{n\to\infty} \mathbb{P}(X_n = i) = \bar{\pi}(i)$，此时称 $\bar{\pi}(i)$ 组成的是极限分布。

需要说明的是，对于不可约且非周期（irreducible and aperiodic）的马氏链，其平稳分布和极限分布是相等的。

（一）解方程组求解平稳概率分布

例 2.15 社会流动问题中的平稳概率分布。假设 X_n 是一个家族第 n 代所处社会阶层的情况。假设总共有三个阶层，阶层间的代际转移概率矩阵如下：

$$\begin{array}{c} \\ 1 \\ 2 \\ 3 \end{array} \begin{array}{ccc} 1 & 2 & 3 \end{array} \\ \begin{bmatrix} 0.7 & 0.2 & 0.1 \\ 0.3 & 0.5 & 0.2 \\ 0.2 & 0.4 & 0.4 \end{bmatrix}$$

求平稳状态下，该家族处于三个社会阶层的概率分别是多少？

解答：由题意，可知：

$$\mathbf{P} = \begin{bmatrix} 0.7 & 0.2 & 0.1 \\ 0.3 & 0.5 & 0.2 \\ 0.2 & 0.4 & 0.4 \end{bmatrix}$$

方程 $\boldsymbol{\pi}\mathbf{P} = \boldsymbol{\pi}$ 可以表示为：

$$\begin{bmatrix} \pi_1 & \pi_2 & \pi_3 \end{bmatrix} \begin{bmatrix} 0.7 & 0.2 & 0.1 \\ 0.3 & 0.5 & 0.2 \\ 0.2 & 0.4 & 0.4 \end{bmatrix} = \begin{bmatrix} \pi_1 & \pi_2 & \pi_3 \end{bmatrix}$$

求解平稳概率分布就转化为对上式中的 π_1, π_2, π_3 进行求解，可得：

$$\begin{cases} 0.7\pi_1 + 0.3\pi_2 + 0.2\pi_3 = \pi_1 \\ 0.2\pi_1 + 0.5\pi_2 + 0.4\pi_3 = \pi_2 \\ 0.1\pi_1 + 0.2\pi_2 + 0.4\pi_3 = \pi_3 \\ \pi_1 + \pi_2 + \pi_3 = 1 \end{cases}$$

最终可得：

$$\pi_1 = \frac{22}{47}, \qquad \pi_2 = \frac{16}{47}, \qquad \pi_3 = \frac{9}{47}$$

需要说明的是，在解上面的方程组时，除最后一个作为概率完备性的约束条件必须保留外，其余的三个方程中应当删去一个多余的。

（二）使用软件求解平稳概率分布

进一步地，若使用软件（比如 Matlab）来求解，则基本思路
如下：

平稳分布的计算
及其软件实现

$$\begin{cases} 0.7\pi_1 + 0.3\pi_2 + 0.2\pi_3 = \pi_1 \\ 0.2\pi_1 + 0.5\pi_2 + 0.4\pi_3 = \pi_2 \\ 0.1\pi_1 + 0.2\pi_2 + 0.4\pi_3 = \pi_3 \\ \pi_1 + \pi_2 + \pi_3 = 1 \end{cases} \Rightarrow \begin{cases} -0.3\pi_1 + 0.3\pi_2 + 0.2\pi_3 = 0 \\ 0.2\pi_1 - 0.5\pi_2 + 0.4\pi_3 = 0 \\ \pi_1 + \pi_2 + \pi_3 = 1 \end{cases}$$

上面的方程组可化为如下矩阵形式：

$$\underbrace{\begin{bmatrix} \pi_1 & \pi_2 & \pi_3 \end{bmatrix}}_{\boldsymbol{\pi}} \underbrace{\begin{bmatrix} -0.3 & 0.2 & 1 \\ 0.3 & -0.5 & 1 \\ 0.2 & 0.4 & 1 \end{bmatrix}}_{\mathbf{A}} = \underbrace{\begin{bmatrix} 0 & 0 & 1 \end{bmatrix}}_{\mathbf{b}}$$

从而得到：

$$\boldsymbol{\pi}\mathbf{A} = \mathbf{b} \quad \Rightarrow \quad \boldsymbol{\pi} = \mathbf{b}\mathbf{A}^{-1}$$

$$\boldsymbol{\pi} = \mathbf{b}\mathbf{A}^{-1} = \begin{bmatrix} 0 & 0 & 1 \end{bmatrix} \begin{bmatrix} -0.3 & 0.2 & 1 \\ 0.3 & -0.5 & 1 \\ 0.2 & 0.4 & 1 \end{bmatrix}^{-1}$$

其中，

$$\mathbf{A}^{-1} = \begin{bmatrix} -0.3 & 0.2 & 1 \\ 0.3 & -0.5 & 1 \\ 0.2 & 0.4 & 1 \end{bmatrix}^{-1} = \begin{bmatrix} -\dfrac{90}{47} & \dfrac{20}{47} & \dfrac{70}{47} \\ -\dfrac{10}{47} & -\dfrac{50}{47} & \dfrac{60}{47} \\ \dfrac{22}{47} & \dfrac{16}{47} & \dfrac{9}{47} \end{bmatrix}$$

可见，$\boldsymbol{\pi}$ 的结果刚好就是对应的 $\mathbf{A}^{-1}$ 的最后一行，即：

$$\boldsymbol{\pi} = \begin{bmatrix} \dfrac{22}{47} & \dfrac{16}{47} & \dfrac{9}{47} \end{bmatrix}$$

例 2.16 修复链问题回顾。修复链的转移概率矩阵如下：

$$\mathbf{P} = \begin{array}{c} \\ 0 \\ 1 \\ 2 \\ 3 \\ 12 \\ 13 \\ 23 \end{array} \begin{array}{c} \begin{matrix} 0 & 1 & 2 & 3 & 12 & 13 & 23 \end{matrix} \\ \begin{bmatrix} 0.93 & 0.01 & 0.02 & 0.04 & 0 & 0 & 0 \\ 0 & 0.94 & 0 & 0 & 0.02 & 0.04 & 0 \\ 0 & 0 & 0.95 & 0 & 0.01 & 0 & 0.04 \\ 0 & 0 & 0 & 0.97 & 0 & 0.01 & 0.02 \\ 1 & 0 & 0 & 0 & 0 & 0 & 0 \\ 1 & 0 & 0 & 0 & 0 & 0 & 0 \\ 1 & 0 & 0 & 0 & 0 & 0 & 0 \end{bmatrix} \end{array}$$

求修复链的平稳概率分布。

解答：根据 $\boldsymbol{\pi}\mathbf{P} = \boldsymbol{\pi}$，可以得到如下方程组[①]：

$$\begin{cases} 0.01\pi(0) + 0.94\pi(1) = \pi(1) \\ 0.02\pi(0) + 0.95\pi(2) = \pi(2) \\ 0.04\pi(0) + 0.97\pi(3) = \pi(3) \\ 0.02\pi(1) + 0.01\pi(2) = \pi(12) \\ 0.04\pi(1) + 0.01\pi(3) = \pi(13) \\ 0.04\pi(2) + 0.02\pi(3) = \pi(23) \\ \pi(0) + \pi(1) + \pi(2) + \pi(3) + \pi(12) + \pi(13) + \pi(23) = 1 \end{cases} \Rightarrow \begin{cases} \pi(0) = 3000/8910 \\ \pi(1) = 500/8910 \\ \pi(2) = 1200/8910 \\ \pi(3) = 4000/8910 \\ \pi(12) = 22/8910 \\ \pi(13) = 60/8910 \\ \pi(23) = 128/8910 \end{cases}$$

例 2.17 库存链问题回顾。在本章的第二节，我们已经使用 Matlab 求出了其在 1000 步的转移概率矩阵，结果如下：

$$\mathbf{P}^{1000} = \begin{bmatrix} 0.0909 & 0.1556 & 0.2310 & 0.2156 & 0.2012 & 0.1056 \\ 0.0909 & 0.1556 & 0.2310 & 0.2156 & 0.2012 & 0.1056 \\ 0.0909 & 0.1556 & 0.2310 & 0.2156 & 0.2012 & 0.1056 \\ 0.0909 & 0.1556 & 0.2310 & 0.2156 & 0.2012 & 0.1056 \\ 0.0909 & 0.1556 & 0.2310 & 0.2156 & 0.2012 & 0.1056 \\ 0.0909 & 0.1556 & 0.2310 & 0.2156 & 0.2012 & 0.1056 \end{bmatrix}$$

接下来也可以利用 $\boldsymbol{\pi}\mathbf{P} = \boldsymbol{\pi}$，求出平稳概率分布。本书提供的 Matlab 函数，可以通过 $\boldsymbol{\pi} = \mathbf{b}\mathbf{A}^{-1}$ 计算出平稳概率分布 $\boldsymbol{\pi}$。与计算相关的矩阵和向量如下：

$$\mathbf{P} = \begin{bmatrix} 0 & 0 & 0.1 & 0.2 & 0.4 & 0.3 \\ 0 & 0 & 0.1 & 0.2 & 0.4 & 0.3 \\ 0.3 & 0.4 & 0.3 & 0 & 0 & 0 \\ 0.1 & 0.2 & 0.4 & 0.3 & 0 & 0 \\ 0 & 0.1 & 0.2 & 0.4 & 0.3 & 0 \\ 0 & 0 & 0.1 & 0.2 & 0.4 & 0.3 \end{bmatrix} \quad \mathbf{A} = \begin{bmatrix} -1 & 0 & 0.1 & 0.2 & 0.4 & 1 \\ 0 & -1 & 0.1 & 0.2 & 0.4 & 1 \\ 0.3 & 0.4 & -0.7 & 0 & 0 & 1 \\ 0.1 & 0.2 & 0.4 & -0.7 & 0 & 1 \\ 0 & 0.1 & 0.2 & 0.4 & -0.7 & 1 \\ 0 & 0 & 0.1 & 0.2 & 0.4 & 1 \end{bmatrix}$$

$$\mathbf{b} = \begin{bmatrix} 0 & 0 & 0 & 0 & 0 & 1 \end{bmatrix}$$

计算代码如下：

```
>> P = [ 0  0  0.1  0.2  0.4 0.3;  0  0  0.1  0.2  0.4  0.3;
        0.3  0.4  0.3  0  0  0;  0.1  0.2  0.4  0.3  0  0;
        0  0.1  0.2  0.4  0.3  0;  0  0  0.1  0.2  0.4  0.3]
>> [p, A, B] = markov_dist(P)
```

[①]这里为了求解的便利性，可将原先方程组的第一个式子作为多余的方程删去。

最终输出的结果如下:

$$\mathbf{p} = \begin{bmatrix} 0.0909 & 0.1556 & 0.2310 & 0.2156 & 0.2012 & 0.1056 \end{bmatrix}$$

$$\mathbf{A} = \begin{bmatrix} -1 & 0 & 0.1 & 0.2 & 0.4 & 1 \\ 0 & -1 & 0.1 & 0.2 & 0.4 & 1 \\ 0.3 & 0.4 & -0.7 & 0 & 0 & 1 \\ 0.1 & 0.2 & 0.4 & -0.7 & 0 & 1 \\ 0 & 0.1 & 0.2 & 0.4 & -0.7 & 1 \\ 0 & 0 & 0.1 & 0.2 & 0.4 & 1 \end{bmatrix}$$

$$\mathbf{B} = \begin{bmatrix} -1 & 0 & 0 & 0 & 0 & 1 \\ 0 & -1 & 0 & 0 & 0 & 1 \\ -0.2988 & -0.3491 & -1.0986 & 0.3080 & 0.2875 & 1.1509 \\ -0.1838 & -0.2628 & -0.2977 & -0.9446 & 0.4517 & 1.2372 \\ -0.0606 & -0.1704 & -0.1540 & -0.1437 & -0.8008 & 1.3296 \\ 0.0909 & 0.1556 & 0.2310 & 0.2156 & 0.2012 & 0.1056 \end{bmatrix}$$

其中输出的第一个结果 (向量) 就是平稳概率分布 $\boldsymbol{\pi}$; 第二个结果就是前面提到的矩阵 $\mathbf{A}$; 第三个结果是 $\mathbf{A}^{-1}$。相关的 Matlab 函数见本章附录。

从结果不难看出, 使用 $\boldsymbol{\pi} = \mathbf{bA}^{-1}$ 算出的平稳概率分布结果, 与之前使用 "暴力方法" 计算 $\mathbf{P}^{1000}$ 得到的结果完全一致, 但是需要注意: 使用公式 $\boldsymbol{\pi} = \mathbf{bA}^{-1}$ 的前提是矩阵 $\mathbf{A}$ 可逆 (invertible), 否则前面的 Matlab 函数会出现求解错误的提示。

以前面介绍的赌徒破产问题为例, 相应的转移概率矩阵 $\mathbf{P}$ 与求解用到的 $\mathbf{A}$ 分别如下:

$$\mathbf{P} = \begin{bmatrix} 1 & 0 & 0 & 0 & 0 & 0 \\ 0.6 & 0 & 0.4 & 0 & 0 & 0 \\ 0 & 0.6 & 0 & 0.4 & 0 & 0 \\ 0 & 0 & 0.6 & 0 & 0.4 & 0 \\ 0 & 0 & 0 & 0.6 & 0 & 0.4 \\ 0 & 0 & 0 & 0 & 0 & 1 \end{bmatrix}, \quad \mathbf{A} = \begin{bmatrix} 0 & 0 & 0 & 0 & 0 & 1 \\ 0.6 & -1 & 0.4 & 0 & 0 & 1 \\ 0 & 0.6 & -1 & 0.4 & 0 & 1 \\ 0 & 0 & 0.6 & -1 & 0.4 & 1 \\ 0 & 0 & 0 & 0.6 & -1 & 1 \\ 0 & 0 & 0 & 0 & 0 & 1 \end{bmatrix}$$

这里的矩阵 $\mathbf{A}$ 不是满秩的 (该矩阵的秩为 5), 因此不存在逆矩阵。这里无法求解的原因在于: 该马氏链包含吸收态和非常返态, 此类矩阵无法采用此处所提及的方法进行相关的计算。

对于非周期、不可约且状态有限的马氏链, 可以利用 $\boldsymbol{\pi} = \mathbf{bA}^{-1}$ 正常计算平稳概率分布。由于这类马氏链具有良好的性质, 因此也称为遍历马氏链 (ergodic Markov chain)。之所以称其为 "遍历马氏链", 是因为这类马氏链的各状态均是常返的, 在有限时间内可以访问状态空间中的各个状态。

知识讲解

遍历马氏链、
双随机链、
细致平衡条件

（三）求解平稳概率分布的另一个视角：特征值和特征向量

在前面的介绍中，我们使用 $\boldsymbol{\pi}\mathbf{P} = \boldsymbol{\pi}$ 来进行平稳概率分布的计算。这里我们将基于线性代数中的特征值和特征向量方法，从一个新的角度来求解平稳概率分布。

我们将 $\boldsymbol{\pi}\mathbf{P} = \boldsymbol{\pi}$ 的两侧进行转置，可得：

$$\mathbf{P}'\boldsymbol{\pi}' = \boldsymbol{\pi}'$$

根据线性代数知识不难看出，这里的 $\boldsymbol{\pi}'$ 是矩阵 $\mathbf{P}'$ 的特征向量，而对应的特征值 $\lambda = 1$。因此，要想求出 $\boldsymbol{\pi}'$，只需要求出矩阵 $\mathbf{P}'$ 的特征值 1 所对应的特征向量即可。当然，由于概率要满足完备性，所以还需要对求出的特征向量进行归一化运算。

比如，在例 2.15 中，我们可以得到对应的矩阵 $\mathbf{P}'$

$$\mathbf{P}' = \begin{bmatrix} 0.7 & 0.3 & 0.2 \\ 0.2 & 0.5 & 0.4 \\ 0.1 & 0.2 & 0.4 \end{bmatrix}$$

使用 Matlab 进行计算的代码如下：

```
>> P = [0.7  0.2  0.1; 0.3  0.5  0.2; 0.2  0.4  0.4]
>> [D, V] = eig(P')
```

输出的结果是两个矩阵 $\mathbf{V}$ 和 $\mathbf{D}$，结果如下：

$$\mathbf{V} = \begin{bmatrix} 0.7678 & 0.8125 & 0.2326 \\ 0.5584 & -0.4760 & -0.7941 \\ 0.3141 & -0.3366 & 0.5615 \end{bmatrix}, \qquad \mathbf{D} = \begin{bmatrix} 1 & 0 & 0 \\ 0 & 0.4414 & 0 \\ 0 & 0 & 0.1586 \end{bmatrix}$$

其中，$\mathbf{D}$ 是一个对角阵，其对角线元素是矩阵 $\mathbf{P}'$ 的特征值；$\mathbf{V}$ 则是由三个列向量堆叠而成，每个列向量分别对应 $\mathbf{D}$ 中的三个特征值。从中不难看出，特征值 1 所对应的特征向量为：

$$\mathbf{v} = \begin{bmatrix} 0.7678 & 0.5584 & 0.3141 \end{bmatrix}'$$

最后需要对上面的向量进行归一化计算，具体做法是将向量中的各元素分别除以这些向量之和。列式计算如下：

$$\pi_1 = \frac{0.7678}{0.7678 + 0.5584 + 0.3141} = 0.4681$$

$$\pi_2 = \frac{0.5584}{0.7678 + 0.5584 + 0.3141} = 0.3404$$

$$\pi_3 = \frac{0.3141}{0.7678 + 0.5584 + 0.3141} = 0.1915$$

通过验算可知，该结果与例 2.15 中的完全相同。相关的归一化计算对应的 Matlab 代码如下：

```
>> v = V(:, 1);
>> v ./ sum(v)
```

二、双随机链

定义 2.15

若马氏链的转移概率矩阵各列元素之和均为 1，则称其是双随机链（doubly stochastic chain），即：

$$\sum_x p(x,y) = 1$$

本章第一节提到了转移概率矩阵的特征，其中重要的一点就是转移概率矩阵各行取值之和一定为 1，即 $\sum_y p(x,y) = 1$。但是在双随机链当中，其各行和各列的元素之和均等于 1，即：

$$\sum_x p(x,y) = 1, \qquad 同时 \qquad \sum_y p(x,y) = 1$$

双随机链的这一特点，使得其具有如下性质：

定理 2.15

若 $\mathbf{P}$ 是 N 个状态马氏链的双随机转移概率矩阵，则均匀分布 $\pi(x) = 1/N, \forall x$ 是其平稳分布。

证明：根据平稳分布的定义，有：

$$\sum_x \pi(x)p(x,y) = \pi(y)$$

不妨设 $\pi(x) = a, \forall x$，则有：

$$\pi(y) = \sum_x \pi(x)p(x,y) = a\sum_x p(x,y) = a$$

由此可见，对任意 x, y，均有 $\pi(x) = \pi(y) = a$。又由于 $\sum_i \pi(i) = 1$，故 $a = 1/N$，从而得证。

上述定理如果从相反的方向进行推演，还可以得到如下推论：

推论 2.1

若 $\mathbf{P}$ 是 N 个状态马氏链的转移概率矩阵，且均匀分布 $\pi(x) = \dfrac{1}{N}, \forall x$ 是其平稳分布，则 $\mathbf{P}$ 是双随机的。

三、细致平衡条件

> **定义 2.16**
>
> 如果 $\pi(x)p(x,y) = \pi(y)p(y,x)$，则称 $\boldsymbol{\pi}$ 满足细致平衡条件（detailed balance condition）。

原先的 $\boldsymbol{\pi}\mathbf{P} = \boldsymbol{\pi}$ 说明，在所有的转移结束后，每个状态的概率与初始时的概率相等，即：

$$\sum_x \pi(x)p(x,y) = \pi(y) = \pi(y)\sum_x p(y,x)$$
$$= \sum_x \pi(y)p(y,x) \tag{2.15}$$

而在细致平衡条件下，从状态 x 一步转移到状态 y 的概率，刚好等于从状态 y 一步转移到状态 x 的概率，即：

$$\pi(x)p(x,y) = \pi(y)p(y,x) \tag{2.16}$$

上面两个等式之间唯一的区别就是一个求和符号。但是可以看出：细致平衡条件比之前的 $\boldsymbol{\pi}\mathbf{P} = \boldsymbol{\pi}$ 更严格，因为其要求对应的项必须严格相等。正因为如此，满足细致平衡条件的马氏链一定存在平稳分布，但是具有平稳分布的马氏链不一定满足细致平衡条件。

细致平衡条件可以降低平稳分布在计算上的难度，并且该条件经常被运用于可数状态马氏链的平稳分布求解问题中。

例 2.18 生灭链。假设某物种在下个阶段可能会发生如下变化：产生一个新个体的概率为 0.3；死亡的概率为 0.2；未发生任何变化的概率为 0.5。对于 7 期马氏链，最终的转移概率矩阵如下：

$$\begin{bmatrix} 0.7 & 0.3 & 0 & 0 & 0 & 0 & 0 \\ 0.2 & 0.5 & 0.3 & 0 & 0 & 0 & 0 \\ 0 & 0.2 & 0.5 & 0.3 & 0 & 0 & 0 \\ 0 & 0 & 0.2 & 0.5 & 0.3 & 0 & 0 \\ 0 & 0 & 0 & 0.2 & 0.5 & 0.3 & 0 \\ 0 & 0 & 0 & 0 & 0.2 & 0.5 & 0.3 \\ 0 & 0 & 0 & 0 & 0 & 0.2 & 0.8 \end{bmatrix}$$

> **知识讲解**
>
> 细致平衡条件的应用

求其平稳分布。

解答： 经过验证可以发现，该链并不违反细致平衡条件。根据细致平衡条件，可以列出如下等式：

$$\pi(i)p(i, i+1) = \pi(i+1)p(i+1, i), \qquad i = 1, 2, \ldots, 6$$

即：

$$0.3\pi(i) = 0.2\pi(i+1) \ \Rightarrow \ \pi(i+1) = 1.5\pi(i), \quad i = 1, 2, \ldots, 6$$

利用 $\sum_{i=1}^{7} \pi(i) = 1$，并假设 $\pi(1) = c$，最终可得：

$$c\left(1 + 1.5 + 1.5^2 + \cdots + 1.5^6\right) = 1 \quad \Rightarrow \quad c = \frac{1.5 - 1}{1.5^7 - 1} \approx 0.0311$$

于是，

$$\boldsymbol{\pi} = \begin{bmatrix} 0.0311 & 0.0466 & 0.0699 & 0.1049 & 0.1574 & 0.2360 & 0.3541 \end{bmatrix}$$

这个问题也可以使用 $\boldsymbol{\pi}\mathbf{P} = \boldsymbol{\pi}$ 进行求解，得到的结果完全相同，这里不再赘述。

例 2.19

$$\mathbf{P} = \begin{bmatrix} 0.5 & 0.5 & 0 \\ 0.3 & 0.1 & 0.6 \\ 0.2 & 0.4 & 0.4 \end{bmatrix}$$

对于这个转移概率矩阵而言，由于 $\pi(1)p(1,3) = 0$，而 $\pi(3)p(3,1) > 0$，因此该转移概率矩阵不满足细致平衡条件 $\left[\text{即 } \pi(1)p(1,3) \neq \pi(3)p(3,1)\right]$。

但是从其他角度看，该矩阵各行及各列元素之和均为 1，因此是双随机马氏链。相应的平稳分布为均匀分布，即：

$$\boldsymbol{\pi} = \begin{bmatrix} \dfrac{1}{3} & \dfrac{1}{3} & \dfrac{1}{3} \end{bmatrix}$$

例 2.20 图上的随机游走。假设有一个包含五个顶点的图（见图 2.11），每个顶点会以等概率游走至相邻的顶点。

求由此构成的马氏链的平稳分布。

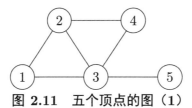

图 2.11 五个顶点的图（1）

解答：该问题中，相邻两个顶点之间的转移概率均为正，因此不违反细致平衡条件。首先构造对应的转移概率矩阵 $\mathbf{P}$：

$$\mathbf{P} = \begin{bmatrix} 0 & \dfrac{1}{2} & \dfrac{1}{2} & 0 & 0 \\ \dfrac{1}{3} & 0 & \dfrac{1}{3} & \dfrac{1}{3} & 0 \\ \dfrac{1}{4} & \dfrac{1}{4} & 0 & \dfrac{1}{4} & \dfrac{1}{4} \\ 0 & \dfrac{1}{2} & \dfrac{1}{2} & 0 & 0 \\ 0 & 0 & 1 & 0 & 0 \end{bmatrix}$$

根据细致平衡条件，可列出如下方程组：

$$\begin{cases} \pi(1)p(1,2) = \pi(2)p(2,1) \\ \pi(1)p(1,3) = \pi(3)p(3,1) \\ \pi(4)p(4,2) = \pi(2)p(2,4) \\ \pi(4)p(4,3) = \pi(3)p(3,4) \\ \pi(5)p(5,3) = \pi(3)p(3,5) \end{cases} \Rightarrow \begin{cases} \dfrac{1}{2}\pi(1) = \dfrac{1}{3}\pi(2) \\ \dfrac{1}{2}\pi(1) = \dfrac{1}{4}\pi(3) \\ \dfrac{1}{2}\pi(4) = \dfrac{1}{3}\pi(2) \\ \dfrac{1}{2}\pi(4) = \dfrac{1}{4}\pi(3) \\ \pi(5) = \dfrac{1}{4}\pi(3) \end{cases}$$

令 $\pi(3) = c$，可得：

$$\pi(1) = \frac{1}{2}c, \quad \pi(2) = \frac{3}{4}c, \quad \pi(4) = \frac{1}{2}c, \quad \pi(5) = \frac{1}{4}c$$

由于 $\sum_i \pi(i) = 1$，因此，

$$c = \frac{1}{3}$$

最终可得：

$$\pi(1) = \frac{2}{12}, \quad \pi(2) = \frac{3}{12}, \quad \pi(3) = \frac{4}{12}, \quad \pi(4) = \frac{2}{12}, \quad \pi(5) = \frac{1}{12}$$

图 2.12 括号里的数值对应的是顶点 i 邻近的顶点数量，称作顶点的度（degree），记作 $d(i)$。

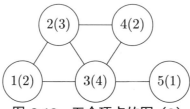

图 2.12　五个顶点的图（2）

从结果不难看出，顶点 i 处的平稳概率计算公式如下：

$$\pi(i) = \frac{d(i)}{\displaystyle\sum_{s \in S} d(s)}$$

其中，

$$\sum_{s \in S} d(s) = 连线数量 \times 2$$

四、马氏链的可逆性

> **定理 2.16 马氏链的可逆性**
>
> $\{X_0, X_1, \ldots, X_n\}$ 是从平稳分布 $\pi(i)$ 开始的遍历马氏链,若逆向观察 $X_m, 0 \leqslant m \leqslant n$,则 $\{X_n, X_{n-1}, \ldots, X_0\}$ 也构成一个马氏链。

图 2.13 展示了马氏链的可逆性。

$$X_0 \quad X_1 \quad X_2 \quad \cdots \quad X_{n-1} \quad X_n \quad X_{n+1} \quad X_{n+2} \qquad \cdots \quad t$$

$$\underbrace{\qquad\qquad\qquad\qquad}_{A^-} \quad 现在 \quad \underbrace{\qquad\qquad\qquad\qquad}_{A^+}$$

图 2.13　马氏链的可逆性

证明:将马氏链在时刻 n 的状态 X_n 看作现在,则相应地,$X_{n+1}, X_{n+2}, \ldots$ 就是未来,记作 A^+;$X_0, X_1, \ldots, X_{n-1}$ 就是过去,记作 A^-。根据马氏性的概念可得:

$$\mathbb{P}(A^+|X_n, A^-) = \mathbb{P}(A^+|X_n) \tag{2.17}$$

对上式两端同乘以 $\mathbb{P}(A^-|X_n)$,可得:

知识讲解

马氏链的可逆性

$$\mathbb{P}(A^+|X_n, A^-) \cdot \mathbb{P}(A^-|X_n) = \mathbb{P}(A^+|X_n) \cdot \mathbb{P}(A^-|X_n)$$

$$\frac{\mathbb{P}(A^+, X_n, A^-)}{\mathbb{P}(X_n, A^-)} \cdot \frac{\mathbb{P}(A^-, X_n)}{\mathbb{P}(X_n)} = \mathbb{P}(A^+|X_n) \cdot \mathbb{P}(A^-|X_n)$$

$$\mathbb{P}(A^+, A^-|X_n) = \mathbb{P}(A^+|X_n) \cdot \mathbb{P}(A^-|X_n)$$

从中不难看出,在已知当前状态 X_n 的条件下,"过去"与"未来"是相互独立的。在此基础上,对上式两端同除以 $\mathbb{P}(A^+|X_n)$,可得:

$$\frac{\mathbb{P}(A^+, A^-|X_n)}{\mathbb{P}(A^+|X_n)} = \mathbb{P}(A^-|X_n)$$

$$\mathbb{P}(A^-|X_n, A^+) = \mathbb{P}(A^-|X_n)$$

将之与式 (2.17) 进行比较,不难看出:如果将 A^- 看作原马氏链倒转后新链的"未来",则其转移概率只与当前 X_n 的状态有关,而与 A^+ 无关。

因此,对序列 $\{X_0, X_1, \ldots, X_n\}$ 构成的马氏链进行逆向观察,得到的逆向序列 $\{X_n, X_{n-1}, \ldots, X_0\}$ 也构成一个马氏链。

基于 $\{X_0, X_1, \ldots, X_n, \ldots, X_{n+k}\}$ 构成的马氏链的可逆性可得:

$$\mathbb{P}(X_{n+1}|X_n, X_{n-1}, \ldots, X_0) = \mathbb{P}(X_{n+1}|X_n) \tag{2.18}$$

$$\mathbb{P}(X_{n-1}|X_n, X_{n+1}, \ldots, X_{n+k}) = \mathbb{P}(X_{n-1}|X_n) \tag{2.19}$$

根据贝叶斯定理可得：

$$\mathbb{P}(X_{n-1}|X_n) = \frac{\mathbb{P}(X_n|X_{n-1})\mathbb{P}(X_{n-1})}{\mathbb{P}(X_n)}$$

注意到，$\mathbb{P}(X_n)$ 的取值会因 n 的不同而有所变化，因此 $\mathbb{P}(X_{n-1}|X_n)$ 的取值也会受到 n 的影响。正因如此，原马氏链的反向链 $\{X_n, X_{n-1}, \ldots, X_0\}$ 不一定会满足时齐性。

需要再次强调的是，马氏链的可逆性适用于遍历马氏链。对于具有吸收态的马氏链而言，可逆性显然不成立。

定理 2.17

对于遍历马氏链 $\{X_0, X_1, \ldots, X_n\}$ 而言，若固定 n 且令 $Y_m = X_{n-m}, 0 \leqslant m \leqslant n$，则 Y_m 是一个马氏链，其转移概率为：

$$\hat{p}(i,j) = \mathbb{P}(Y_{m+1} = j|Y_m = i) = \frac{\pi(j)p(j,i)}{\pi(i)}$$

其中，$\hat{p}(i,j)$ 称为对偶（dual）转移概率。

证明：由于遍历马氏链 $\{X_0, X_1, \ldots, X_n\}$ 具有平稳分布，相应地，

$$\lim_{n\to\infty} p^n(j,i) = \pi(i), \quad \forall j$$

根据式 (2.19)，可得（见图 2.14）：

$$\mathbb{P}(X_0|X_1, X_2, \ldots X_n) = \mathbb{P}(X_0|X_1)$$
$$\mathbb{P}(Y_n|Y_{n-1}, Y_{n-2}, \ldots, Y_0) = \mathbb{P}(Y_n|Y_{n-1})$$

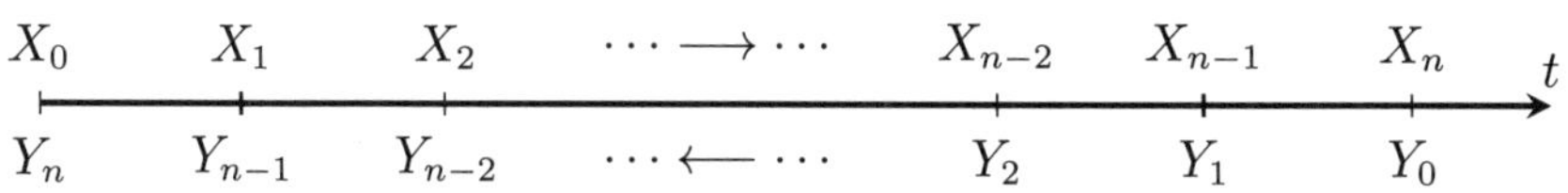

图 2.14　马氏链可逆性的示意图

因此在平衡状态下，有：

$$\mathbb{P}(X_0 = j|X_1 = i) = \mathbb{P}(Y_n = j|Y_{n-1} = i)$$
$$\frac{\mathbb{P}(X_1 = i|X_0 = j) \cdot \mathbb{P}(X_0 = j)}{\mathbb{P}(X_1 = i)} = \mathbb{P}(Y_n = j|Y_{n-1} = i)$$
$$\frac{p(j,i) \cdot \pi(j)}{\pi(i)} = \hat{p}(i,j)$$

定理 2.18

当 π 满足细致平衡条件 $\pi(i)p(i,j) = \pi(j)p(j,i)$ 时，

$$\hat{p}(i,j) = \frac{\pi(j)p(j,i)}{\pi(i)} = \frac{\pi(i)p(i,j)}{\pi(i)} = p(i,j)$$

即，在细致平衡条件下，逆向链的转移概率与原链相同。

证明：假设马氏链从 π 开始，分别经过状态 $x_0, x_1, \ldots, x_n$，则

$$\mathbb{P}_\pi \left(X_0 = x_0, X_1 = x_1, X_2 = x_2, \ldots, X_n = x_n \right)$$
$$= \pi(x_0)p(x_0, x_1)p(x_1, x_2) \cdots p(x_{n-1}, x_n)$$
$$= \pi(x_1)p(x_1, x_0)p(x_1, x_2) \cdots p(x_{n-1}, x_n)$$
$$= \pi(x_2)p(x_1, x_0)p(x_2, x_1) \cdots p(x_{n-1}, x_n)$$
$$= \cdots\cdots$$
$$= \pi(x_n)p(x_n, x_{n-1})p(x_{n-1}, x_{n-2}) \cdots p(x_2, x_1)p(x_1, x_0)$$
$$= \mathbb{P}_\pi \left(\hat{X}_0 = x_n, \hat{X}_1 = x_{n-1}, \ldots, \hat{X}_{n-1} = x_1, \hat{X}_n = x_0 \right)$$

上式的证明过程中，使用了多次细致平衡条件，比如，

$$\pi(x_0)p(x_0, x_1) = \pi(x_1)p(x_1, x_0), \qquad \pi(x_1)p(x_1, x_2) = \pi(x_2)p(x_2, x_1)$$

第五节　极限行为

如果 y 是一个非常返态，则对 $\forall x$，均有：

$$\sum_{n=1}^{\infty} p^n(x, y) < \infty$$

从而

$$\lim_{n \to \infty} p^n(x, y) = 0$$

这意味着我们在考虑马氏链的极限行为时，只需将注意力集中在常返态上，特别是只包含一个不可约常返类的马氏链。

> **知识讲解**
>
>
> 马氏链的极限
> 行为及相关定理

定理 2.19 收敛定理

假设 $\mathbf{P}$ 不可约、非周期且具有平稳分布 $\boldsymbol{\pi}$，则

$$\lim_{n \to \infty} p^n(x, y) = \pi(y) \tag{2.20}$$

定理 2.20 渐近频率定理

假设 $\mathbf{P}$ 不可约，且所有状态均是常返态，记 $N_t(y)$ 为在时刻 t 之前访问 y 的总次数，则

$$\frac{N_t(y)}{t} \to \frac{1}{\mathbb{E}_y(\tau_y)}, \qquad \text{a.s.} \tag{2.21}$$

证明： 该问题的证明需要使用在第一章中提到的大数定律。假设从时刻 0 到 t，返回状态 y 的次数为 k，记每次返回的时刻分别为 $t_0, t_1, t_2, \ldots, t_k$（其中 $t_0 = 0$, $t_k = t$），每次返回的时间间隔分别为 $\tau_1, \tau_2, \ldots, \tau_k$，则：

$$\tau_i = t_i - t_{i-1}, \qquad 1 \leqslant i \leqslant k$$

对应的时间轴如图 2.15 所示。

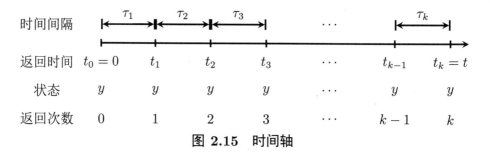

图 2.15 时间轴

由大数定律可知：每次访问的时间间隔 τ_i 是独立同分布的，因此，当 $n \to \infty$ 时，可得：

$$\frac{\tau_1 + \tau_2 + \cdots + \tau_k}{k} = \frac{t}{k} \to \mathbb{E}_y(\tau_y), \qquad \text{a.s.}$$

其中，$\mathbb{E}_y(\tau_y)$ 是从状态 y 首次返回的期望时间。这里的访问次数 k 就是 $N_t(y)$，因此，

$$\frac{N_t(y)}{t} \to \frac{1}{\mathbb{E}_y(\tau_y)}, \qquad \text{a.s.}$$

定理 2.21

假设 $\mathbf{P}$ 不可约，且具有平稳分布 $\boldsymbol{\pi}$，则

$$\pi(y) = \frac{1}{\mathbb{E}_y(\tau_y)} \tag{2.22}$$

证明： 由于平稳分布 $\boldsymbol{\pi}$ 满足

$$\lim_{n \to \infty} p^n(x, y) = \pi(y), \qquad \forall x \in S$$

因此，相应的 $\pi(y)$ 可以看作在转移步数 $n \to \infty$ 时，到达状态 y 的"可能性"。故 $\pi(y)$ 可以看成访问状态 y 的步数 $N_n(y)$ 占总的转移步数 n 的"比重"，从而可得：

$$\lim_{n \to \infty} \frac{N_n(y)}{n} = \pi(y) \tag{2.23}$$

根据前面的渐近频率定理可得：

$$\mathbb{E}_y(\tau_y) = \frac{1}{\pi(y)} \tag{2.24}$$

以上定理说明：状态 y 下的平稳分布对应的概率 $\pi(y)$ 等于首次返回状态 y 期望步数的倒数，并且在状态期间 $n \to \infty$ 时等于返回状态 y 的次数占整个状态步数 n 的比例。

定理 2.22

假设 $\mathbf{P}$ 不可约，且具有平稳分布 $\boldsymbol{\pi}$，并且对 $f: S \mapsto \mathbb{R}$，有 $\sum_{x \in S} \pi(x)|f(x)| < \infty$，则有：

$$\frac{1}{n}\sum_{m=1}^{n} f(X_m) \to \sum_{x \in S} \pi(x)f(x), \qquad \text{a.s.}$$

该定理中的 $f(X_m)$ 是定义在状态空间 S 下的函数，其满足的条件 $\sum_{x \in S} \pi(x)|f(x)| < \infty$ 称作绝对值收敛，意味着期望值 $\sum_{x \in S} \pi(x)f(x)$ 也一定是有限的数值。该定理的结论可以理解为：n 个状态下收入 $f(X_m)$ 的平均值，等于平稳状态下收入的期望值〔其中对应的概率是平稳分布 $\boldsymbol{\pi}$ 的元素 $\pi(x)$〕。该结论可以使用强大数定律加以证明，这里不再赘述。

例 2.21 回顾修复链。接例 2.16，在修复链当中，状态空间 $\{0,1,2,3,12,13,23\}$ 对应平稳分布的概率分别如下：

$$\pi(0) = \frac{3000}{8910}, \quad \pi(1) = \frac{500}{8910}, \quad \pi(2) = \frac{1200}{8910}, \quad \pi(3) = \frac{4000}{8910},$$

$$\pi(12) = \frac{22}{8910}, \quad \pi(13) = \frac{60}{8910}, \quad \pi(23) = \frac{128}{8910}$$

请问：若让机器正常运转 1800 天，分别需要多少个零件 1、零件 2 和零件 3？

解答： 各零件需替换的概率分别为：

$$\text{零件 1:} \quad \pi(12) + \pi(13) = \frac{22}{8910} + \frac{60}{8910} = \frac{82}{8910}$$

$$\text{零件 2:} \quad \pi(12) + \pi(23) = \frac{22}{8910} + \frac{128}{8910} = \frac{150}{8910}$$

$$\text{零件 3:} \quad \pi(13) + \pi(23) = \frac{60}{8910} + \frac{128}{8910} = \frac{188}{8910}$$

根据 $\lim\limits_{n\to\infty}\dfrac{N_n(y)}{n}=\pi(y)$ 的变形形式：

$$N_n(y)\to n\cdot\pi(y),\qquad \text{a.s.}$$

可以得到需要的各零件的数量如下：

知识讲解

马氏链的极限行
为举例

$$\text{零件 1:}\quad 1800\times\frac{82}{8910}=16.56(\text{个})$$

$$\text{零件 2:}\quad 1800\times\frac{150}{8910}=30.3(\text{个})$$

$$\text{零件 3:}\quad 1800\times\frac{188}{8910}=37.98(\text{个})$$

例 2.22 库存链。假设每销售一单位商品，可获得 12 元的利润，但在店里存储一单位商品的成本为 2 元/天。商品每天的需求量 k 不超过 3 单位。

k	0	1	2	3
$\mathbb{P}$	0.3	0.4	0.2	0.1

请问：在以下三种库存策略下，每天净利润的期望值分别是多少？

(1) $s=2,S=3$ 库存策略；

(2) $s=1,S=3$ 库存策略；

(3) $s=0,S=3$ 库存策略。

其中，s 表示需要补货的最大库存（即前一天库存若达到该值或以下，就需要在第二天之前补足库存）；S 表示库存的最大数量。

解答： 由题意可以得到三种库存策略下对应的转移概率矩阵，分别如下：

- $s=2,S=3$ 库存策略：

$$\begin{array}{c}\\0\\1\\2\\3\end{array}\begin{array}{cccc}0&1&2&3\\ \left[\begin{array}{cccc}0.1&0.2&0.4&0.3\\0.1&0.2&0.4&0.3\\0.1&0.2&0.4&0.3\\0.1&0.2&0.4&0.3\end{array}\right]\end{array}$$

- $s=1,S=3$ 库存策略：

$$\begin{array}{c}\\0\\1\\2\\3\end{array}\begin{array}{cccc}0&1&2&3\\ \left[\begin{array}{cccc}0.1&0.2&0.4&0.3\\0.1&0.2&0.4&0.3\\0.3&0.4&0.3&0\\0.1&0.2&0.4&0.3\end{array}\right]\end{array}$$

- $s=0,S=3$ 库存策略：

$$\begin{array}{c}\\0\\1\\2\\3\end{array}\begin{array}{cccc}0&1&2&3\\ \left[\begin{array}{cccc}0.1&0.2&0.4&0.3\\0.7&0.3&0&0\\0.3&0.4&0.3&0\\0.1&0.2&0.4&0.3\end{array}\right]\end{array}$$

(1) 在 $s=2,S=3$ 库存策略下，平稳概率分布如下：

$$\pi(0)=0.1,\quad \pi(1)=0.2,\quad \pi(2)=0.4,\quad \pi(3)=0.3$$

根据商品需求量对应的表格，销售额为：

$$12 \times (0.3 \times 0 + 0.4 \times 1 + 0.2 \times 2 + 0.1 \times 3) = 13.2(元/天)$$

库存成本为：

$$2 \times (0.1 \times 0 + 0.2 \times 1 + 0.4 \times 2 + 0.3 \times 3) = 3.8(元/天)$$

每天净利润的期望值为：

$$13.2 - 3.8 = 9.4(元)$$

(2) 在 $s = 1, S = 3$ 库存策略下，平稳概率分布如下：

$$\pi(0) = \frac{19}{110}, \quad \pi(1) = \frac{30}{110}, \quad \pi(2) = \frac{40}{110}, \quad \pi(3) = \frac{21}{110}$$

注意，当存货为 2 时，若需求量为 3，则只能售出 2 件商品，因此该策略下的销售额应当扣减这一情形。该事件的概率为：

$$\pi(2) \times \mathbb{P}(k = 3) = \frac{40}{110} \times 0.1 = 0.036$$

相应的销售额为：

$$13.2 - 0.036 \times 12 = 12.764(元/天)$$

库存成本为：

$$2 \times \left(\frac{19}{110} \times 0 + \frac{30}{110} \times 1 + \frac{40}{110} \times 2 + \frac{21}{110} \times 3 \right) = 3.145(元/天)$$

每天净利润的期望值为：

$$12.764 - 3.145 = 9.619(元)$$

(3) 在 $s = 0, S = 3$ 库存策略下，平稳概率分布如下：

$$\pi(0) = \frac{343}{1070}, \quad \pi(1) = \frac{300}{1070}, \quad \pi(2) = \frac{280}{1070}, \quad \pi(3) = \frac{147}{1070}$$

k	0	1	2	3
$\mathbb{P}$	0.3	0.4	0.2	0.1

注意，此时仍存在存货小于需求量的情形，此类事件的概率为：

$$\pi(2) \times \mathbb{P}(k = 3) \times (3 - 2) + \pi(1) \times [\mathbb{P}(k = 3) \times (3 - 1) + \mathbb{P}(k = 2) \times (2 - 1)]$$
$$= \frac{280}{1070} \times 0.1 \times 1 + \frac{300}{1070} \times (0.1 \times 2 + 0.2 \times 1)$$
$$= \frac{148}{1070}$$

相应的销售额为：

$$13.2 - \frac{148}{1070} \times 12 = 11.54(元/天)$$

库存成本为：

$$2 \times \left(\frac{343}{1070} \times 0 + \frac{300}{1070} \times 1 + \frac{280}{1070} \times 2 + \frac{147}{1070} \times 3 \right) = 2.43(元/天)$$

每天净利润的期望值为：

$$11.54 - 2.43 = 9.11(元)$$

例 2.23 卡片收集（coupon collection）问题。某公司发行了 N 种样式的卡片，某收藏家想集齐所有的样式。假定每种卡片发行的数量是相同的，记收藏家首次集齐所有卡片的时间为 τ，求 $\mathbb{E}(\tau)$。

解答： 记 X_n 为收藏家收集到的 n 张卡片当中不同样式的卡片的数量，则有：

$$\mathbb{P}(X_{n+1} = k+1 | X_n = k) = \frac{N-k}{N}, \qquad \mathbb{P}(X_{n+1} = k | X_n = k) = \frac{k}{N}$$

记 τ_k 是收藏家首次获得 k 种不同样式的卡片的时间，则 $(\tau_{k+1} - \tau_k)$ 是其首次获得第 $(k+1)$ 种新样式卡片所需的时间。因此，该时间间隔服从的是成功概率为 $(N-k)/N$ 的几何分布，其中前 $(n-1)$ 次均失败，第 n 次成功，即：

$$\mathbb{P}(\tau_{k+1} - \tau_k = n) = \left(\frac{k}{N} \right)^{n-1} \cdot \left(\frac{N-k}{N} \right)$$

相应地，

$$
\begin{aligned}
\mathbb{E}(\tau_{k+1} - \tau_k) &= \sum_{n=1}^{\infty} n \cdot \mathbb{P}(\tau_{k+1} - \tau_k = n) \\
&= \sum_{n=1}^{\infty} n \cdot \left(\frac{k}{N} \right)^{n-1} \cdot \left(\frac{N-k}{N} \right) \\
&= \left(\frac{N-k}{N} \right) \cdot \sum_{n=1}^{\infty} n \cdot \left(\frac{k}{N} \right)^{n-1} \\
&= \left(\frac{N-k}{N} \right) \cdot \left(\frac{N}{N-k} \right)^2 = \frac{N}{N-k}
\end{aligned}
$$

由此可得：

$$
\begin{aligned}
\mathbb{E}(\tau) &= \sum_{k=0}^{N-1} \mathbb{E}(\tau_{k+1} - \tau_k) \\
&= N \sum_{k=0}^{N-1} \frac{1}{N-k} = N \sum_{\ell=1}^{N} \frac{1}{\ell}
\end{aligned}
$$

注意到

$$\sum_{\ell=1}^{N}\frac{1}{\ell} \approx \int_{1}^{N}\frac{1}{\ell}\,\mathrm{d}\ell = \ln N$$

因此，

$$\mathbb{E}(\tau) = N\sum_{\ell=1}^{N}\frac{1}{\ell} \approx N\ln N$$

第六节 离出分布和离出时间

本节将研究的重点放在有吸收态的马氏链上，考察两个问题：离出分布和离出时间。

一、离出分布

（一）离出分布的含义

离出分布（exit distribution）考察的是：对于至少存在两个不同吸收态的马氏链，从给定的非常返态 j 开始，该马氏链最终进入某一特定吸收态 i 的概率是多少。

换句话说，离出分布考察的是一个非常返态 j 最终被某一状态 i 吸收的概率（即吸收概率）。

比如，在赌徒破产模型中，有两个吸收态（破产和赚钱离场），赌徒进入赌场，最终破产或赚钱离场的概率分别是多少？这里所要求得的概率就是吸收概率。在前面的式 (2.5) 中已经给出了吸收概率的最终取值。本节则侧重于如何计算这些概率。

知识讲解

马氏链的离出
分布及其计算

（二）离出分布的计算

记非常返态 x 最终被状态 z 吸收的概率为 $h(x) = \mathbb{P}(X_\tau = z | X_0 = x)$，根据 C-K 方程可得：

$$\begin{aligned}
\mathbb{P}(X_\tau = z | X_0 = x) &= \sum_{y}\mathbb{P}(X_\tau = z | X_1 = y)\mathbb{P}(X_1 = y | X_0 = x)\\
&= \sum_{y}\mathbb{P}(X_\tau = z | X_1 = y)\cdot p(x, y)
\end{aligned}$$

因此，

$$h(x) = \sum_{y}p(x, y)\cdot h(y) \tag{2.25}$$

例 2.24 两年制大学。在当地一所两年制大学里，60% 的新生可升到二年级，25% 仍为一年级学生，15% 退学；70% 的二年级学生毕业，20% 仍为二年级学生，10% 退学。

请问：新生最终毕业的比例是多少？

解答： 在此问题中，存在两个吸收态（常返态）："毕业"和"退学"。相应的问题就转化成：给定当前状态为"新生"，马氏链最终进入吸收态"毕业"的概率是多少？

状态空间 $S = \{1, 2, G, D\}$ 中的状态 1、2、G、D 分别表示一年级、二年级、毕业（graduate）和退学（dropout），得到相应的转移概率矩阵如下：

$$
\begin{array}{c@{}c}
& \begin{array}{cccc} 1 & 2 & G & D \end{array} \\
\begin{array}{c} 1 \\ 2 \\ G \\ D \end{array} &
\left[\begin{array}{cccc}
0.25 & 0.6 & 0 & 0.15 \\
0 & 0.2 & 0.7 & 0.1 \\
0 & 0 & 1 & 0 \\
0 & 0 & 0 & 1
\end{array}\right]
\end{array}
$$

用 $h(x)$ 表示现在状态是 x 的学生最终毕业的概率，可得：

$$
\begin{cases}
h(1) = \sum_{s \in S} p(1, s) \cdot h(s) = p(1,1)h(1) + p(1,2)h(2) + p(1,G)h(G) + p(1,D)h(D) \\
h(2) = \sum_{s \in S} p(2, s) \cdot h(s) = p(2,1)h(1) + p(2,2)h(2) + p(2,G)h(G) + p(2,D)h(D)
\end{cases}
$$

由于 $h(G) = 1$，$h(D) = 0$，因此，

$$
\begin{cases}
h(1) = 0.25h(1) + 0.6h(2) \\
h(2) = 0.2h(2) + 0.7
\end{cases}
\Rightarrow
\begin{cases}
h(1) = 0.7 \\
h(2) = 0.875
\end{cases}
$$

因此，新生最终毕业的概率是 0.7；二年级学生最终毕业的概率是 0.875。

接下来使用矩阵–向量的形式重新表述这一问题。

$$
\begin{bmatrix} h(1) \\ h(2) \end{bmatrix} =
\begin{bmatrix} 0.25 & 0.6 \\ 0 & 0.2 \end{bmatrix}
\begin{bmatrix} h(1) \\ h(2) \end{bmatrix} +
\begin{bmatrix} 0 \\ 0.7 \end{bmatrix}
$$

相应的矩阵形式如下：

$$\mathbf{h} = \mathbf{Ah} + \mathbf{b} \tag{2.26}$$

其中，$\mathbf{h}$ 是由 $h(1)$ 和 $h(2)$ 组成的列向量；$\mathbf{A}$ 是由非常返态 1 和 2 组成的分块矩阵；$\mathbf{b}$ 是由吸收态 G（毕业）与非常返态 1 和 2 组成的分块矩阵。

对上式进行简单的运算，可得：

$$\mathbf{h} = (\mathbf{I} - \mathbf{A})^{-1}\mathbf{b} \tag{2.27}$$

其中，$\mathbf{I}$ 是主对角线元素均为 1 的单位矩阵（identity matrix）；$(\mathbf{I} - \mathbf{A})^{-1}$ 在马氏链的相关研究中具有重要的作用，也称作基础矩阵（fundamental matrix），在后文中我们将之记为 $\mathbf{M}$，因此，

$$\mathbf{h} = \mathbf{Mb} \tag{2.28}$$

基于原问题的矩阵–向量表述，刚才问题中的转移概率矩阵的分块情况如下：

$$
\begin{array}{c@{}c}
& \begin{array}{cccc} 1 & 2 & G & D \end{array} \\
\begin{array}{c} 1 \\ 2 \\ G \\ D \end{array} &
\left[\begin{array}{cc|cc}
0.25 & 0.6 & 0 & 0.15 \\
0 & 0.2 & 0.7 & 0.1 \\
\hline
0 & 0 & 1 & 0 \\
0 & 0 & 0 & 1
\end{array}\right]
\end{array}
$$

其中，

$$\mathbf{A} = \begin{bmatrix} 0.25 & 0.6 \\ 0 & 0.2 \end{bmatrix}, \qquad \mathbf{b} = \begin{bmatrix} 0 \\ 0.7 \end{bmatrix}$$

代入 $\mathbf{h} = \mathbf{Mb} = (\mathbf{I} - \mathbf{A})^{-1}\mathbf{b}$ 进行计算，最后也可以得到完全相同的结果。

例 2.25 回顾赌徒破产问题。在之前提到的赌徒破产问题当中，转移概率矩阵如下：

$$
\begin{array}{c}
 \\
0 \\
1 \\
2 \\
3 \\
4 \\
5
\end{array}
\begin{array}{cccccc}
0 & 1 & 2 & 3 & 4 & 5 \\
\begin{bmatrix}
1 & 0 & 0 & 0 & 0 & 0 \\
0.6 & 0 & 0.4 & 0 & 0 & 0 \\
0 & 0.6 & 0 & 0.4 & 0 & 0 \\
0 & 0 & 0.6 & 0 & 0.4 & 0 \\
0 & 0 & 0 & 0.6 & 0 & 0.4 \\
0 & 0 & 0 & 0 & 0 & 1
\end{bmatrix}
\end{array}
$$

求赌徒最终破产的概率。

解答： 由于吸收态 0 和 5 分别对应赌徒破产出局和获利离开两种情形，所以参照刚才介绍的方法，可以将上面的矩阵进行重新组织，按非常返态和吸收态分别进行归类，重组后的转移概率矩阵如下：

$$
\begin{array}{c}
1 \\
2 \\
3 \\
4 \\
0 \\
5
\end{array}
\begin{array}{cccccc}
1 & 2 & 3 & 4 & 0 & 5 \\
\begin{bmatrix}
0 & 0.4 & 0 & 0 & 0.6 & 0 \\
0.6 & 0 & 0.4 & 0 & 0 & 0 \\
0 & 0.6 & 0 & 0.4 & 0 & 0 \\
0 & 0 & 0.6 & 0 & 0 & 0.4 \\
0 & 0 & 0 & 0 & 1 & 0 \\
0 & 0 & 0 & 0 & 0 & 1
\end{bmatrix}
\end{array}
$$

如果要求出赌徒最终破产的概率，那么相应的矩阵和向量如下：

$$\mathbf{A} = \begin{bmatrix} 0 & 0.4 & 0 & 0 \\ 0.6 & 0 & 0.4 & 0 \\ 0 & 0.6 & 0 & 0.4 \\ 0 & 0 & 0.6 & 0 \end{bmatrix}, \qquad \mathbf{b} = \begin{bmatrix} 0.6 \\ 0 \\ 0 \\ 0 \end{bmatrix}, \qquad \mathbf{I} = \begin{bmatrix} 1 & 0 & 0 & 0 \\ 0 & 1 & 0 & 0 \\ 0 & 0 & 1 & 0 \\ 0 & 0 & 0 & 1 \end{bmatrix}$$

将之代入 $\mathbf{h} = \mathbf{M}^{-1}\mathbf{b} = (\mathbf{I} - \mathbf{A})^{-1}\mathbf{b}$，最终可得：

$$
\mathbf{h} = \begin{array}{c}
1 \\
2 \\
3 \\
4
\end{array}
\begin{array}{c}
0 \\
\begin{bmatrix}
0.9242 \\
0.8104 \\
0.6398 \\
0.3839
\end{bmatrix}
\end{array}
$$

将结果与式 (2.5) 进行比较可以看出，两者得到的赌徒最终破产的概率是相同的。结论是：赌徒初始财富为 1 时，破产概率是 92.42%；初始财富为 2 时，破产概率是 81.04%；初始财富为 3 时，破产概率是 63.98%；初始财富为 4 时，破产概率是 38.39%。

二、离出时间

（一）离出时间的含义

离出时间（exit time）考察的是：对于存在吸收态的马氏链，从给定的非常返态开始，该马氏链最终被吸收态所吸收的期望时间是多少。

比如，在赌徒破产模型中，有两个吸收态（破产和赚钱离场），赌徒进入赌场，最终破产或赚钱离场的平均时间是多少？这里所要求得的"平均时间"就是离出时间。

（二）离出时间的计算

记非常返态 x 最终被吸收的期望时间为 $g(x) = \mathbb{E}_x(T)$，根据马氏性，对任意非常返态 y，可得：

$$\mathbb{E}_x(T) = 1 + \sum_y \mathbb{P}(X_1 = y | X_0 = x)\mathbb{E}_y(T)$$
$$= 1 + \sum_y p(x, y)\mathbb{E}_y(T)$$

由于这里假设状态 x 在被吸收之前，访问了非常返态 y，因此这一过程中经历了一步转移，故公式中需要加上 1。最终得到：

$$g(x) = 1 + \sum_y p(x, y) \cdot g(y) \tag{2.29}$$

例 2.26 两年制大学。在当地一所两年制大学里，60% 的新生可升到二年级，25% 仍为一年级学生，15% 退学；70% 的二年级学生毕业，20% 仍为二年级学生，10% 退学。

请问：平均来看，一个学生到毕业或者退学需要花费几年时间？

解答：在此问题中，存在两个吸收态（常返态）："毕业"和"退学"。相应的问题就转化成：给定当前状态为"新生"，马氏链最终进入吸收态"毕业"或"退学"的期望时间是多少？

转移概率矩阵如下：

$$
\begin{array}{c}
 \\ 1 \\ 2 \\ G \\ D
\end{array}
\begin{array}{cccc}
1 & 2 & G & D \\
\left[\begin{array}{cccc}
0.25 & 0.6 & 0 & 0.15 \\
0 & 0.2 & 0.7 & 0.1 \\
0 & 0 & 1 & 0 \\
0 & 0 & 0 & 1
\end{array}\right]
\end{array}
$$

用 $g(x)$ 表示现在状态是 x 的学生最终毕业或退学所需时间的期望值，可得：

$$\begin{cases} g(1) = 1 + \sum_y p(x, y) \cdot g(y) = 1 + p(1,1)g(1) + p(1,2)g(2) \\ g(2) = 1 + \sum_y p(x, y) \cdot g(y) = 1 + p(2,1)g(1) + p(2,2)g(2) \end{cases}$$

因此，

$$\begin{cases} g(1) = 1 + 0.25g(1) + 0.6g(2) \\ g(2) = 1 + 0.2g(2) \end{cases} \Rightarrow \begin{cases} g(1) = 7/3 \\ g(2) = 5/4 \end{cases}$$

故一年级学生到毕业或退学所需的期望时间约为 2.33 年；二年级学生到毕业或退学所需的期望时间约为 1.25 年。

接下来使用矩阵–向量的形式重新表述这一问题。

$$\begin{bmatrix} g(1) \\ g(2) \end{bmatrix} = \begin{bmatrix} 0.25 & 0.6 \\ 0 & 0.2 \end{bmatrix} \begin{bmatrix} g(1) \\ g(2) \end{bmatrix} + \begin{bmatrix} 1 \\ 1 \end{bmatrix}$$

相应的矩阵形式如下：

$$\mathbf{g} = \mathbf{A}\mathbf{g} + \vec{\mathbf{1}} \tag{2.30}$$

其中，$\mathbf{g}$ 是由 $g(1)$ 和 $g(2)$ 组成的列向量；$\mathbf{A}$ 是由非常返态 1 和 2 组成的分块矩阵；$\vec{\mathbf{1}}$ 是元素全为 1 的列向量。

对上式进行简单的运算，可得：

$$\mathbf{g} = (\mathbf{I} - \mathbf{A})^{-1}\vec{\mathbf{1}} = \mathbf{M}\vec{\mathbf{1}} \tag{2.31}$$

其中，$\mathbf{I}$ 是主对角线元素均为 1 的单位矩阵；$\mathbf{M}$ 是基础矩阵。

基于对原问题的矩阵–向量表述，刚才问题中的转移概率矩阵分块情况如下：

$$\begin{array}{c} \\ 1 \\ 2 \\ G \\ D \end{array} \begin{array}{cccc} 1 & 2 & G & D \\ \begin{bmatrix} 0.25 & 0.6 & 0 & 0.15 \\ 0 & 0.2 & 0.7 & 0.1 \\ \hline 0 & 0 & 1 & 0 \\ 0 & 0 & 0 & 1 \end{bmatrix} \end{array}$$

其中，

$$\mathbf{A} = \begin{bmatrix} 0.25 & 0.6 \\ 0 & 0.2 \end{bmatrix}, \qquad \vec{\mathbf{1}} = \begin{bmatrix} 1 \\ 1 \end{bmatrix}$$

将之代入 $\mathbf{g} = \mathbf{M}\vec{\mathbf{1}} = (\mathbf{I} - \mathbf{A})^{-1}\vec{\mathbf{1}}$ 进行计算，最后也可以得到完全相同的结果。

例 2.27 回顾赌徒破产问题。在之前提到的赌徒破产问题当中，转移概率矩阵如下：

$$\begin{array}{c} \\ 0 \\ 1 \\ 2 \\ 3 \\ 4 \\ 5 \end{array} \begin{array}{cccccc} 0 & 1 & 2 & 3 & 4 & 5 \\ \begin{bmatrix} 1 & 0 & 0 & 0 & 0 & 0 \\ 0.6 & 0 & 0.4 & 0 & 0 & 0 \\ 0 & 0.6 & 0 & 0.4 & 0 & 0 \\ 0 & 0 & 0.6 & 0 & 0.4 & 0 \\ 0 & 0 & 0 & 0.6 & 0 & 0.4 \\ 0 & 0 & 0 & 0 & 0 & 1 \end{bmatrix} \end{array}$$

求赌徒最终离开赌场的期望时间。

解答： 与前文的介绍类似，将非常返态和吸收态分别进行归类，重组后的转移概率矩阵如下：

$$
\begin{array}{c c}
 & \begin{matrix} 1 & 2 & 3 & 4 & 0 & 5 \end{matrix} \\
\begin{matrix} 1 \\ 2 \\ 3 \\ 4 \\ 0 \\ 5 \end{matrix} &
\left[\begin{array}{cccc|cc}
0 & 0.4 & 0 & 0 & 0.6 & 0 \\
0.6 & 0 & 0.4 & 0 & 0 & 0 \\
0 & 0.6 & 0 & 0.4 & 0 & 0 \\
0 & 0 & 0.6 & 0 & 0 & 0.4 \\
\hline
0 & 0 & 0 & 0 & 1 & 0 \\
0 & 0 & 0 & 0 & 0 & 1
\end{array}\right]
\end{array}
$$

相应的矩阵和向量如下：

$$
\mathbf{A} = \begin{bmatrix} 0 & 0.4 & 0 & 0 \\ 0.6 & 0 & 0.4 & 0 \\ 0 & 0.6 & 0 & 0.4 \\ 0 & 0 & 0.6 & 0 \end{bmatrix}, \quad
\mathbf{I} = \begin{bmatrix} 1 & 0 & 0 & 0 \\ 0 & 1 & 0 & 0 \\ 0 & 0 & 1 & 0 \\ 0 & 0 & 0 & 1 \end{bmatrix}, \quad
\vec{\mathbf{1}} = \begin{bmatrix} 1 \\ 1 \\ 1 \\ 1 \end{bmatrix}
$$

将之代入 $\mathbf{g} = \mathbf{M}\vec{\mathbf{1}} = (\mathbf{I} - \mathbf{A})^{-1}\vec{\mathbf{1}}$，最终可得：

$$
\mathbf{g} = \begin{array}{c} 1 \\ 2 \\ 3 \\ 4 \end{array}
\begin{bmatrix} 3.1043 \\ 5.2607 \\ 5.9953 \\ 4.5972 \end{bmatrix}
$$

结论是：赌徒初始财富为 1 时，其离开赌场的期望时间是 3.1043 步；初始财富为 2 时，其离开赌场的期望时间是 5.2607 步；初始财富为 3 时，其离开赌场的期望时间是 5.9953 步；初始财富为 4 时，其离开赌场的期望时间是 4.5972 步。

除此以外，还可以利用本章附录中提供的 Matlab 函数，通过 $\mathbf{h} = \mathbf{Mb}$ 和 $\mathbf{g} = \mathbf{M}\vec{\mathbf{1}}$ 分别计算出离出分布和离出时间。以前面所介绍的赌徒破产问题为例，相应的 Matlab 代码如下：

```
>> A = [0 0.4 0 0 ; 0.6 0 0.4 0 ; 0 0.6 0 0.4; 0 0 0.6 0];
>> b = [0.6; 0; 0; 0];
>> [g, h] = markov_exit(A, b)
```

最终的结果如下：

$$
\mathbf{g} = \begin{bmatrix} 3.1043 \\ 5.2607 \\ 5.9953 \\ 4.5972 \end{bmatrix}, \quad
\mathbf{h} = \begin{bmatrix} 0.9242 \\ 0.8104 \\ 0.6398 \\ 0.3839 \end{bmatrix}
$$

结果当中的第一个向量就是离出时间的向量 $\mathbf{g}$；第二个向量就是离出分布（这里是赌徒破产概率）的向量 $\mathbf{h}$。

74

三、离出时间的拓展

（一）被吸收前访问非常返态的期望次数

前文计算了某个非常返态 i 最终被吸收的期望步数（时间）。该期望步数可以看作非常返态 i 在被吸收前访问所有非常返态的期望次数之和。为了证明这个论断，记状态 j 为非常返态，假设访问状态 j 的总次数为 $N(j)$，于是，

知识讲解

马氏链离出时间的拓展：被吸收的期望步数及其概率

$$N(j) = \sum_{n=0}^{\infty} \mathbf{1}_{\{X_n = j\}}$$

由此可以得到从非常返态 i 开始，在被吸收前访问状态 j 的期望次数的计算公式如下：

$$
\begin{aligned}
\mathbb{E}_i[N(j)] = \mathbb{E}[N(j)|X_0 = i] &= \mathbb{E}\left[\sum_{n=0}^{\infty} \mathbf{1}_{\{X_n = j\}} \Big| X_0 = i\right] \\
&= \sum_{n=0}^{\infty} \mathbb{P}(X_n = j | X_0 = i) \\
&= \sum_{n=0}^{\infty} p^n(i, j)
\end{aligned}
$$

由于 i, j 均是非常返态 T，因此这里的 $p^n(i, j)$ 取值对应的是 $\mathbf{P}^n$ 的分块矩阵 $\mathbf{A}^n$ 中的相应数值。换言之，$\mathbb{E}_i[N(j)]$ 是下列矩阵在第 i 行第 j 列的元素：

$$\mathbf{I} + \mathbf{A} + \mathbf{A}^2 + \cdots$$

由于 $\left(\mathbf{I} + \mathbf{A} + \mathbf{A}^2 + \cdots\right)(\mathbf{I} - \mathbf{A}) = \mathbf{I}$，因此，

$$\mathbf{I} + \mathbf{A} + \mathbf{A}^2 + \cdots = (\mathbf{I} - \mathbf{A})^{-1} = \mathbf{M} \tag{2.32}$$

所以，$\mathbb{E}_i[N(j)]$ 就是基础矩阵 $\mathbf{M}$ 第 i 行第 j 列的元素 $M(i, j)$。

根据 $\mathbf{g} = \mathbf{M}\vec{\mathbf{1}}$ 可知，从状态 i 开始，最终被吸收的期望步数就是基础矩阵 $\mathbf{M}$ 第 i 行数值之和，即：

$$g(i) = \sum_{j \in T} \mathbb{E}_i[N(j)] = \sum_{j \in T} M(i, j)$$

因此，该期望步数可以看作非常返态 i 在被吸收前访问所有非常返态（$j \in T$）的期望次数之和。

以例 2.27 的赌徒破产问题举例，计算得到的基础矩阵 $\mathbf{M}$ 如下：

$$
\mathbf{M} = \begin{array}{c} 1 \\ 2 \\ 3 \\ 4 \end{array}
\begin{array}{cccc}
 & 1 & 2 & 3 & 4 \\
\end{array}
\left[\begin{array}{cccc}
1.5403 & 0.9005 & 0.4739 & 0.1896 \\
1.3507 & 2.2512 & 1.1848 & 0.4739 \\
1.0664 & 1.7773 & 2.2512 & 0.9005 \\
0.6398 & 1.0664 & 1.3507 & 1.5403
\end{array}\right]
$$

其中，$M(i,j)$ 表示从状态 i 开始，在被吸收前到达状态 j 的期望次数。

因此，从状态 2 开始，最终被吸收前的期望步数为：

$$g(2) = \sum_{k=1}^{4} M(2,k) = 1.3507 + 2.2512 + 1.1848 + 0.4739 = 5.2606$$

更进一步，如果要求解马氏链从状态 i 开始，在被吸收前访问状态 k，$k \in T$ 的概率 $p_i(k)$，则这一概率等于从状态 i 开始，访问状态 k 的期望次数除以总的离出时间。即：

$$p_i(k) = \frac{M(i,k)}{g(i)}$$

比如，若要求马氏链从状态 2 开始，在被吸收前访问状态 3 的概率 $p_2(3)$，则计算公式如下：

$$p_2(3) = \frac{M(2,3)}{M(2,1) + M(2,2) + M(2,3) + M(2,4)}$$
$$= \frac{M(2,3)}{g(2)} = \frac{1.1848}{5.2606} = 22.52\%$$

（二）状态转移的期望步数

事实上，离出时间问题还可以应用于不可约马氏链中，用来计算从任意状态 i 转移到状态 j 的期望步数。求解此问题的关键在于，将状态 j 看作吸收态，即重新构建转移概率矩阵 $\mathbf{P}$，使得 $p(j,j)=1$, $p(j,k)=0$, $k \neq j$，重构后的转移概率矩阵记作 $\widetilde{\mathbf{P}}$。于是原先的问题就转化为求转移概率矩阵 $\widetilde{\mathbf{P}}$ 下，从状态 i 转移到吸收态 j 的期望步数。相应的求解方法与前文所介绍的离出时间的计算方法完全相同。

知识讲解

马氏链离出时间的拓展：状态转移的期望步数

例 2.28 对于状态空间为 $\{0,1,2,3,4\}$ 的带反射壁的随机游走问题，其对应的转移概率矩阵如下：

$$\mathbf{P} = \begin{array}{c} \\ 0 \\ 1 \\ 2 \\ 3 \\ 4 \end{array} \begin{array}{cc} \begin{array}{ccccc} 0 & 1 & 2 & 3 & 4 \end{array} \\ \left[\begin{array}{c|cccc} 0 & 1 & 0 & 0 & 0 \\ \hline 0.5 & 0 & 0.5 & 0 & 0 \\ 0 & 0.5 & 0 & 0.5 & 0 \\ 0 & 0 & 0.5 & 0 & 0.5 \\ 0 & 0 & 0 & 1 & 0 \end{array} \right] \end{array}$$

求从状态 4 到达状态 0 的期望步数。

解答： 该问题中，马氏链的所有状态均是常返态，为了计算到达状态 0 的期望步数，我们将状态 0 看作吸收态，由此所构造出的转移概率矩阵 $\widetilde{\mathbf{P}}$ 如下（其中各状态的顺序为

$\{1,2,3,4,0\}$）：

$$\widetilde{\mathbf{P}} = \begin{array}{c} \\ 1 \\ 2 \\ 3 \\ 4 \\ 0 \end{array} \begin{array}{ccccc} 1 & 2 & 3 & 4 & 0 \\ \left[\begin{array}{cccc|c} 0 & 0.5 & 0 & 0 & 0.5 \\ 0.5 & 0 & 0.5 & 0 & 0 \\ 0 & 0.5 & 0 & 0.5 & 0 \\ 0 & 0 & 1 & 0 & 0 \\ \hline 0 & 0 & 0 & 0 & 1 \end{array}\right] \end{array}$$

其中，

$$\mathbf{A} = \begin{bmatrix} 0 & 0.5 & 0 & 0 \\ 0.5 & 0 & 0.5 & 0 \\ 0 & 0.5 & 0 & 0.5 \\ 0 & 0 & 1 & 0 \end{bmatrix}, \quad \mathbf{I} = \begin{bmatrix} 1 & 0 & 0 & 0 \\ 0 & 1 & 0 & 0 \\ 0 & 0 & 1 & 0 \\ 0 & 0 & 0 & 1 \end{bmatrix}, \quad \vec{\mathbf{1}} = \begin{bmatrix} 1 \\ 1 \\ 1 \\ 1 \end{bmatrix}$$

于是，

$$\mathbf{g} = \mathbf{M}\vec{\mathbf{1}} = (\mathbf{I} - \mathbf{A})^{-1}\vec{\mathbf{1}} = \begin{array}{c} 1 \\ 2 \\ 3 \\ 4 \end{array} \begin{bmatrix} 7 \\ 12 \\ 15 \\ 16 \end{bmatrix}$$

因此，从状态 4 到达状态 0 的期望步数为 16。

从上面的例子中不难看出，求解所使用的分块矩阵 $\mathbf{A}$ 并未因转移概率矩阵由 $\mathbf{P}$ 变为 $\widetilde{\mathbf{P}}$ 而发生相应的改变。我们只需将原转移概率矩阵 $\mathbf{P}$ 当中状态 0 对应的行和列全部删除，即可得到分块矩阵 $\mathbf{A}$。

与前文的思路类似，马氏链从状态 i 开始，在到达状态 j 之前，访问状态 k 的期望步数，等价于求基础矩阵 $\mathbf{M}$ 第 i 行第 k 列的数值 $M(i,k)$。比如，在例 2.28 中，

$$\mathbf{M} = (\mathbf{I} - \mathbf{A})^{-1} = \begin{array}{c} 1 \\ 2 \\ 3 \\ 4 \end{array} \begin{array}{cccc} 1 & 2 & 3 & 4 \\ \begin{bmatrix} 2 & 2 & 2 & 1 \\ 2 & 4 & 4 & 2 \\ 2 & 4 & 6 & 3 \\ 2 & 4 & 6 & 4 \end{bmatrix} \end{array}$$

因此，从状态 4 出发，在到达状态 0 之前访问状态 2 的期望步数为 4（矩阵 $\mathbf{M}$ 第 4 行第 2 列元素）；相应地，从状态 4 出发，在到达状态 0 之前访问状态 2 的概率为：

$$p_4(2) = \frac{M(4,2)}{M(4,1) + M(4,2) + M(4,3) + M(4,4)} = \frac{4}{2+4+6+4} = 25\%$$

本章附录

一、求解矩阵 m 次幂的方法

我们在线性代数课程中学过矩阵的相似变换，即对矩阵 $\mathbf{P}$ 进行如下相似变换：

$$\mathbf{P}_{k \times k} = \mathbf{Q}_{k \times k} \mathbf{\Lambda}_{k \times k} \mathbf{Q}_{k \times k}^{-1}$$

其中，$\boldsymbol{\Lambda}$ 是由 $\mathbf{P}$ 的 k 个特征值所构成的对角阵，即：

$$\boldsymbol{\Lambda} = \mathrm{diag}(\lambda_1, \lambda_2, \ldots, \lambda_k)$$

$\mathbf{Q}$ 是由 $\mathbf{P}$ 的特征向量按列堆叠而成。因此，

$$\mathbf{P}^n = \underbrace{\mathbf{Q}\boldsymbol{\Lambda}\mathbf{Q}^{-1}\mathbf{Q}\boldsymbol{\Lambda}\mathbf{Q}^{-1}\cdots\mathbf{Q}\boldsymbol{\Lambda}\mathbf{Q}^{-1}}_{m\text{组}}$$
$$= \mathbf{Q}\boldsymbol{\Lambda}^m\mathbf{Q}^{-1}$$

其中，$\boldsymbol{\Lambda}^m = \mathrm{diag}(\lambda_1^m, \lambda_2^m, \ldots, \lambda_k^m)$。

这样一来，只需求解 $\mathbf{Q}$、$\boldsymbol{\Lambda}^m$ 和 $\mathbf{Q}^{-1}$ 三个矩阵的乘积，即可算出对应的 $\mathbf{P}^m$。

二、示性函数及其性质

在概率统计、随机过程等领域，经常会用到示性函数，其表达式如下：

$$\mathbf{1}_A(x) = \begin{cases} 1, & x \in A \\ 0, & x \notin A \end{cases}$$

从中不难看出，示性函数只有 0 和 1 两个取值，其集合 A 中的元素取值为 1，否则为 0。示性函数最重要的一个性质是其期望与概率有联系，具体如下：

$$\mathbb{E}[\mathbf{1}_A(x)] = \mathbb{P}(x \in A) \cdot 1 + \mathbb{P}(x \notin A) \cdot 0 = \mathbb{P}(x \in A) \tag{2.33}$$

因此，对于示性函数 $\mathbf{1}_{\{X \geqslant k\}}$ 而言，

$$\mathbb{E}[\mathbf{1}_{\{X \geqslant k\}}] = \mathbb{P}(X \geqslant k) \cdot 1 + \mathbb{P}(X < k) \cdot 0 = \mathbb{P}(X \geqslant k)$$

借助示性函数，可以将事件的研究纳入随机变量的研究。

另外，示性函数还可以与集合运算联系起来，从而表现出如下性质：

(1) $\mathbf{1}_{A \cap B} = \mathbf{1}_A \cdot \mathbf{1}_B = \min(\mathbf{1}_A, \mathbf{1}_B)$；
(2) $\mathbf{1}_{A \cup B} = \mathbf{1}_A + \mathbf{1}_B - \mathbf{1}_A \cdot \mathbf{1}_B = \max(\mathbf{1}_A, \mathbf{1}_B)$；
(3) $\mathbf{1}_{A^c} = 1 - \mathbf{1}_A$。

三、计算平稳概率分布的函数

（一）Matlab 函数

以下是计算平稳概率分布的 Matlab 函数。使用该函数之前，要确保工作目录定位在函数文件存储的文件夹，并且函数文件的名称与函数名一致，此处应当设定为 markov_dist.m。

```
function [p,A,B] = markov_dist(P)
% 本代码用于计算马氏链的平稳分布，输出结果有三个，顺序如下：
% A：转移概率矩阵减去单位矩阵后，将最后一列取1得到的矩阵
```

```
%       （用于后面平稳分布的求解）
% B：A的逆矩阵
% p：最终求得的平稳分布
    n = length(P);
    A1 = P-eye(n);
    A1(:,n) = 1;
    A = A1;
    B = inv(A);
    p = B(n,:);
end
```

（二）Python 代码

以下是使用 Python 语言编写的计算离散时间马氏链平稳分布的代码。建议使用 Anaconda 等已预装了常用软件包的开发工具打开并执行 Python 代码。

```python
import numpy as np
'''
本代码用于计算离散时间马氏链的平稳分布，其中，
  A：转移概率矩阵减去单位矩阵后，将最后一列取1得到的矩阵
  （用于后面平稳分布的求解）
  B：A的逆矩阵
  p：最终求得的平稳分布
'''
def markov_dist(P):
    n = len(P)
    A1 = P-np.eye(n,n)
    A1[:,n-1] = 1
    A = A1
    B = np.linalg.inv(A)
    p = B[n-1,:]
    print('离散时间马氏链的平稳分布如下: \n ', p.round(4))
    return p


#%% example
P = np.array([0.93, 0.01, 0.02, 0.04, 0, 0, 0,
              0, 0.94, 0, 0, 0.02, 0.04, 0,
              0, 0, 0.95, 0, 0.01, 0, 0.04,
              0, 0, 0, 0.97, 0, 0.01, 0.02,
              1, 0, 0, 0, 0, 0, 0,
              1, 0, 0, 0, 0, 0, 0,
              1, 0, 0, 0, 0, 0, 0]).reshape(7,7)
```

```
pi = markov_dist(P)
```

四、计算离出分布和离出时间的函数

（一）Matlab 函数

以下是计算离出分布和离出时间的 Matlab 函数。使用该函数之前，要确保工作目录定位在函数文件存储的文件夹，并且函数文件的名称与函数名一致，此处应当设定为 markov_exit.m。

```
function [g,h] = markov_exit(A, b)
% 本代码用于计算马氏链的离出分布和离出时间
% 即：非常返态i被某一吸收态j最终吸收的概率，
%       以及非常返态i最终被吸收的期望时间
% A 是由非常返态所构成的矩阵
% b 是行元素为非常返态，列元素为吸收态的列向量
    n = length(A);
    B = inv(eye(n)-A);
if nargin==1
    % 若输入变量只有一个（矩阵A），则只输出离出时间g向量
    g = B*ones(n,1);
elseif nargin==2
    % 若输入变量有两个（矩阵A和向量b），则默认只输出离出时间g向量
    % 若同时输出两个结果，则第一个是离出时间向量g，第二个是离出分布向量h
    g = B*ones(n,1);
    h = B*b;
end
end
```

（二）Python 代码

```python
import numpy as np
'''
本代码用于计算带吸收态的离散时间马氏链的离出分布和离出时间，
    即非常返态i被某一吸收态j最终吸收的概率，以及非常返态i最终被吸收的期望时间
A 是由非常返态所构成的矩阵
b 是行元素为非常返态，列元素为吸收态的列向量
'''
def markov_exit(A, b=None):
    n = len(A)
    B = np.linalg.inv(np.eye(n,n)-A)
    g = np.dot(B, np.ones(n))
    if b is None:
```

```
        print('带吸收态的离散时间马氏链的离出时间向量如下: \n  g = ',
         g.round(4))
        return g
    else:
        h = np.dot(B, b)
        print('带吸收态的离散时间马氏链的离出时间向量如下: \n  g = ',
         g.round(4))
        print('带吸收态的离散时间马氏链的离出分布向量如下: \n  h = ',
         h.round(4))
    return g, h


#%%  example 1
A = np.array([.25, .6, 0, .2]).reshape(2,2)
g = markov_exit(A)


#%%  example 2
A = np.array([.25, .6, 0, .2]).reshape(2,2)
b = np.array([.15, .1])
g,h = markov_exit(A, b)
```

五、赌徒破产问题中的离出分布和离出时间（一般情形下）[①]

例 2.29 赌徒在一次赌博中赢得 1 美元的概率是 p，输掉 1 美元的概率是 $q = 1 - p$。赌徒退出赌博的条件为：输光（财富为零），或者财富数额达到 N 美元。

假设赌徒的初始资金为 x $(1 \leqslant x \leqslant N-1)$，其赢得 N 美元离开的概率是多少？

解答： 此问题的状态空间是 $S = \{0, 1, 2, \ldots, N\}$，显然其中的状态 0 和状态 N 均为吸收态 (常返态)，而 $\{1, 2, \ldots, N-1\}$ 则为非常返态。于是问题就转化成：赌徒在当前状态下拥有 x 美元，马氏链最终进入吸收态 N 的概率。

用 $h(x)$ 表示赌徒在初始资金为 x 的情况下最终能够获利出局的概率。易得出：

$$h(0) = 0, \qquad h(N) = 1$$

同时，

$$h(x) = p(x, x+1)h(x+1) + p(x, x-1)h(x-1)$$
$$= ph(x+1) + qh(x-1)$$

因此，

$$h(x+1) - \frac{1}{p}h(x) + \frac{q}{p}h(x-1) = 0$$

[①] 本部分内容的数学推导涉及差分方程求解的相关知识，仅供感兴趣的学生自学。

记 $\theta = q/p$，则

$$h(x+1) - (\theta+1)h(x) + \theta h(x-1) = 0 \qquad (2.34)$$

对于差分方程 $h(x+1) - (\theta+1)h(x) + \theta h(x-1) = 0$ 而言，其特征方程如下：

$$\lambda^2 - (\theta+1)\lambda + \theta = 0 \quad \Rightarrow \quad (\lambda - \theta)(\lambda - 1) = 0$$

从而可以求得特征方程的根为：

$$\lambda_1 = \theta, \qquad \lambda_2 = 1$$

这里需要分情况讨论。

(1) 若 $\theta \neq 1$，则 $\lambda_1 = \theta$，$\lambda_2 = 1$，差分方程的通解为：

$$h(x) = C_1 \lambda_1^x + C_2 \lambda_2^x = C_1 \theta^x + C_2 \qquad (2.35)$$

由于 $h(0) = 0$，$h(N) = 1$，相应可得：

$$\begin{cases} C_1 + C_2 = 0 \\ C_1 \theta^N + C_2 = 1 \end{cases} \quad \Rightarrow \quad \begin{cases} C_1 = \dfrac{1}{\theta^N - 1} \\ C_2 = \dfrac{1}{1 - \theta^N} \end{cases}$$

因此，当 $\theta \neq 1$（$p \neq q$）时，

$$h(x) = \frac{1}{\theta^N - 1}\theta^x + \frac{1}{1 - \theta^N} = \frac{1 - \theta^x}{1 - \theta^N}$$

在不公平赌博的情况下，赌徒初始资金为 x 美元，最终赢得 N 美元离开的概率是：

$$h(x) = \frac{1 - \theta^x}{1 - \theta^N}, \qquad \theta = q/p \qquad (2.36)$$

(2) 若 $\theta = 1$，则 $\lambda = \lambda_1 = \lambda_2 = 1$，差分方程的通解为：

$$h(x) = C_1 \lambda^x + C_2 x \lambda^x = C_1 + C_2 x \qquad (2.37)$$

由于 $h(0) = 0$，$h(N) = 1$，相应可得：

$$\begin{cases} C_1 = 0 \\ C_1 + C_2 N = 1 \end{cases} \quad \Rightarrow \quad \begin{cases} C_1 = 0 \\ C_2 = 1/N \end{cases}$$

因此，当 $\theta = 1$（$p = q = 1/2$）时，

$$h(x) = \frac{x}{N} \qquad (2.38)$$

在公平赌博的情况下，赌徒初始资金为 x 美元，最终赢得 N 美元离开的概率是：

$$h(x) = \frac{x}{N}$$

例 2.30 赌徒在一次赌博中赢得 1 美元的概率是 p，输掉 1 美元的概率是 $q = 1 - p$。赌徒退出赌博的条件为：输光（财富为零），或者财富数额达到 N 美元。

请问：当初始资金为 x（$1 \leqslant x \leqslant N-1$）时，赌徒最终离开赌场的期望时间是多少？

解答： 记 $g(x)$ 为赌徒在初始资金为 x 时，最终离开赌场的期望时间。因此下式成立：

$$g(x) = 1 + p(x, x+1)g(x+1) + p(x, x-1)g(x-1)$$
$$= 1 + pg(x+1) + qg(x-1)$$

令 $\theta = q/p$，则上式可化为：

$$g(x+1) - (\theta+1)g(x) + \theta g(x-1) = -(\theta+1) \tag{2.39}$$

这个差分方程对应的特征方程如下：

$$\lambda^2 - (\theta+1)\lambda + \theta = 0 \tag{2.40}$$

因此，可得特征根分别为：

$$\lambda_1 = \theta, \quad \lambda_2 = 1$$

这里需要分两种情况加以讨论：

(1) 当 $\theta = 1$ 时，$p = q$，此时是公平赌博。上面的差分方程对应的齐次方程通解为：

$$g^*(x) = C_1 + C_2 x$$

不妨设特解的形式为 $C_3 x^2$，于是差分方程解的形式如下：

$$g(x) = g^*(x) + C_3 x^2 = C_1 + C_2 x + C_3 x^2 \tag{2.41}$$

由于 $g(0) = g(N) = 0$，将这两个边界条件代入上式，可得：

$$\begin{cases} C_1 = 0 \\ C_2 = -C_3 N \end{cases}$$

将之代入原差分方程 $g(x+1) - 2g(x) + \theta g(x-1) = -2$，可得：

$$C_3 = -1$$

因此，在公平赌博的情况下，赌徒最终离开赌场的期望时间是：

$$g(x) = x(N-x) \tag{2.42}$$

(2) 当 $\theta \neq 1$ 时，$p \neq q$，此时不是公平赌博。上面的差分方程对应的齐次方程通解为：

$$g^*(x) = C_1 \theta^x + C_2$$

不妨设特解的形式为 $C_3 x$，于是差分方程解的形式如下：

$$g(x) = g^*(x) + C_3 x = C_1 \theta^x + C_2 + C_3 x \tag{2.43}$$

将之代入原差分方程 $g(x+1) - (\theta+1)g(x) + \theta g(x-1) = -(\theta+1)$，可得：

$$C_3 = \frac{\theta+1}{\theta-1}$$

结合 $g(0) = g(N) = 0$，将这两个边界条件代入差分方程，可得：

$$\begin{cases} C_1 = \dfrac{(\theta+1)N}{(\theta-1)(1-\theta^N)} \\ C_2 = -C_1 \end{cases}$$

因此，在不公平赌博的情况下，赌徒最终离开赌场的期望时间是：

$$g(x) = \frac{\theta+1}{\theta-1}\left(x - \frac{1-\theta^x}{1-\theta^N}N\right) \tag{2.44}$$

本章习题

1. 重复抛掷一枚均匀的硬币，抛掷结果为 $Y_0, Y_1, Y_2, \ldots$，它们取值为 0 或 1 的概率均为 $1/2$，用 $X_n = Y_n + Y_{n-1}$ $(n \geqslant 1)$ 表示第 $(n-1)$ 次和第 n 次抛掷出的结果中 1 的个数。X_n 是一个马氏链吗？

2. 考虑一个均匀的六面骰子，记 X_n, $n = 1, 2, \ldots$ 表示前 n 次投掷出的最大点数值。描述该问题的状态空间，并给出相应的转移概率矩阵。

3. 五个白球和五个黑球分散在两个罐子中，其中每个罐子中都有五个球。每一次我们各从两个罐子中随机抽取一个球并交换它们。用 X_n 表示在时刻 n 左边罐子中白球的个数。
   求 X_n 的转移概率及对应的转移概率矩阵。

4. 重复掷两枚骰子，其中骰子均为四面，四面的数字分别为 1、2、3、4，令 Y_k 表示第 k 次投掷出的数字之和，$S_n = Y_1 + \cdots + Y_n$ 表示前 n 次投掷出的数字之和，$X_n = S_n(\mathrm{mod}\ 6)$，其中 mod 表示取余数计算。
   求 X_n 的转移概率及对应的转移概率矩阵，并求出该马氏链的平稳分布。

5. 设昨天、前天都无雨，那么今天将下雨的概率为 0.3；昨天、前天中至少有一天下雨，那么今天将下雨的概率为 0.6。用 W_n 表示第 n 天的天气，或者是雨天（rainy，用 R 表示），或者是晴天（sunny，用 S 表示）。尽管 W_n 不是一个马氏链，但是最近两日的天气状况 $X_n = (W_{n-1}, W_n)$ 是一个马氏链，并且其状态空间是 {RR,RS,SR,SS}。
   (a) 求该链的转移概率矩阵。
   (b) 在给定周日和周一无雨的条件下，周三下雨的概率是多少？

6. 考虑赌徒破产链，取 $N = 4$。即当 $1 \leqslant i \leqslant 3$ 时，$p(i, i+1) = 0.4$, $p(i, i-1) = 0.6$，而端点为吸收态：$p(0,0) = 1$, $p(4,4) = 1$。
   计算 $p^3(1,4)$, $p^3(1,0)$。

7. 一个出租车司机在机场 A 和宾馆 B、宾馆 C 之间按照如下方式行车：如果他在机场，那么下一时刻他将以等概率到达两个宾馆中的任意一个；如果他在其中一个宾馆，那么下一时刻他将以概率 3/4 返回机场，以概率 1/4 开往另一个宾馆。

   假设时刻 0 司机在机场，分别求出时刻 2 司机在这三个可能地点的概率以及时刻 3 他在宾馆 B 的概率。

8. 在本章第一节的例 2.5 中，我们给出了一年期信用评级的转移概率矩阵（见表 2.1）。试使用 Matlab/Octave 软件，计算两年期和三年期信用评级的转移概率。

9. 考虑如下几个转移概率矩阵，确定这些马氏链中的非常返态、常返态和不可约集，并给出理由。

$$(a) \begin{bmatrix} 0.4 & 0.3 & 0.3 & 0 & 0 \\ 0 & 0.5 & 0 & 0.5 & 0 \\ 0.5 & 0 & 0.5 & 0 & 0 \\ 0 & 0.5 & 0 & 0.5 & 0 \\ 0 & 0.3 & 0 & 0.3 & 0.4 \end{bmatrix} \qquad (b) \begin{bmatrix} 0.1 & 0 & 0 & 0.4 & 0.5 & 0 \\ 0.1 & 0.2 & 0.2 & 0 & 0.5 & 0 \\ 0 & 0.1 & 0.3 & 0 & 0 & 0.6 \\ 0.1 & 0 & 0 & 0.9 & 0 & 0 \\ 0 & 0 & 0 & 0.4 & 0 & 0.6 \\ 0 & 0 & 0 & 0 & 0.5 & 0.5 \end{bmatrix}$$

$$(c) \begin{bmatrix} 0 & 0 & 0 & 0 & 1 \\ 0 & 0.2 & 0 & 0.8 & 0 \\ 0.1 & 0.2 & 0.3 & 0.4 & 0 \\ 0 & 0.6 & 0 & 0.4 & 0 \\ 0.3 & 0 & 0 & 0 & 0.7 \end{bmatrix} \qquad (d) \begin{bmatrix} 0.8 & 0 & 0 & 0.2 & 0 & 0 \\ 0 & 0.5 & 0 & 0 & 0.5 & 0 \\ 0 & 0 & 0.3 & 0.4 & 0.3 & 0 \\ 0.1 & 0 & 0 & 0.9 & 0 & 0 \\ 0 & 0.2 & 0 & 0 & 0.8 & 0 \\ 0.7 & 0 & 0 & 0.3 & 0 & 0 \end{bmatrix}$$

10. 给出下列马氏链的平稳分布，其转移概率矩阵为：

$$(a) \begin{bmatrix} 0.5 & 0.4 & 0.1 \\ 0.2 & 0.5 & 0.3 \\ 0.1 & 0.3 & 0.6 \end{bmatrix} \qquad (b) \begin{bmatrix} 0.5 & 0.4 & 0.1 \\ 0.3 & 0.4 & 0.3 \\ 0.2 & 0.2 & 0.6 \end{bmatrix} \qquad (c) \begin{bmatrix} 0.6 & 0.4 & 0 \\ 0.2 & 0.4 & 0.4 \\ 0 & 0.2 & 0.8 \end{bmatrix}$$

11. 考虑状态空间为 $S = \{0, 1, \ldots, 5\}$ 上的一个马氏链，其转移概率矩阵为：

$$\begin{array}{c} \\ 0 \\ 1 \\ 2 \\ 3 \\ 4 \\ 5 \end{array} \begin{array}{cccccc} 0 & 1 & 2 & 3 & 4 & 5 \end{array} \\ \begin{bmatrix} 0.5 & 0.5 & 0 & 0 & 0 & 0 \\ 0.3 & 0.7 & 0 & 0 & 0 & 0 \\ 0 & 0 & 0.1 & 0 & 0.9 & 0 \\ 0.25 & 0.25 & 0 & 0 & 0.25 & 0.25 \\ 0 & 0 & 0.7 & 0 & 0.3 & 0 \\ 0 & 0.2 & 0 & 0.2 & 0.2 & 0.4 \end{bmatrix}$$

(a) 互通类有哪些？

(b) 常返态有哪些？

(c) 非常返态又有哪些？

12. 假设刚开通一个快速公交系统。在该系统运行第一个月期间，人们发现，25% 的通勤者使用快速公交，而 75% 的通勤者开汽车。假设每个月有 10% 使用快速公交的通勤者改为开汽车，而 30% 开汽车的通勤者改为使用快速公交。

(a) 计算三步转移概率 $\mathbf{P}^3$；

(b) 第四个月使用快速公交的通勤者所占的比例是多少？

(c) 从长远看，使用快速公交的通勤者所占的比例是多少？

13. 一个大学提供三种类型的健康计划：A、B 和 C。经验显示，人们依照下面的转移概率矩阵改变健康计划：

$$\begin{array}{cccc} & A & B & C \\ A & \left[0.85 \right. & 0.1 & 0.05 \\ B & 0.2 & 0.7 & 0.1 \\ C & 0.1 & 0.3 & \left. 0.6 \right] \end{array}$$

2020 年选择这三种计划的人所占的比例分别是 30%、25% 和 45%。

(a) 2021 年选择这三种计划的人所占的比例分别是多少？

(b) 从长远看，选择这三种计划的人所占的比例分别是多少？

14. 2010 年的人口普查显示，某地区 36% 的住户是房主，其余的住户为租房者。在接下来的 10 年，6% 的房主将成为租房者，而 12% 的租房者将成为房主。那么在 2020 年房主的比例是多少？2030 年呢？

15. 一种植物根据其基因类型 RR、RW、WW 而分别开红色、粉色、白色花。如果这些基因类型分别与开粉色花（RW）这一品种的植物杂交，那么出现各基因类型的后代的比例是：

$$\begin{array}{cccc} & RR & RW & WW \\ RR & \left[0.5 \right. & 0.5 & 0 \\ RW & 0.25 & 0.5 & 0.25 \\ WW & 0 & 0.5 & \left. 0.5 \right] \end{array}$$

从长远看，这三个品种的植物所占的比例各是多少？

16. 一份有关当地健康状况的研究表明，每年 75% 的抽烟者将继续抽烟，而 25% 的抽烟者将戒烟，8% 的戒烟者会恢复抽烟，而 92% 的戒烟者不再抽烟。如果在 2015 年有 70% 的人抽烟，那么在 2018 年有多少比例的人抽烟？2025 年呢？从长远看呢？

17. 用 X_n 表示小李距离上次刮胡子的天数，在早上 7:30 他决定当天是否刮胡子时计算。假定 X_n 是一个马氏链，转移概率矩阵是：

$$\begin{bmatrix} \frac{1}{2} & \frac{1}{2} & 0 & 0 \\ \frac{2}{3} & 0 & \frac{1}{3} & 0 \\ \frac{3}{4} & 0 & 0 & \frac{1}{4} \\ 1 & 0 & 0 & 0 \end{bmatrix}$$

用文字叙述为: 如果他上次刮胡子是 k 天之前, 那么他不刮胡子的概率是 $1/(k+1)$, 然而, 如果他已经 4 天都没刮胡子的话, 他妈妈会命令他去刮胡子, 于是他刮胡子的概率是 1。

(a) 从长远看, 小李刮胡子的天数所占的比例是多少?

(b) 此链的平稳分布满足细致平衡条件吗?

18. 求转移概率矩阵

$$\begin{bmatrix} 0 & \frac{2}{3} & 0 & \frac{1}{3} \\ \frac{1}{3} & 0 & \frac{2}{3} & 0 \\ 0 & \frac{1}{6} & 0 & \frac{5}{6} \\ \frac{2}{5} & 0 & \frac{3}{5} & 0 \end{bmatrix}$$

的平稳分布, 并证明它不满足细致平衡条件。

19. 考虑转移概率矩阵

$$\begin{bmatrix} 0 & a & 0 & 1-a \\ 1-b & 0 & b & 0 \\ 0 & 1-c & 0 & c \\ d & 0 & 1-d & 0 \end{bmatrix}$$

证明: 如果 $0 < abcd = (1-a)(1-b)(1-c)(1-d)$, 那么存在一个满足细致平衡条件的平稳分布。

20. 小王家每天早晨都会收到报纸并且看完之后将它们堆起来。每天下午, 有人把所有堆起来的报纸拿走放到回收箱的概率为 1/3。另外, 如果堆起来的报纸至少有 5 张的话, 小王会以概率 1 把报纸放到回收箱中, 考虑晚上堆起来的报纸数。

(a) 求相应的状态空间和转移概率矩阵。

(b) 经过很长一段时间, 堆起来的报纸数的期望值为多少?

(c) 假设一开始报纸堆中有 0 张报纸, 求其再次回到状态 0 的期望时间。

21. 一位教授的车库里有两盏灯, 当两盏灯都烧坏时将更换它们, 第二天两盏灯可正常照明。假设当它们都可照明时, 两盏中的一盏烧坏的概率是 0.02 (每盏灯烧坏的概率都是 0.01, 且我们忽略两盏灯在同一天烧坏的可能性)。然而, 当车库只有一盏灯时, 它烧坏的概率是 0.05。

(a) 从长远看, 车库仅有一盏灯工作的时间所占的比例是多少?

(b) 两次替换之间的时间间隔的期望值是多少?

22. 每天早上检查一台机器, 以确定其工作情况, 将其分为状态 1 (新)、2、3 或 4 (损坏)。我们假定状态变化是一个马氏链, 其转移概率矩阵如下:

	1	2	3	4
1	0.95	0.05	0	0
2	0	0.9	0.1	0
3	0	0	0.875	0.125

(a) 假设一台损坏的机器需要花 3 天时间才能修复。为了将此情况包含在马氏链中，我们增加状态 5 和 6，并假设 $p(4,5)=1$, $p(5,6)=1$, $p(6,1)=1$。求解机器处在工作状态的时间所占的比例。

(b) 现在假定：当机器处在状态 3 时，我们有预防性修复的选择，需要花费 1 天时间修复机器，使之回到状态 1，这使得转移概率矩阵变为：

$$\begin{array}{c} \\ 1 \\ 2 \\ 3 \end{array} \begin{array}{ccc} 1 & 2 & 3 \\ \begin{bmatrix} 0.95 & 0.05 & 0 \\ 0 & 0.9 & 0.1 \\ 1 & 0 & 0 \end{bmatrix} \end{array}$$

求在此新规则下机器处在工作状态的时间所占的比例。

23. 考察红、白、蓝三个坛子。红色的坛子里有 1 个红球、4 个蓝球；白色的坛子里有 3 个白球、2 个红球、2 个蓝球；蓝色的坛子里有 4 个白球、3 个红球、2 个蓝球。开始时随机地从红色的坛子中任取一个球，然后将球放回这个坛子。在随后的每一步，从颜色与前一个取得的球相同的坛子中随机取出一个球，然后将球放回这个坛子。

从长远看，取得红球、白球和蓝球的概率分别是多少？

24. 一个组织有 N 个雇员，其中 N 是一个很大的数。每个雇员在三个可能的分级工作中工作，并按以下转移概率矩阵的马氏链改变其分级：

$$\begin{bmatrix} 0.7 & 0.2 & 0.1 \\ 0.2 & 0.6 & 0.2 \\ 0.1 & 0.4 & 0.5 \end{bmatrix}$$

每个分级中的雇员所占的百分比分别是多少？

25. 一个出租车司机服务于城市的两个地段。从 A 地段上车的乘客的目的地有概率 0.6 在 A 地段，有概率 0.4 在 B 地段。从 B 地段上车的乘客的目的地有概率 0.3 在 A 地段，有概率 0.7 在 B 地段。这个司机一次全在 A 地段的平均获利是 6，一次全在 B 地段的平均获利是 8，而一次涉及两个地段的平均获利是 12。

求这个出租车司机每次的平均获利。

26. 与一个制造过程相联系的马氏链可以描述如下：从制造一个部件开始，进入步骤 1；步骤 1 结束之后，20% 的部件需要重新加工，即返回至步骤 1，10% 的部件扔掉，70% 的部件进入步骤 2；步骤 2 结束之后，5% 的部件必须返回至步骤 1，10% 的部件返回至步骤 2，5% 的部件报废，80% 的部件制造成功，从而可被销售获得利润。

(a) 构建一个四状态马氏链，其四个状态分别为 1、2、3、4，其中 3 为部件报废，4 为部件可被销售获得利润。

(b) 计算一个部件在制造过程中报废的概率。

27. 一家银行将贷款分类为全部付清（F）、信誉良好（G）、拖欠（A）或者呆账（B）

四种。贷款按照如下转移概率矩阵在不同的类别之间转换：

$$\begin{array}{c} \\ F \\ G \\ A \\ B \end{array} \begin{array}{c} \begin{array}{cccc} F & G & A & B \end{array} \\ \left[\begin{array}{cccc} 1 & 0 & 0 & 0 \\ 0.1 & 0.8 & 0.1 & 0 \\ 0.1 & 0.4 & 0.4 & 0.1 \\ 0 & 0 & 0 & 1 \end{array} \right] \end{array}$$

请问：处于信誉良好状态的贷款最终全部付清的比例是多少？那些处于拖欠状态的贷款呢？

28. 一个仓库可容纳 4 件商品，如果仓库既没装满又非空，那么每当生产一件新商品或者售出一件商品时，仓库中的商品数就会发生变化。假定（无论我们在什么时间观察）下一个事件有 2/3 的概率是"生产一件新商品"，有 1/3 的概率是"售出一件商品"。

如果仓库中当前仅有一件商品，那么仓库在变空之前先装满的概率是多少？

29. Dick、Helen、Joni、Mark、Sam 和 Tony 这 6 个孩子玩传球的游戏，如果 Dick 拿到了球，他将以等概率把球传给 Helen、Mark、Sam、Tony；如果 Helen 拿到了球，她将以等概率把球传给 Dick、Joni、Sam、Tony；如果 Sam 拿到了球，他将以等概率把球传给 Dick、Helen、Mark、Tony；如果是 Joni 或者 Tony 拿到了球，他们会把球传给对方；如果是 Mark 拿到了球，他将带着球跑开。

(a) 求转移概率，并对该链的状态分类。

(b) 假设游戏开始时球在 Dick 手中，游戏以 Mark 拿到球结束的概率是多少？

30. 某公司给每一位员工提供的职位是程序设计员（P）或者项目经理（M），每年有 70% 的程序设计员保持职位不变，20% 升职为项目经理，10% 被解雇（状态 X）；95% 的项目经理保持职位不变，5% 被解雇。

平均看来，一名程序设计员在被解雇之前会工作多长时间？

31. 在一家全国性的旅游代理机构，新雇用的员工被列为初学者（B），每六个月对每位代理人的表现进行一次评估，过去的记录表明员工级别根据如下马氏链转移到中级（I）和合格（Q），其中 F 代表员工被解雇：

$$\begin{array}{c} \\ B \\ I \\ Q \\ F \end{array} \begin{array}{c} \begin{array}{cccc} B & I & Q & F \end{array} \\ \left[\begin{array}{cccc} 0.45 & 0.4 & 0 & 0.15 \\ 0 & 0.6 & 0.3 & 0.1 \\ 0 & 0 & 1 & 0 \\ 0 & 0 & 0 & 1 \end{array} \right] \end{array}$$

(a) 最终级别得到提升的员工所占的比例是多少？

(b) 从一个初学者直到被解雇或者变为合格所需的期望时间是多少？

32. 在一家制造厂里，员工分为实习生（R）、技术人员（T）或者管理者（S），记 Q 为辞职的员工，我们用一个马氏链来描述他们在这些级别上的变化，其转移概率矩阵是：

$$\begin{array}{c} \\ R \\ T \\ S \\ Q \end{array} \begin{array}{cccc} R & T & S & Q \\ \begin{bmatrix} 0.2 & 0.6 & 0 & 0.2 \\ 0 & 0.55 & 0.15 & 0.3 \\ 0 & 0 & 1 & 0 \\ 0 & 0 & 0 & 1 \end{bmatrix} \end{array}$$

(a) 实习生最终变为管理者的比例是多少？

(b) 从实习生到最终辞职或者升为管理者所需要的期望时间是多少？

33. 消费者在可变利率贷款（V）、30 年固定利率贷款（30）、15 年固定利率贷款（15）这三种状态间变换，或者进入贷款付清（P）状态，或者进入取消抵押品赎回权（F）状态。变换按照如下的转移概率矩阵进行：

$$\begin{array}{c} \\ V \\ 30 \\ 15 \\ P \\ F \end{array} \begin{array}{ccccc} V & 30 & 15 & P & F \\ \begin{bmatrix} 0.55 & 0.35 & 0 & 0.05 & 0.05 \\ 0.15 & 0.54 & 0.25 & 0.05 & 0.01 \\ 0.20 & 0 & 0.75 & 0.04 & 0.01 \\ 0 & 0 & 0 & 1 & 0 \\ 0 & 0 & 0 & 0 & 1 \end{bmatrix} \end{array}$$

(a) 对于三种贷款类型，求出到贷款付清或者取消抵押品赎回权时所需的期望时间。

(b) 贷款付清的概率是多少？

34. 考虑一个库存问题，假设在第 n 天的营业时间内，某商品的需求量为 $[0,3]$ 内均匀分布的随机变量，且各天的需求量相互独立。假设存货的补充采取如下策略：若当天营业结束的时候，盘点出的库存数量小于等于 1，则会在第二天开门营业之前将库存补充到 4 的水平；若当天库存数量大于 1，则不会补充库存。

(a) 写出此问题中库存数量的状态空间。

(b) 根据库存数量，给出对应的转移概率矩阵。

(c) 求出库存数量的平稳分布。

(d) 计算每天营业结束时，需补充的库存数量的期望值。

35. 考虑一个状态空间为 $\{0,1,2,3\}$ 的马氏链，其转移概率矩阵如下：

$$\mathbf{P} = \begin{bmatrix} 0.5 & 0 & 0.5 & 0 \\ 0.5 & 0 & 0 & 0.5 \\ 0.5 & 0.5 & 0 & 0 \\ 0 & 0 & 0 & 1 \end{bmatrix}$$

求从状态 0 到达状态 3 的期望步数。

36. 考虑下图中的简单随机游走：

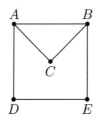

(a) 从长远来看，质点处在点 A 的时间所占的比例为多少？

(b) 假设质点从点 A 开始游动，那么质点回到 A 的期望步数为多少？

(c) 假设质点从点 C 开始游动，那么质点到达 A 之前访问 B 的期望次数为多少？

(d) 假设质点从点 B 开始游动，那么质点在到达 A 之前到达 C 的概率为多少？

(e) 假设质点从点 C 开始游动，那么质点到达 A 所需的期望步数为多少？

37. 假设一个状态空间为 $\{1, 2, 3, 4, 5\}$ 的马氏链，其转移概率矩阵如下：

$$\mathbf{P} = \begin{bmatrix} 0 & 0.5 & 0.5 & 0 & 0 \\ 0 & 0 & 0 & 0.2 & 0.8 \\ 0 & 0 & 0 & 0.4 & 0.6 \\ 1 & 0 & 0 & 0 & 0 \\ 0.5 & 0 & 0 & 0 & 0.5 \end{bmatrix}$$

(a) 该马氏链是不可约的吗？是非周期的吗？

(b) 求平稳概率分布。

(c) 假设状态从 1 开始，求其再次回到状态 1 所需要的期望步数。

(d) 假设状态从 1 开始，求该马氏链到达状态 4 所需要的期望步数。

(e) 假设状态从 1 开始，求该马氏链在到达状态 3 之前，到达状态 5 的概率。

第三章 可数状态马氏链

在上一章，我们介绍了最基础的一类随机过程——离散时间马氏链，这类随机过程的时间和状态均离散，并且状态是有限的。正因为如此，我们才基于转移概率矩阵对其中的知识点进行分析和讲解。本章将在其基础上，将状态空间拓展为可数（countable）状态。所谓的可数状态是指状态的取值是在整数域 $\mathbb{Z}$ 上，且状态的数量无穷大，因此可数状态马氏链所包含的状态为：$S = \mathbb{Z}$。

正因为可数状态马氏链的状态有无穷多个，所以其与离散时间马氏链在性质上存在一定的区别。本章基于离散时间马氏链，从对比的角度阐述可数状态马氏链的性质。

知识讲解

状态的分类

第一节 状态的分类

可数状态马氏链遇到的新问题是常返并不能保证平稳分布的存在。与离散时间马氏链不同，可数状态马氏链中的状态分为三大类：正常返态、零常返态和非常返态。为了说明这个问题，我们从一个例子开始引入这三个概念。

例 3.1 带反射壁的随机游走。质点在 $\{0, 1, 2, \dots\}$ 上游走，它以概率 p 向右移动一步，以概率 $(1-p)$ 向左移动一步，但是如果处于 0 点，并试图向左移动一步时，它将停留在 0 点（见图 3.1）。

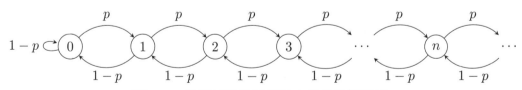

图 3.1 带反射壁的随机游走的转移概率图

相应的转移概率如下：

$$p(0, 0) = 1 - p$$

$$\begin{cases} p(i, i+1) = p, & i \geqslant 0 \\ p(i, i-1) = 1 - p, & i \geqslant 1 \end{cases}$$

该模型属于生灭链的特殊形式，可以根据细致平衡方程来求其平稳分布

$$p(i,j)\pi(i) = p(j,i)\pi(j)$$
$$p(i,i+1)\pi(i) = p(i+1,i)\pi(i+1), \qquad i \geqslant 0$$
$$p \cdot \pi(i) = (1-p) \cdot \pi(i+1)$$

因此，

$$\pi(i+1) = \frac{p}{1-p}\pi(i)$$

令 $\pi(0) = c$，则

$$\pi(i) = \pi(0)\left(\frac{p}{1-p}\right)^i = c\left(\frac{p}{1-p}\right)^i$$

$$\pi(i) = c\left(\frac{p}{1-p}\right)^i$$

注意到，当 $p/(1-p) < 1$ 时，$p < 1/2$，此时，

$$\sum_{i=0}^{\infty} \pi(i) = c\sum_{i=0}^{\infty}\left(\frac{p}{1-p}\right)^i = \frac{c}{1 - \frac{p}{1-p}} = \frac{1-p}{1-2p}c < \infty$$

对于平稳分布而言，必须满足 $\displaystyle\sum_{i=0}^{\infty} \pi(i) = 1$，因此，

$$c = \frac{1-2p}{1-p}$$

从而

$$\pi(i) = \frac{1-2p}{1-p} \cdot \left(\frac{p}{1-p}\right)^i$$

因此，

$$\mathbb{E}_0(\tau_0) = \frac{1}{\pi(0)} = \frac{1-p}{1-2p} < \infty$$

称状态 0 是正常返的（positive recurrent）。因此 $p < 1/2$ 时，该马氏链是正常返的，且存在一个平稳分布 $\pi(i)$。

在这里需要注意，对正常返的马氏链，一定可以找到其对应的平稳分布；若马氏链不存在平稳分布，则其可能是零常返的（null recurrent）或非常返的。

回到刚才的问题，经过计算最终得到了下式：

$$\pi(i) = c\left(\frac{p}{1-p}\right)^i, \qquad c = \frac{1-2p}{1-p} \tag{3.1}$$

接下来对其进行讨论。

(1) 当 $p > 1/2$ 时，$p/(1-p) > 1$，$c < 0$，此时 $\{\pi(i)\}$ 序列是发散的 (即 $|\pi(i+1)| > |\pi(i)|$)，因而不存在平稳分布，此时马氏链是非常返的。

(2) 当 $p = 1/2$ 时，$p/(1-p) = 1$，$c = 0$，此时 $\pi(i) = 0$, $\forall i$，相应地，

$$\mathbb{E}_x(\tau_x) = \frac{1}{\pi(x)} = \infty$$

而 $\sum\limits_{i=0}^{\infty} \pi(i) = 1$，因而不存在平稳分布，此时马氏链的各状态均是零常返态。

从带反射壁的随机游走问题中不难看出，零常返态代表了常返态和非常返态的边界情况。三者的联系和区别具体体现为：

(1) 正常返态：$\mathbb{P}_x(\tau_x < \infty) = 1$, $\mathbb{E}_x(\tau_x) < \infty$；

(2) 零常返态：$\mathbb{P}_x(\tau_x < \infty) = 1$, $\mathbb{E}_x(\tau_x) = \infty$；

(3) 非常返态：$\mathbb{P}_x(\tau_x < \infty) < 1$, $\mathbb{E}_x(\tau_x) = \infty$。

第二节　分支过程

在可数状态马氏链的相关研究中，有一类非常重要的随机过程常常被应用于生物学领域，这就是分支过程 (branching process)。分支过程最早由弗朗西斯·高尔顿（Francis Galton）[①]和沃森（Watson）提出，用于对姓氏消失现象的定量解释。后来该过程被用于生物种群消亡等问题的研究。

接下来通过一个例子来介绍分支过程及其性质。

例 3.2 考虑一个家族的第 n 代每一个个体产生后代的个数 $Y_1, Y_2, \ldots$ 都相互独立同分布，并且每个个体产生 k 个后代的概率均是 $p_k = p(1, k)$。在时刻 n 的个体数 X_n 是一个马氏链，其状态空间为 $\{0, 1, 2, \ldots\}$，其转移概率如下：

知识讲解

分支过程简介

$$p(i, j) = \mathbb{P}(Y_1 + Y_2 + \cdots + Y_i = j), \qquad i > 0, \ j \geqslant 0$$

请问：该家族避免消亡的概率是多少？

解答： 需要注意的是，此处的"消亡"是指马氏链吸收于状态 0。该家族的消亡发生与否，可通过一个个体的平均后代数量 μ 来确定，即：

$$\mu = \sum_{k=0}^{\infty} k \cdot p(1, k) = \sum_{k=0}^{\infty} k \cdot p_k$$

由于 X_n 表示 n 时刻的个体数，因此，

$$\mathbb{E}(X_n | X_{n-1}) = \mu X_{n-1}$$

[①]英国科学家和探险家。他的学术研究兴趣广泛，包括人类学、地理、数学、力学、气象学、心理学、统计学等方面。他是查尔斯·达尔文（Charles Darwin）的表弟，深受其进化论思想的影响，并把该思想引入人类学研究。

对上式的两端取期望，根据条件期望的性质，可得：

$$\mathbb{E}(X_n) = \mu \mathbb{E}(X_{n-1})$$

通过迭代可得：

$$\mathbb{E}(X_n) = \mu^n \mathbb{E}(X_0)$$

显然，$\mu < 1$ 时，$\lim_{n \to \infty} \mathbb{E}(X_n) = 0$，该家族以概率 1 消亡。

对于 $\mu \geqslant 1$ 的情形，引入消亡概率（extinction probability），记作 α，表示当前时刻的某个个体在未来的消亡概率[①]，即：

$$\alpha = \mathbb{P}(\tau_0 < \infty | X_0 = 1)$$

其中 τ_0 表示个体全部消亡的时刻。如果当前时刻有 k 个个体，则他们全部消亡的概率[②]是 $\alpha_k = \alpha^k$，因此，

$$\alpha = \mathbb{P}(\tau_0 < \infty | X_0 = 1) = \sum_{k=0}^{\infty} p(1, k) \cdot \mathbb{P}(\tau_0 < \infty | X_1 = k)$$

需要注意的是，上式的推导过程中运用了停时的强马氏性，最终可得：

$$\alpha = \sum_{k=0}^{\infty} p_k \cdot \alpha^k \tag{3.2}$$

记 $G(\alpha) = \sum_{k=0}^{\infty} p_k \alpha^k$，则式 (3.2) 可写作：

$$G(\alpha) = \alpha \tag{3.3}$$

相应地，当 $\alpha = 0$ 和 $\alpha = 1$ 时，等式左侧的 $G(\alpha)$ 分别为：

$$G(0) = p_0 = p(1, 0)$$

$$G(1) = \sum_{k=0}^{\infty} p_k = 1$$

由此可见，$\alpha = 1$ 是式 (3.3) 的平凡解（trivial solution）。

理论上，式 (3.3) 这样的多项式方程应该有 k 个根，要求的消亡概率 α 应当是这些根当中的最小正根。

这里的 $G(\alpha)$ 也称作概率母函数（probability generating function, PGF）。对 $G(\alpha)$ 关于 α 求一阶和二阶导，可得：

$$G'(\alpha) = \sum_{k=0}^{\infty} k \cdot p_k \alpha^{k-1} \geqslant 0, \qquad G''(\alpha) = \sum_{k=1}^{\infty} k(k-1) \cdot p_k \alpha^{k-2} \geqslant 0 \tag{3.4}$$

[①]这里的消亡概率可以理解为个体因疾病、衰老等原因死亡的概率。

[②]这里已经假定了个体之间相互独立。

由此可见，函数 $G(\alpha)$ 是凸向原点的单调递增曲线。更进一步，当 $\alpha = 1$ 时，

$$G'(1) = \sum_{k=0}^{\infty} k \cdot p_k = \mu > 0 \tag{3.5}$$

若绘制出以 α 为横轴、$G(\alpha)$ 为纵轴的图像（如图 3.2 所示），其中对角线与函数 $G(\alpha)$ 曲线的交点，就是 $G(\alpha) = \alpha$ 的解。这里有以下两种可能性：第一种情形［图 3.2（a）］下，曲线与对角线相交于 $(1,1)$ 点，此时消亡概率 $\alpha = 1$；第二种情形［图 3.2（b）］下，曲线与对角线相交于两点，其中较低的点所对应的横坐标取值 α^* 就是要求得的消亡概率，不难看出 $\alpha^* < 1$。具体的消亡概率取值取决于函数 $G(\alpha)$ 的曲线斜率，若在 $\alpha = 1$ 的附近，曲线的斜率小于 1，则消亡概率 $\alpha^* = 1$［见图 3.2（a）］；若在 $\alpha = 1$ 的附近，曲线的斜率大于 1，则消亡概率 $\alpha^* < 1$［见图 3.2（b）］。

知识讲解

分支过程的消亡
概率计算

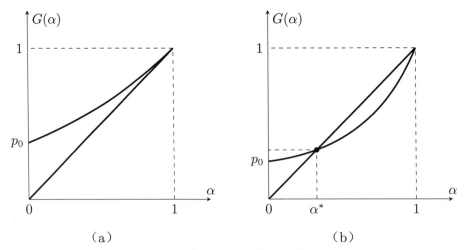

（a） （b）

图 3.2　消亡概率确定的图像展示

由此可得：

(1) $G'(1) < 1$ 时，$\alpha = 1$；

(2) $G'(1) > 1$ 时，$\alpha < 1$。

注意到 $G'(1) = \mu$，因此进一步可以得到如下结论：

定理 3.1　分支过程的结论

若 μ 表示一个个体的平均后代数量，则

　(1) 当 $\mu \leqslant 1$ 时，消亡以概率 1 发生；

　(2) 当 $\mu > 1$ 时，存在一个正的概率避免消亡。

例 3.3 当 $p_0 = 1/4$，$p_1 = 1/4$，$p_2 = 1/2$ 时，

$$\mu = \sum_k k p_k = 1 \times \frac{1}{4} + 2 \times \frac{1}{2} = 1.25 > 1$$

接下来需要计算消亡概率 α。根据 $G(\alpha) = \alpha$，可得：

$$G(\alpha) = p_0 \alpha^0 + p_1 \alpha^1 + p_2 \alpha^2 = \alpha \quad \Rightarrow \quad \frac{1}{2}\alpha^2 + \left(\frac{1}{4} - 1\right)\alpha + \frac{1}{4} = 0$$

$\alpha_1 = 1$ 或 $\alpha_2 = 1/2$，最小正根是 $1/2$。因此，$\alpha = 0.5$，即消亡概率是 0.5。

例 3.4 二分支过程。当 $p_0 = 1 - a$，$p_2 = a$，$p_k = 0, k \neq 0, 2$ 时，

$$\mu = \sum_k k p_k = 2a$$

当 $a \leqslant 1/2$ 时，$\mu \leqslant 1$，此时消亡以概率 1 发生。

当 $a > 1/2$ 时，$\mu > 1$，根据 $G(\alpha) = \alpha$，可得：

$$G(\alpha) = p_0 \alpha^0 + p_2 \alpha^2 = \alpha \quad \Rightarrow \quad a\alpha^2 - \alpha + (1 - a) = 0$$

解得：

$$\alpha_1 = 1 \quad \text{或} \quad \alpha_2 = \frac{1-a}{a} < 1$$

此时最小正根是 $\dfrac{1-a}{a}$，因此 $\alpha = \dfrac{1-a}{a}$。

例 3.5 姓氏的消亡。高尔顿和沃森最初考虑的问题是人群中姓氏消亡的概率，而姓氏是由后代中的男性所继承，因此他们所研究的问题便转化为后代中男性消亡的概率。

假设每个家庭都恰好有 3 个孩子，并且每个母亲平均有 1.5 个女儿，计算一个妇女的后代当中，男性消亡的概率。

解答： 由题意可知，生男生女的概率均为 $1/2$；假设后代中有 k 个男性，则相应的概率分布如下：

$$\mathbb{P}(k=0) = \binom{3}{0}\left(\frac{1}{2}\right)^0 \left(\frac{1}{2}\right)^3 = \frac{1}{8} \qquad \mathbb{P}(k=1) = \binom{3}{1}\left(\frac{1}{2}\right)^1 \left(\frac{1}{2}\right)^2 = \frac{3}{8}$$

$$\mathbb{P}(k=2) = \binom{3}{2}\left(\frac{1}{2}\right)^2 \left(\frac{1}{2}\right)^1 = \frac{3}{8} \qquad \mathbb{P}(k=3) = \binom{3}{3}\left(\frac{1}{2}\right)^3 \left(\frac{1}{2}\right)^0 = \frac{1}{8}$$

由于平均男性后代数量为 $\mu = 1.5 > 1$，因此需要计算消亡概率。

根据 $G(\alpha) = \sum_k \alpha^k p_k = \alpha$，可得：

$$\alpha = \alpha^0 \cdot \mathbb{P}(k=0) + \alpha^1 \cdot \mathbb{P}(k=1) + \alpha^2 \cdot \mathbb{P}(k=2) + \alpha^3 \cdot \mathbb{P}(k=3)$$

$$= \frac{1}{8} + \frac{3}{8}\alpha + \frac{3}{8}\alpha^2 + \frac{1}{8}\alpha^3$$

因此，$\alpha^3 + 3\alpha^2 - 5\alpha + 1 = 0$。由于已知 $\alpha = 1$ 是一个平凡解，对刚才的多项式关于 $(\alpha - 1)$ 进行分解，可得：

$$\alpha^3 + 3\alpha^2 - 5\alpha + 1 = (\alpha - 1)(\alpha^2 + 4\alpha - 1) = 0$$

从而

$$\alpha_{1,2} = \frac{-4 \pm \sqrt{16 + 4}}{2} = -2 \pm \sqrt{5}$$

其中小于 1 的正解为 $\alpha = \sqrt{5} - 2$，因此男性消亡的概率为 $\sqrt{5} - 2$。

本章附录

概率母函数

对于离散型随机变量，我们经常会关注其概率母函数（probability generating function, pgf），它可以看作随机变量的概率质量函数（probability mass function, pmf）的幂级数表达式，公式如下：

$$G_X(s) = \mathbb{E}(s^X) = \sum_{n=0}^{\infty} s^n \cdot \mathbb{P}(X = n), \qquad s \in [-1, 1] \tag{3.6}$$

其中，随机变量 $X < \infty$，且取值为 $n = 0, 1, 2, \ldots$，对应的概率为 $\mathbb{P}(X = n)$。

接下来，对概率母函数 $G_X(s)$ 关于 s 求导，可得：

$$\begin{aligned} G_X'(s) &= \sum_{n=0}^{\infty} n s^{n-1} \cdot p_n \\ G_X''(s) &= \sum_{n=0}^{\infty} n(n-1) s^{n-2} \cdot p_n \end{aligned} \tag{3.7}$$

当 $s = 1$ 时可以得到：

$$\begin{aligned} G_X'(1) &= \sum_{n=0}^{\infty} n \cdot p_n = \mathbb{E}(X) \\ G_X''(1) &= \sum_{n=0}^{\infty} n(n-1) \cdot p_n = \sum_{n=0}^{\infty} n^2 \cdot p_n - \sum_{n=0}^{\infty} n \cdot p_n = \mathbb{E}(X^2) - \mathbb{E}(X) \end{aligned} \tag{3.8}$$

因此，可以利用概率母函数的这一性质，求解概率分布的期望、方差等各阶矩。

例 3.6 泊松分布的概率母函数。假设 $X \sim \mathrm{Poi}(\lambda)$，则

$$\mathbb{P}(X = n) = \frac{\lambda^n}{n!} \mathrm{e}^{-\lambda}, \qquad n \geqslant 0$$

相应地，

$$G_X(s) = \sum_{n=0}^{\infty} p_n s^n = \sum_{n=0}^{\infty} \mathbb{P}(X = n) \cdot s^n$$

$$= \sum_{n=0}^{\infty} \frac{\lambda^n}{n!} e^{-\lambda} \cdot s^n = \sum_{n=0}^{\infty} \frac{(\lambda s)^n}{n!} e^{-\lambda}$$

$$= e^{\lambda s} \cdot e^{-\lambda} = e^{\lambda(s-1)}$$

例 3.7 二项分布的概率母函数。假设 $X \sim B(n,p)$，则[①]

$$\mathbb{P}(X = k) = \binom{n}{k} p^k (1-p)^{n-k}, \qquad k = 0, 1, 2, \ldots, n$$

相应地，

$$G_X(s) = \sum_{k=0}^{n} p_k s^k = \sum_{k=0}^{n} \mathbb{P}(X = k) \cdot s^k$$

$$= \sum_{k=0}^{n} \binom{n}{k} p^k (1-p)^{n-k} \cdot s^k = \sum_{k=0}^{n} \binom{n}{k} (ps)^k (1-p)^{n-k}$$

$$= (1 - p + ps)^n$$

例 3.8 泊松分布的概率母函数是 $G_X(s) = e^{\lambda(s-1)}$，求其期望和方差。

解答： 根据 $G_X(s) = e^{\lambda(s-1)}$，可得：

$$G_X'(1) = \lambda e^{\lambda(s-1)}\big|_{s=1} = \lambda$$
$$G_X''(1) = \lambda^2 e^{\lambda(s-1)}\big|_{s=1} = \lambda^2$$

因此，

$$\mathbb{E}(X) = \lambda, \qquad \mathbb{E}(X^2) = \lambda^2 + \lambda$$

最终可得：

$$\mathrm{Var}(X) = \mathbb{E}(X^2) - [\mathbb{E}(X)]^2 = \lambda^2 + \lambda - \lambda^2 = \lambda$$

例 3.9 二项分布的概率母函数是 $G_X(s) = (1 - p + ps)^n$，求其期望和方差。

解答： 由 $G_X(s) = (1 - p + ps)^n$，可得：

$$G_X'(1) = n(1 - p + ps)^{n-1} \cdot p\big|_{s=1} = np$$
$$G_X''(1) = n(n-1)(1 - p + ps)^{n-2} \cdot p^2\big|_{s=1} = n(n-1)p^2$$

因此，

$$\mathbb{E}(X) = np, \quad \mathbb{E}(X^2) = n(n-1)p^2 + np$$

最终可得：

$$\mathrm{Var}(X) = \mathbb{E}(X^2) - [\mathbb{E}(X)]^2 = n(n-1)p^2 + np - (np)^2 = np(1-p)$$

[①]这里的 n 表示独立试验的次数，p 表示试验成功的概率，$\mathbb{P}(X = k)$ 表示 n 次独立试验中，成功的次数为 k 的概率。

本章习题

1. 考虑状态空间是 $\{0,1,2,\ldots\}$ 的马氏链，其转移概率为：

$$p(m, m+1) = \frac{1}{2}\left(1 - \frac{1}{m+2}\right), \qquad m \geqslant 0$$

$$p(m, m-1) = \frac{1}{2}\left(1 + \frac{1}{m+2}\right), \qquad m \geqslant 1$$

并且 $p(0,0) = 1 - p(0,1) = \frac{3}{4}$。求平稳分布 $\boldsymbol{\pi}$。

2. 考虑状态空间是 $\{1,2,\ldots\}$ 的马氏链，其转移概率为：

$$\begin{cases} p(m, m+1) = \frac{m}{2m+2}, & m \geqslant 1 \\ p(m, m-1) = \frac{1}{2}, & m \geqslant 2 \\ p(m, m) = \frac{1}{2m+2}, & m \geqslant 2 \end{cases}$$

并且 $p(1,1) = 1 - p(1,2) = \frac{3}{4}$。证明它不存在平稳分布。

3. 考虑状态空间为 $S = \{0,1,\ldots\}$ 的马氏链，其转移概率为：

$$p(x, x+1) = \frac{2}{3}, \qquad p(x, 0) = \frac{1}{3}$$

证明该马氏链为正常返链，并给出极限概率 $\boldsymbol{\pi}$。

4. 给定分支过程的后代分布如下，求消亡概率 α：
   (a) $p_0 = 0.25$, $p_1 = 0.4$, $p_2 = 0.35$；
   (b) $p_0 = 0.5$, $p_1 = 0.1$, $p_3 = 0.4$；
   (c) $p_0 = \frac{1}{6}$, $p_1 = \frac{1}{2}$, $p_2 = 0$, $p_3 = \frac{1}{3}$；
   (d) $p_0 = 0.91$, $p_1 = 0.05$, $p_2 = 0.01$, $p_3 = 0.01$, $p_6 = 0.01$, $p_{13} = 0.01$；
   (e) $p_i = (1-q)q^i$, $0 < q < 1$。

5. 考虑例 3.5 中的问题。这里假定每个家庭拥有孩子的个数服从几何分布，即当 $k \geqslant 0$ 时，$p_k = p(1-p)^k$，它表示成功的概率为 p，且 k 是第一次成功之前失败的次数。计算该马氏链从一个个体开始，最终吸收于状态 0 的概率。

6. 小王作为某计算机软件展会上的工作人员，负责服务有意向购买软件并填写申购单的客户。p_i 表示在当前时刻有客户填申购单的条件下，还有超过 i 位客户正在排队准备填写申购单的概率。假设 $p_0 = 0.2$, $p_1 = 0.2$, $p_2 = 0.6$，并且只有当填单客户（包括排队客户）全部离开时，小王才可以坐下休息。
   请问：小王可以坐下休息的概率是多少？

7. X_n 是状态空间为 $\{0,1,2,\ldots\}$ 的可数状态马氏链，对于以下四种情形的可数状态马氏链，判断其是正常返、零常返还是非常返。若其是正常返，请给出相应的平稳分布。

(a) $p(x,0) = \dfrac{1}{x+2}$, $\qquad p(x,x+1) = \dfrac{x+1}{x+2}$;

(b) $p(x,0) = \dfrac{x+1}{x+2}$, $\qquad p(x,x+1) = \dfrac{1}{x+2}$;

(c) $p(x,x-1) = \dfrac{x+1}{x+2}$, $\qquad p(x,x+1) = \dfrac{1}{x+2}$;

(d) $p(x,0) = \dfrac{2}{x+3}$, $\qquad p(x,x+1) = \dfrac{x+1}{x+3}$。

第四章 泊松过程

本章将介绍一类重要的时间连续、状态离散的随机过程——泊松过程（Poisson process）。泊松过程是以法国数学家泊松（Simeon Denis Poisson，见图 4.1）命名的随机过程，是一类非常特殊的计数过程（counting process），由于其良好的性质，在很多学科领域均有应用，比如信号处理、金融工程、风险管理、运筹学等。在介绍泊松过程之前，我们先从与之有紧密联系的指数分布展开。

图 4.1　泊松

阅读材料：泊松的生平

西莫恩·德尼·泊松（1781—1840），法国数学家、几何学家和物理学家。于1798 年入巴黎综合工科学校深造。受到拉普拉斯、拉格朗日的赏识，1806 年任教授，1808 年任法国经度局天文学家，1809 年担任巴黎理学院数学教授，1812 年当选为巴黎科学院院士。

作为 19 世纪伟大的力学家、物理学家和数学家，泊松既是优秀的科学家，也是优秀的教师。他曾说："人生只有两件美好的事情，即发现数学和教数学。"他精力充沛，研究领域广泛，主要研究领域是数学物理，撰写了一些关于力学、热学理论的论文。在数学史上，泊松在所有领域中均是一个称职的他人工作的扩展者。

泊松将数学理论应用于物理问题的研究，对近代理论物理的发展起到了指导作用。泊松证明了，导体表面电荷的分布、导体附近的电力与电位、导体与绝缘体各种组合的电容量等问题都可以用数学方法予以解决。他的许多研究成果都涉及现代科学的基础理论，对数学和物理学均作出了重要贡献。他的研究范围很广，研究过理论力学、电磁学、外弹道学、水力学、固体导热问题和固体与液体运动方程、毛细现象等；他对势论、积分理论、傅立叶级数、概率论和变分方程、流体动力学作过详尽的探究；在定积分、有限差分理论、微分方程、积分方程、行星运动理论、弹性力学和数学物理方程等方面均有建树。因此，数学和物理学中有许多用他的名字命名的名词和专用术语，如泊松括号、泊松比、泊松方程、泊松积分（公式）、泊松常数、泊松分布、泊松定律、泊松级数、泊松变换（位势变换）、泊松回归、泊松代数、泊松二项试验模型、泊松流、泊松核、泊松效应、泊松变量、泊松求和公式、泊松大数定理、泊松稳定性、泊松过程、泊松密度函数和泊松正向稳定轨线等。

第一节 指数分布

一、指数分布的基本概念

定义 4.1

若随机变量 T 满足

$$\mathbb{P}(T \leqslant t) = 1 - e^{-\lambda t}, \qquad \forall t \geqslant 0 \tag{4.1}$$

则称其服从速率为 λ 的指数分布（exponential distribution），记作 $T \sim \mathcal{E}(\lambda)$。
记 $F(t) = \mathbb{P}(T \leqslant t)$ 为分布函数，则相应的密度函数如下：

$$f_T(t) = \begin{cases} \lambda e^{-\lambda t}, & t \geqslant 0 \\ 0, & t < 0 \end{cases}$$

二、指数分布的矩

在第一章例 1.5 和例 1.7 中，就已经求出了指数分布的期望和方差，具体如下：
(1) 一阶矩（期望）。

$$\mathbb{E}(T) = \int_0^\infty t \cdot f_T(t) \, dt = \int_0^\infty t \cdot \lambda e^{-\lambda t} \, dt = \frac{1}{\lambda}$$

(2) 二阶矩。

$$\mathbb{E}(T^2) = \int_0^\infty t^2 \cdot f_T(t) \, dt = \int_0^\infty t^2 \cdot \lambda e^{-\lambda t} \, dt = \frac{2}{\lambda^2}$$

(3) 方差。

$$\mathrm{Var}(T) = \mathbb{E}(T^2) - [\mathbb{E}(T)]^2 = \frac{2}{\lambda^2} - \frac{1}{\lambda^2} = \frac{1}{\lambda^2}$$

因此，对于 $T \sim \mathcal{E}(\lambda)$，其均值为 $1/\lambda$，方差为 $1/\lambda^2$。相应地，若 $S = \lambda T$，则 $S \sim \mathcal{E}(1)$，其均值为 1，方差也为 1。
证明： 由于 $T \sim \mathcal{E}(\lambda)$，$S \sim \mathcal{E}(1)$，假设 $Z = S/\lambda$，则对 $\forall t$，有：

$$\begin{aligned} \mathbb{P}(Z \leqslant t) &= \mathbb{P}(S/\lambda \leqslant t) = \mathbb{P}(S \leqslant \lambda t) \\ &= 1 - \exp[-1 \cdot (\lambda t)] = 1 - e^{-\lambda t} \quad \Rightarrow \quad T = Z = \frac{S}{\lambda} \quad \Rightarrow \quad S = \lambda T \\ &= \mathbb{P}(T \leqslant t) \end{aligned}$$

三、指数分布的性质

> **定理 4.1 指数分布的无记忆性（lack of memory）**
>
> 假设 T 服从速率为 λ 的指数分布，则
>
> $$\mathbb{P}(T > t + s \mid T > t) = \mathbb{P}(T > s) \tag{4.2}$$

证明： 由于

$$\mathbb{P}(T \leqslant t) = 1 - \mathrm{e}^{-\lambda t} \quad \Rightarrow \quad \mathbb{P}(T > t) = \mathrm{e}^{-\lambda t}$$

因此，

$$\mathbb{P}(T > t + s \mid T > t) = \frac{\mathbb{P}(T > t + s,\ T > t)}{\mathbb{P}(T > t)}$$

$$= \frac{\mathbb{P}(T > t + s)}{\mathbb{P}(T > t)} = \frac{\mathrm{e}^{-\lambda(t+s)}}{\mathrm{e}^{-\lambda t}} = \mathrm{e}^{-\lambda s} = \mathbb{P}(T > s)$$

如果将 T 看作一个仪器的寿命，那么式 (4.2) 说明了，在该仪器已经正常工作 t 小时的前提下，其继续正常工作 s 小时的（条件）概率，与其出厂后正常工作 s 小时的（无条件）概率是完全相等的。也就是说，仪器之前正常工作的 t 小时，不会对其未来正常工作的时间产生任何影响，该特征就是无记忆性。这里需要特别指出的是，指数分布是唯一具有无记忆性的连续型概率分布。

> **知识讲解**
>
> 指数分布的
> 无记忆性

例 4.1 假设顾客在银行的时间服从均值为 10 分钟的指数分布，请问：
(1) 一个顾客在此银行用时超过 15 分钟的概率是多少？
(2) 假定一个顾客 10 分钟后仍在银行，则她在银行用时超过 15 分钟的概率是多少？

解答： 由题意可知：$\lambda = 1/10$，如果以 X 表示顾客在这个银行的时间，则问题 (1) 中的概率如下：

$$\mathbb{P}(X > 15) = \mathrm{e}^{-\lambda t} = \exp\left(-\frac{1}{10} \times 15\right) = 0.22$$

问题 (2) 需要求一个已经在银行用时 10 分钟的顾客至少再用时 5 分钟的概率。根据指数分布的无记忆性，该概率与之前的用时无关，且等于一个刚进入银行的顾客停留至少 5 分钟的概率，即要求的概率如下：

$$\mathbb{P}(X > 5) = \mathrm{e}^{-\lambda t} = \exp\left(-\frac{1}{10} \times 5\right) = 0.604$$

定理 4.2

假设 T_i 服从速率为 λ_i 的指数分布 $(i = 1, 2, \ldots, n)$，且 T_i 之间相互独立，则

$$\min(T_1, T_2, \ldots, T_n) \sim \mathcal{E}(\lambda_1 + \lambda_2 + \cdots + \lambda_n) \tag{4.3}$$

证明：由不等式的性质，可得：

$$\mathbb{P}[\min(T_1, T_2, \ldots, T_n) > t] = \mathbb{P}(T_1 > t, T_2 > t, \ldots, T_n > t)$$
$$= \prod_{i=1}^{n} \mathbb{P}(T_i > t) = \prod_{i=1}^{n} e^{-\lambda_i t}$$
$$= \exp\left[-(\lambda_1 + \lambda_2 + \cdots + \lambda_n)t\right]$$

即

$$\min(T_1, T_2, \ldots, T_n) \sim \mathcal{E}(\lambda_1 + \lambda_2 + \cdots + \lambda_n)$$

知识讲解

指数分布的性质

由此还能得到：

$$\mathbb{E}\left[\min(T_1, T_2, \ldots, T_n)\right] = \frac{1}{\lambda_1 + \lambda_2 + \cdots + \lambda_n} \tag{4.4}$$

定理 4.3

假设 $T_1 \sim \mathcal{E}(\lambda_1)$，$T_2 \sim \mathcal{E}(\lambda_2)$，且两者相互独立，则

$$\mathbb{E}\left[\max(T_1, T_2)\right] = \frac{1}{\lambda_1} + \frac{1}{\lambda_2} - \frac{1}{\lambda_1 + \lambda_2} \tag{4.5}$$

证明：由恒等式

$$\max(T_1, T_2) = T_1 + T_2 - \min(T_1, T_2)$$

根据期望的线性性质，可得：

$$\mathbb{E}[\max(T_1, T_2)] = \mathbb{E}(T_1) + \mathbb{E}(T_2) - \mathbb{E}[\min(T_1, T_2)]$$
$$= \frac{1}{\lambda_1} + \frac{1}{\lambda_2} - \frac{1}{\lambda_1 + \lambda_2}$$

定理 4.4 指数分布的排序

假设 $T_1 \sim \mathcal{E}(\lambda_1)$，$T_2 \sim \mathcal{E}(\lambda_2)$，且两者相互独立，则

$$\mathbb{P}(T_1 < T_2) = \mathbb{P}[T_1 = \min(T_1, T_2)] = \frac{\lambda_1}{\lambda_1 + \lambda_2} \tag{4.6}$$

证明：利用卷积公式，证明如下：

$$\mathbb{P}(T_1 < T_2) = \int_0^\infty f_{T_1}(u)\mathbb{P}(u < T_2)\,\mathrm{d}u = \int_0^\infty \lambda_1 \mathrm{e}^{-\lambda_1 u}\mathrm{e}^{-\lambda_2 u}\,\mathrm{d}u$$

$$= \int_0^\infty \lambda_1 \mathrm{e}^{-(\lambda_1+\lambda_2)u}\,\mathrm{d}u = \frac{\lambda_1}{\lambda_1+\lambda_2}$$

或者

$$\mathbb{P}(T_1 < T_2) = \int_0^\infty f_{T_2}(v)\mathbb{P}(T_1 < v)\,\mathrm{d}v = \int_0^\infty \lambda_2 \mathrm{e}^{-\lambda_2 v}\left(1-\mathrm{e}^{-\lambda_1 v}\right)\,\mathrm{d}v$$

$$= 1 - \int_0^\infty \lambda_2 \mathrm{e}^{-(\lambda_1+\lambda_2)v}\,\mathrm{d}v = 1 - \frac{\lambda_2}{\lambda_1+\lambda_2} = \frac{\lambda_1}{\lambda_1+\lambda_2}$$

该定理还可以进行如下推广：

推论 4.1

T_i 是 $T_1, T_2, \ldots, T_n$ 中最小随机变量的概率为：

$$\mathbb{P}[T_i = \min(T_1, T_2, \ldots, T_n)] = \frac{\lambda_i}{\lambda_1 + \lambda_2 + \cdots + \lambda_n}, \qquad i = 1, 2, \ldots, n \tag{4.7}$$

例 4.2 假设小明到达邮局时，邮局的两位办事员都在忙，并且没有人在排队等待。只要有一位办事员有空，就可以为小明提供服务。假设办事员 i 的服务时间服从速率为 λ_i 的指数分布 $(i=1,2)$，求小明待在邮局的期望时间。

解答：该问题当中，小明待在邮局的时间分成两段：一段是等待两位办事员中的一位忙完所需要的时间，记作 W；另一段是其中一位办事员为小明提供服务所需的时间，记作 S。于是问题就转化成求 $\mathbb{E}(W) + \mathbb{E}(S)$。进一步假设两位办事员完成当前工作所需的时间分别为 T_1 和 T_2。

首先，小明等待的时间 $\mathbb{E}(W)$ 应当为 T_1 和 T_2 之中的较小值，于是有：

$$\mathbb{E}(W) = \mathbb{E}[\min(T_1, T_2)] = \frac{1}{\lambda_1+\lambda_2}$$

接下来，如果是办事员 1 先结束当前业务，那么其对应的概率为：

$$\mathbb{P}(T_1 < T_2) = \frac{\lambda_1}{\lambda_1+\lambda_2}$$

在此情形下，由办事员 1 为小明提供服务，相应的服务时间的期望值为 $1/\lambda_1$；类似地，如果是办事员 2 先结束当前服务，则其对应的概率为：

$$\mathbb{P}(T_1 > T_2) = \frac{\lambda_2}{\lambda_1+\lambda_2}$$

在此情形下，由办事员 2 为小明提供服务，相应的服务时间的期望值为 $1/\lambda_2$。

将两种情形综合起来，可得：

$$\mathbb{E}(S) = \mathbb{E}(T_1) \cdot \mathbb{P}(T_1 < T_2) + \mathbb{E}(T_2) \cdot \mathbb{P}(T_1 > T_2)$$

$$= \frac{1}{\lambda_1} \cdot \frac{\lambda_1}{\lambda_1 + \lambda_2} + \frac{1}{\lambda_2} \cdot \frac{\lambda_2}{\lambda_1 + \lambda_2}$$

$$= \frac{2}{\lambda_1 + \lambda_2}$$

知识讲解

指数分布的性质
举例

最终可得：

$$\mathbb{E}(W) + \mathbb{E}(S) = \frac{3}{\lambda_1 + \lambda_2}$$

例 4.3 C 进入一家邮局，发现 A 和 B 分别在接受办事员 1 和办事员 2 的服务。已知两位办事员服务的时间服从速率为 λ_i 的指数分布（$i = 1, 2$）。

请问：C 最后一个离开邮局的概率是多少？

解答： 假设 A 和 B 二人当中，A 先办完事情离开，相应的概率为 $\lambda_1/(\lambda_1 + \lambda_2)$。此时只剩下 C 和 B 在邮局办理业务。根据指数分布的无记忆性，接下来 B 先办完事情离开的概率为 $\lambda_2/(\lambda_1 + \lambda_2)$。

类似地，B 先办完事情离开的概率为 $\lambda_2/(\lambda_1 + \lambda_2)$。此时只剩下 A 和 C 在邮局办理业务。根据指数分布的无记忆性，接下来 A 先办完事情离开的概率为 $\lambda_1/(\lambda_1 + \lambda_2)$。

因此，将两种情形下的概率相加，最终可得：

$$\frac{\lambda_1}{\lambda_1 + \lambda_2} \cdot \frac{\lambda_2}{\lambda_1 + \lambda_2} + \frac{\lambda_2}{\lambda_1 + \lambda_2} \cdot \frac{\lambda_1}{\lambda_1 + \lambda_2} = \frac{2\lambda_1 \lambda_2}{(\lambda_1 + \lambda_2)^2}$$

该问题还可以使用另一种方法进行计算。若 A 是最后一个离开的，则第一步与 B 相比，B 先完成服务；第二步与 C 相比，C 先完成服务，因此 A 最后一个离开邮局的概率为：

$$\frac{\lambda_2}{\lambda_1 + \lambda_2} \cdot \frac{\lambda_2}{\lambda_1 + \lambda_2} = \left(\frac{\lambda_2}{\lambda_1 + \lambda_2} \right)^2$$

类似地，B 最后一个离开邮局的概率为：

$$\frac{\lambda_1}{\lambda_1 + \lambda_2} \cdot \frac{\lambda_1}{\lambda_1 + \lambda_2} = \left(\frac{\lambda_1}{\lambda_1 + \lambda_2} \right)^2$$

于是，根据概率的完备性，C 最后一个离开邮局的概率为：

$$1 - \left(\frac{\lambda_2}{\lambda_1 + \lambda_2} \right)^2 - \left(\frac{\lambda_1}{\lambda_1 + \lambda_2} \right)^2 = \frac{2\lambda_1 \lambda_2}{(\lambda_1 + \lambda_2)^2}$$

定理 4.5

假设 $\tau_1, \tau_2, \ldots, \tau_n \sim \mathcal{E}(\lambda)$，且 $\tau_1, \tau_2, \ldots, \tau_n$ 相互独立，则这些随机变量之和 T_n

（$T_n = \tau_1 + \tau_2 + \cdots + \tau_n$）的密度函数如下：

$$f_{T_n}(t) = \lambda \mathrm{e}^{-\lambda t} \cdot \frac{(\lambda t)^{n-1}}{(n-1)!}, \qquad t \geqslant 0$$

即 T_n 服从 Gamma 分布，记作 $T_n \sim \Gamma(n, 1/\lambda)$。另外，$T_n$ 还服从埃尔朗（Erlang）分布，记作 $T_n \sim \mathrm{Erlang}(n, \lambda)$。

阅读材料：Gamma 分布和埃尔朗分布

对于形状参数（shape parameter）为 α、尺度参数（scale parameter）为 β 的 Gamma 分布而言，其概率分布函数如下：

$$f_G(\alpha, \beta) = \frac{1}{\beta} \mathrm{e}^{-t/\beta} \cdot \frac{(t/\beta)^{\alpha-1}}{(\alpha-1)!}, \qquad t \geqslant 0$$

对于形状参数为 α、尺度参数为 β 的埃尔朗分布而言，其概率分布函数如下：

$$f_E(\alpha, \beta) = \beta \mathrm{e}^{-\beta t} \cdot \frac{(\beta t)^{\alpha-1}}{(\alpha-1)!}, \qquad t \geqslant 0$$

证明： 上面定理的证明要使用数学归纳法。不难看出，当 $n = 1$ 时，

$$f_{T_1}(t) = \lambda \mathrm{e}^{-\lambda t} \cdot \frac{(\lambda t)^0}{0!} = \lambda \mathrm{e}^{-\lambda t} = f_{\tau_1}(t)$$

接下来验证两个随机变量的情形。由于随机变量 τ_1，$\tau_2 \sim \mathcal{E}(\lambda)$，所以 $T_2 = \tau_1 + \tau_2$ 的分布函数如下：

$$f_{T_2}(t) = \int_0^t f_{T_1}(t_1) \cdot f_{\tau_2}(t - t_1)\,\mathrm{d}t_1 = \int_0^t \lambda \mathrm{e}^{-\lambda t_1} \cdot \lambda \mathrm{e}^{-\lambda(t-t_1)}\,\mathrm{d}t_1$$

$$= \lambda^2 \mathrm{e}^{-\lambda t} \int_0^t \mathrm{d}t_1 = \lambda^2 t \mathrm{e}^{-\lambda t}$$

显然，

$$\lambda \mathrm{e}^{-\lambda t} \cdot \frac{(\lambda t)^{2-1}}{(2-1)!} = \lambda^2 t \mathrm{e}^{-\lambda t} = f_{T_2}(t)$$

接下来，假设下式成立：

$$f_{T_n}(t) = \lambda \mathrm{e}^{-\lambda t} \cdot \frac{(\lambda t)^{n-1}}{(n-1)!}$$

因此，对于 $f_{T_{n+1}}(t)$ 而言，有：

$$
\begin{aligned}
f_{T_{n+1}}(t) &= \int_0^t f_{T_n}(t_n) \cdot f_{\tau_{n+1}}(t - t_n)\, \mathrm{d}t_n \\
&= \int_0^t \lambda \mathrm{e}^{-\lambda t_n} \cdot \frac{(\lambda t_n)^{n-1}}{(n-1)!} \cdot \lambda \mathrm{e}^{-\lambda(t - t_n)}\, \mathrm{d}t_n \\
&= \lambda^2 \mathrm{e}^{-\lambda t} \int_0^t \frac{(\lambda t_n)^{n-1}}{(n-1)!}\, \mathrm{d}t_n = \lambda^2 \mathrm{e}^{-\lambda t} \cdot \frac{\lambda^{n-1}}{(n-1)!} \int_0^t t_n^{n-1}\, \mathrm{d}t_n \\
&= \lambda^2 \mathrm{e}^{-\lambda t} \cdot \frac{\lambda^{n-1}}{(n-1)!} \cdot \frac{t^n}{n} \\
&= \lambda \mathrm{e}^{-\lambda t} \cdot \frac{(\lambda t)^n}{n!}
\end{aligned}
$$

定理得证。

第二节　泊松分布

提到泊松过程，就不得不提泊松分布。本节介绍泊松分布的基本概念和性质，为后文的泊松过程打好基础。

一、泊松分布的概念

定义 4.2

若随机变量 X 满足

$$
\mathbb{P}(X = n) = \mathrm{e}^{-\lambda} \cdot \frac{\lambda^n}{n!}, \quad n = 0, 1, 2, \ldots \tag{4.8}
$$

则称 X 服从均值为 λ 的泊松分布（Poisson distribution），记作：$X \sim \mathrm{Poi}(\lambda)$。

二、泊松分布的性质

定理 4.6

对于泊松分布 $X \sim \mathrm{Poi}(\lambda)$，其各阶矩具有如下性质：
(1) $\mathbb{E}(X) = \lambda$；
(2) $\mathbb{E}(X^2) = \lambda + \lambda^2$；
(3) $\mathrm{Var}(X) = \mathbb{E}(X^2) - [\mathbb{E}(X)]^2 = \lambda$。

知识讲解

泊松分布的性质

在第一章，我们已经通过例 1.4 和例 1.6 给出了这些结论的推导过程，这里不再赘述。

定理 4.7

若 $X_i \sim \text{Poi}(\lambda_i)$, $i = 1, 2, \ldots, n$，且 X_i 之间相互独立，则

$$\sum_{i=1}^{n} X_i \sim \text{Poi}\left(\sum_{i=1}^{n} \lambda_i\right) \tag{4.9}$$

证明： 以两个随机变量为例，假设 $X_1 \sim \text{Poi}(\lambda_1)$，$X_2 \sim \text{Poi}(\lambda_2)$，并且 X_1 和 X_2 相互独立，则

$$
\begin{aligned}
\mathbb{P}(X_1 + X_2 = N) &= \sum_{n=0}^{N} \mathbb{P}(X_1 = n) \cdot \mathbb{P}(X_2 = N - n) \\
&= \sum_{n=0}^{N} \frac{(\lambda_1)^n}{n!} \cdot \exp(-\lambda_1) \cdot \frac{(\lambda_2)^{N-n}}{(N-n)!} \cdot \exp(-\lambda_2) \\
&= \frac{1}{N!} \left[\sum_{n=0}^{N} \frac{N!}{n!(N-n)!} \cdot (\lambda_1)^n (\lambda_2)^{N-n} \right] \cdot \exp[-(\lambda_1 + \lambda_2)] \\
&= \frac{1}{N!} \left[\sum_{n=0}^{N} \binom{N}{n} \cdot (\lambda_1)^n (\lambda_2)^{N-n} \right] \cdot \exp[-(\lambda_1 + \lambda_2)] \\
&= \frac{(\lambda_1 + \lambda_2)^N}{N!} \cdot \exp[-(\lambda_1 + \lambda_2)]
\end{aligned}
$$

因此，

$$\mathbb{P}(X_1 + X_2 = N) = \frac{(\lambda_1 + \lambda_2)^N}{N!} \cdot \exp[-(\lambda_1 + \lambda_2)]$$

由此可见，

$$X_1 + X_2 \sim \text{Poi}(\lambda_1 + \lambda_2)$$

此证明中，$\binom{N}{n}$ 表示从 N 中取 n 的组合数，而 $\sum_{n=0}^{N} \binom{N}{n} \cdot (\lambda_1)^n (\lambda_2)^{N-n}$ 则是二项式求和公式，结果就是 $(\lambda_1 + \lambda_2)^N$。

定理 4.8

若 $X \sim \text{Poi}(\lambda)$，则下式成立：

$$\mathbb{E}[X(X-1)\cdots(X-k+1)] = \lambda^k \tag{4.10}$$

证明：根据期望的定义，可得：

$$\mathbb{E}[X(X-1)\cdots(X-k+1)] = \sum_{n=k}^{\infty} n(n-1)\cdots(n-k+1)\cdot \mathrm{e}^{-\lambda}\cdot \frac{\lambda^n}{n!}$$

$$= \mathrm{e}^{-\lambda} \sum_{n=k}^{\infty} \frac{\lambda^n}{(n-k)!}$$

令 $m = n - k$，则

$$上式 = \mathrm{e}^{-\lambda} \sum_{n=k}^{\infty} \frac{\lambda^k \cdot \lambda^{n-k}}{(n-k)!}$$

$$= \mathrm{e}^{-\lambda} \lambda^k \sum_{m=0}^{\infty} \frac{\lambda^m}{m!} = \mathrm{e}^{-\lambda} \lambda^k \cdot \mathrm{e}^{\lambda} = \lambda^k$$

定理 4.9 泊松分布与二项分布的关系

当 $n \to \infty$ 时，二项分布将趋近于泊松分布，即

$$B(n, \lambda/n) \to \mathrm{Poi}(\lambda)$$

证明：已知 n 是实验的总次数，λ/n 是实验成功的概率，假定 k 是实验成功的次数，则对应的概率为：

$$\mathbb{P}(N=k) = \binom{n}{k} \left(\frac{\lambda}{n}\right)^k \left(1-\frac{\lambda}{n}\right)^{n-k}$$

$$= \frac{n(n-1)\cdots(n-k+1)}{k!} \left(\frac{\lambda}{n}\right)^k \left(1-\frac{\lambda}{n}\right)^n \left(1-\frac{\lambda}{n}\right)^{-k}$$

$$= \frac{\lambda^k}{k!} \frac{n(n-1)\cdots(n-k+1)}{n^k} \left(1-\frac{\lambda}{n}\right)^n \left(1-\frac{\lambda}{n}\right)^{-k}$$

$$= \frac{\lambda^k}{k!} \left(1-\frac{\lambda}{n}\right)^{(-n/\lambda)\cdot(-\lambda)} \frac{n(n-1)\cdots(n-k+1)}{n^k} \left(1-\frac{\lambda}{n}\right)^{-k}$$

因此，

$$\lim_{n\to\infty} \mathbb{P}(N=k) = \frac{\lambda^k}{k!}\mathrm{e}^{-\lambda}$$

由此可见，当 n 很大时，可以使用泊松分布来对二项分布的概率进行近似计算。

例 4.4 某保险公司的人寿险种有 1000 人投保，每个人在一年内的死亡概率为 0.5%，并且每个人在一年内死亡与否是相互独立的。求在未来一年中，这 1000 人当中死亡人数为 10 人的概率。

解答： 由题意可知，该问题可看作一个成功概率 $p=0.5\%$，试验次数 $N=1000$ 次，其中成功次数 $k=10$ 次的二项分布。使用二项分布中的概率计算公式，可得：

$$\binom{N}{k}p^k(1-p)^{N-k} = \binom{1000}{10} \times 0.005^{10} \times (1-0.005)^{1000-10} = 1.7996\%$$

上式可以使用 Matlab 进行计算，相应的命令是：`binopdf(10,1000,0.005)`。

如果使用泊松分布进行近似计算，则有 $\lambda = Np = 1000 \times 0.5\% = 5$，于是相应的概率如下：

$$\mathbb{P}(k=10) = \frac{\lambda^k}{k!}\mathrm{e}^{-\lambda} = \frac{5^{10}}{10!}\mathrm{e}^{-5} = 1.8133\%$$

不难看出，使用泊松分布求出的结果与二项分布的结果非常接近，但是从计算的复杂度看，明显泊松分布更有优势。

第三节 泊松过程及其性质

一、泊松过程的定义

知识讲解

泊松过程的
第一种定义方式

> **定义 4.3 泊松过程的第一种定义方式**
>
> 假设 $\tau_1, \tau_2, \ldots, \tau_n \sim \mathcal{E}(\lambda)$，且 $\tau_1, \tau_2, \ldots, \tau_n$ 相互独立。$T_n = \tau_1 + \tau_2 + \cdots + \tau_n$，$n \geqslant 1, T_0 = 0$。定义 $N(t) = \max\{n : T_n \leqslant t\}$，$N(t)$ 称为泊松过程，并且服从均值为 λt 的泊松分布，即：
>
> $$\mathbb{P}[N(t) = n] = \mathrm{e}^{-\lambda t} \cdot \frac{(\lambda t)^n}{n!}, \quad n = 0, 1, 2, \ldots \quad (4.11)$$

这里的 τ_n 可理解为到达一个商店的第 n 个和第 $(n-1)$ 个顾客的时间间隔；T_n 可理解为第 n 个顾客到达的时刻，则 $N(t)$ 表示在时刻 t 之前到达的顾客数量。因此，$\mathbb{P}[N(t) = n]$ 可理解为在时刻 t 之前到达的顾客数量是 n 的概率。图 4.2 从时间 t 和状态 $N(t)$ 两个维度，说明了与泊松过程相关的概率分布之间的关系。

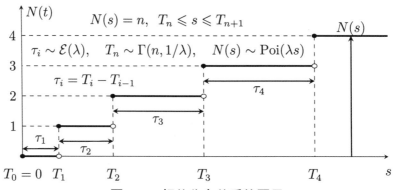

图 4.2 相关分布关系的图示

证明：这里的证明需要使用前面提到的独立指数分布求和服从 Gamma 分布这一性质。具体如下：

$$\mathbb{P}[N(t) = n] = \int_0^t f_{T_n}(s) \cdot \mathbb{P}(\tau_{n+1} > t - s)\,\mathrm{d}s$$

$$= \int_0^t \lambda \mathrm{e}^{-\lambda s} \frac{(\lambda s)^{n-1}}{(n-1)!} \cdot \mathrm{e}^{-\lambda(t-s)}\,\mathrm{d}s$$

$$= \int_0^t \lambda^n s^{n-1} \frac{\mathrm{e}^{-\lambda t}}{(n-1)!}\,\mathrm{d}s$$

$$= \lambda^n \frac{\mathrm{e}^{-\lambda t}}{(n-1)!} \int_0^t s^{n-1}\,\mathrm{d}s = \frac{\lambda^n \mathrm{e}^{-\lambda t}}{(n-1)!} \cdot \frac{s^n}{n} \Big|_{s=0}^{s=t} = \frac{(\lambda t)^n}{n!} \mathrm{e}^{-\lambda t}$$

因此，$N(t)$ 服从均值为 λt 的泊松分布。

在上面的证明过程中，要注意两个方面：一方面，推导过程使用了卷积公式的相关方法，以 T_n 为界将过程分成了两个部分；另一方面，进行了一定的代换，其中 t 时刻之前有 n 个顾客到达，因此 $t > T_n$，但是相应地 $t < T_{n+1}$，因此假设 s 时刻刚好第 n 个顾客到达，那么 $(t-s)$ 时间段不可能有第 $(n+1)$ 个顾客到达，相应地 $\tau_{n+1} > t - s$（如图 4.3 所示）。

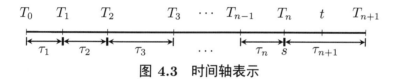

图 4.3　时间轴表示

需要注意的是，在对泊松过程的研究中，以下两组等价关系是经常用到的：

(1) "t 时刻的计数不小于 n"，等价于"计数为 n 的时刻不大于 t 时刻"，即：

$$\{N(t) \geqslant n\} = \{T_n \leqslant t\} \tag{4.12}$$

(2) "t 时刻的计数为 n"，等价于"t 时刻介于计数为 n 和 $(n+1)$ 的时刻之间"，即：

$$\{N(t) = n\} = \{T_n \leqslant t < T_{n+1}\} \tag{4.13}$$

这两组等价关系同样可以从图 4.3 中得到。

定义 4.4 泊松过程的第二种定义方式

已知 t 时刻前的计数为 n，即 $N(t) = n$，假设在很短的时间段 $[t, t + \Delta t]$ 内有以下概率：

$$\mathbb{P}[N(t + \Delta t) = n] = 1 - \lambda \Delta t + O(\Delta t) \tag{4.14}$$

$$\mathbb{P}[N(t + \Delta t) = n + 1] = \lambda \Delta t + O(\Delta t) \tag{4.15}$$

$$\mathbb{P}[N(t + \Delta t) \geqslant n + 2] = O(\Delta t) \tag{4.16}$$

则称 $N(t)$ 是速率/强度为 λ 的泊松过程，即 $N(t) \sim \text{Poi}(\lambda t)$。

以上定义中的 $O(\Delta t)$ 是 Δt 的高阶无穷小。结论的证明较复杂，需要用到常微分方程求解相关的知识，感兴趣的读者可以查阅本章的附录。

二、泊松过程的性质

定理 4.10 泊松过程的性质

泊松过程 $\{N(s) : s \geqslant 0\}$ 具有以下性质：
(1) $N(0) = 0$；
(2) $N(t+s) - N(s) \sim \text{Poi}(\lambda t)$, $N(t+0) - N(0) = N(t) \sim \text{Poi}(\lambda t)$，即，长度相等的时间段内，事件发生个数的概率分布是相同的，也被称为平稳增量（stationary increment）；
(3) $N(t)$ 具有独立增量（independent increment），即对于 $t_0 < t_1 < \cdots < t_n$，$N(t_1) - N(t_0)$, $N(t_2) - N(t_1)$, ..., $N(t_n) - N(t_{n-1})$ 均独立。

需要说明的是，前面所提及的平稳（stationary）可以细分为严平稳（strictly stationary）和宽平稳（weakly stationary）两大类。所谓严平稳，是指一个随机过程的联合分布函数不随时间而发生改变；所谓宽平稳，也称作协方差平稳（covariance stationary），是指一个过程的协方差不随时间而发生改变，即期望、方差和协方差不变。根据这一定义，泊松过程的增量明显满足宽平稳的基本条件。

基于泊松过程的上述性质，可以得到如下两个引理：

知识讲解

泊松过程的第二种定义方式、泊松过程的性质

引理 4.1

$N(t+s) - N(s)$, $t \geqslant 0$ 是一个速率为 λ 的泊松过程，且与 $N(r)$, $0 \leqslant r \leqslant s$ 相互独立。

证明：利用泊松过程的增量独立性，易证引理成立，参照图 4.4 可以更直观地理解该引理，这里不再赘述。

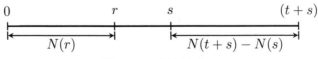

图 4.4 时间轴表示

引理 4.2

若对任何 $0 = t_0 < t_1 < \cdots < t_n$，$k_i$ 取值为正整数，且序列不减，则

$$\mathbb{P}\left[N(t_n) = k_n | N(t_{n-1}) = k_{n-1}, \ldots, N(t_1) = k_1\right]$$
$$= \mathbb{P}\left[N(t_n) = k_n | N(t_{n-1}) = k_{n-1}\right]$$

证明： 利用泊松过程的增量进行变换，可得：

$$\mathbb{P}\left[N(t_n) = k_n | N(t_{n-1}) = k_{n-1}, \ldots, N(t_1) = k_1\right]$$
$$= \mathbb{P}\left[N(t_n) - N(t_{n-1}) = k_n - k_{n-1} | N(t_{n-2}) - N(t_{n-1}) = k_{n-1} - k_{n-2},\right.$$
$$\left. \ldots, N(t_1) - N(t_0) = k_1\right]$$

根据泊松过程的增量独立性，上式的条件概率就等于无条件概率，因此，

$$上式 = \mathbb{P}\left[N(t_n) - N(t_{n-1}) = k_n - k_{n-1}\right] = \mathbb{P}\left[N(t_n) = k_n | N(t_{n-1}) = k_{n-1}\right]$$

由此可见，泊松过程具有马氏性。

例 4.5 假设一个计数过程 $\{N(t), t \geqslant 0\}$ 是速率为 2 的泊松过程，求 $\mathbb{P}[N(20) - N(18) = 2]$。

解答： 根据泊松过程的增量平稳性，可进行如下简化：
$$\mathbb{P}[N(20) - N(18) = 2] = \mathbb{P}[N(2) = 2]$$
于是此处的 $t = 2$，$n = 2$。结合速率 $\lambda = 2$，可得：

$$\mathbb{P}[N(t) = n] = \frac{(\lambda t)^n}{n!} \mathrm{e}^{-\lambda t}$$

$$\mathbb{P}[N(2) = 2] = \frac{(2 \times 2)^2}{2!} \mathrm{e}^{-2 \times 2} = 8\mathrm{e}^{-4} = 14.65\%$$

最终可得：
$$\mathbb{P}[N(20) - N(18) = 2] = 14.65\%$$

知识讲解

泊松过程的性质
举例

三、泊松过程的条件分布

关于泊松过程的条件分布问题，我们主要关注两点：一是到达时刻的条件分布；二是到达次数的条件分布。为了说明到达时刻的条件分布，我们以一个例子切入。

例 4.6 用 $N(t)$ 表示在 t 分钟内到达商店的顾客数量。$N(t)$ 满足速率为 λ 的泊松过程，即 $N(t) \sim \mathrm{Poi}(\lambda t)$。目前已知 $N(t) = 1$，假设 T_1 是第一位顾客到达的时刻，显然 $T_1 \leqslant s$，$s \in (0, t)$。

求到达时刻的条件分布。

解答： 问题转化为求解 $\mathbb{P}[T_1 \leqslant s | N(t) = 1]$。由于 $\{T_1 \leqslant s\}$ 等价于 $\{N(s) \geqslant 1\}$，因此，

$$\mathbb{P}[T_1 \leqslant s | N(t) = 1] = \mathbb{P}[N(s) \geqslant 1 | N(t) = 1]$$

需要注意的是，由于 $s \leqslant t$，因此在 $N(t) = 1$ 的前提条件下，$N(s)$ 不可能大于 1，因此，

$$\begin{aligned}
\mathbb{P}[T_1 \leqslant s | N(t) = 1] &= \mathbb{P}[N(s) = 1 | N(t) = 1] \\
&= \frac{\mathbb{P}[N(s) = 1, N(t) = 1]}{\mathbb{P}[N(t) = 1]} \\
&= \frac{\mathbb{P}[N(s) = 1, N(t) - N(s) = 0]}{\mathbb{P}[N(t) = 1]} \\
&= \frac{\mathbb{P}[N(s) = 1] \cdot \mathbb{P}[N(t - s) = 0]}{\mathbb{P}[N(t) = 1]} \\
&= \frac{\lambda s e^{-\lambda s} \cdot e^{-\lambda(t-s)}}{\lambda t e^{-\lambda t}} = \frac{s}{t}
\end{aligned}$$

需要注意的是，上式在推导过程中使用了泊松过程的增量独立性和增量平稳性两个性质，即：

$$\begin{aligned}
\mathbb{P}[N(s) = 1, N(t) - N(s) = 0] &= \mathbb{P}[N(s) = 1] \cdot \mathbb{P}[N(t) - N(s) = 0] \\
&= \mathbb{P}[N(s) = 1] \cdot \mathbb{P}[N(t - s) = 0]
\end{aligned}$$

最终得到的条件分布函数和条件密度函数如下：
(1) 条件概率分布函数。

$$F(s) = \mathbb{P}[T_1 \leqslant s | N(t) = 1] = \mathbb{P}[N(s) \geqslant 1 | N(t) = 1] = \frac{s}{t}$$

(2) 条件概率密度函数。

$$f(s) = \frac{\mathrm{d}F(s)}{\mathrm{d}s} = \frac{1}{t}, \qquad s \in (0, t)$$

因此，在 t 时刻之前有一个顾客到达的条件下，其到达的时刻 T_1 服从 $[0, t]$ 上的均匀分布（uniform distribution）。

从刚才的例子中得到的结论是：泊松过程的条件分布是均匀分布，即在 t 分钟内，顾客到达的确切时间是等可能的。

在此基础上，可以将原先的问题进一步引申为：在 $N(t) = 2$ 的条件下，到达时刻的条件分布及其概率密度分别为多少？

解答： 取 $s_1 < s_2$，使得 $s_1 \geqslant T_1$，$s_2 \geqslant T_2$，构造条件分布 $F(s_1, s_2)$，表达式如下（见图 4.5）：

$$F(s_1, s_2) = \mathbb{P}\big(T_1 \leqslant s_1, T_2 \leqslant s_2 | N(t) = 2\big)$$

知识讲解

泊松过程的条件分布

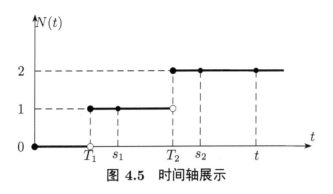

图 4.5 时间轴展示

相应地，可得：

$$F(s_1, s_2) = \mathbb{P}\big[T_1 \leqslant s_1, T_2 \leqslant s_2 | N(t) = 2\big]$$

$$= \mathbb{P}\big[N(s_1) = 1, N(s_2) = 2 | N(t) = 2\big]$$

$$= \frac{\mathbb{P}[N(s_1) = 1, N(s_2) = 2, N(t) = 2]}{\mathbb{P}[N(t) = 2]}$$

$$= \frac{\mathbb{P}[N(s_1) = 1] \cdot \mathbb{P}[N(s_2) - N(s_1) = 1] \cdot \mathbb{P}[N(t) - N(s_2) = 0]}{\mathbb{P}[N(t) = 2]}$$

$$= \frac{\mathbb{P}[N(s_1) = 1] \cdot \mathbb{P}[N(s_2 - s_1) = 1] \cdot \mathbb{P}[N(t - s_2) = 0]}{\mathbb{P}[N(t) = 2]}$$

$$= \frac{\lambda s_1 \mathrm{e}^{-\lambda s_1} \cdot \lambda (s_2 - s_1)\mathrm{e}^{-\lambda(s_2 - s_1)} \cdot \mathrm{e}^{-\lambda(t - s_2)}}{\frac{1}{2}(\lambda t)^2 \mathrm{e}^{-\lambda t}}$$

$$= \frac{2s_1(s_2 - s_1)}{t^2} = \frac{2s_1 s_2 - 2s_1^2}{t^2}$$

因此，

$$f(s_1, s_2) = \frac{\partial^2 F(s_1 s_2)}{\partial s_1 \partial s_2} = \frac{2}{t^2}$$

最终得到 $N(t) = 2$ 的条件概率密度为 $f(s_1, s_2) = \dfrac{2}{t^2}$。

按照类似的方法可以得到在条件 $N(t) = n > 0$ 下，$(T_1, T_2, \ldots, T_n)$ 的联合密度函数如下：

$$f(s_1, s_2, \ldots, s_n) = \frac{n!}{t^n}$$

为了说明为何该分布是均匀分布，我们以 $N(t) = 3$ 的条件概率密度 $f(s_1, s_2, s_3)$ 为例加以说明。

如图4.6所示，三维坐标系 $s_1 s_2 s_3$ 围成了正方体 $ABCD\text{-}A'B'C'D'$，其边长为 t。其中，$D'\text{-}BCD$ 围成的棱锥区域满足 $s_1 < s_2 < s_3 \leqslant t$，此区域的体积为：

$$V_{D'\text{-}BCD} = \frac{1}{3} \cdot \frac{1}{2}t^3 = \frac{1}{6}t^3 = \frac{t^3}{3!}$$

由于 $N(t) = 3$ 的条件概率密度为:

$$f(s_1, s_2, s_3) = \frac{3!}{t^3}$$

从中不难看出,

$$V_{D'\text{-}BCD} \cdot f(s_1, s_2, s_3) = \frac{t^3}{3!} \cdot \frac{3!}{t^3} = 1 \quad \text{满足概率的完备性}$$

因此, $N(t) = 3$ 的条件概率分布可看作 $D'\text{-}BCD$ 围成的棱锥区域上的均匀分布。

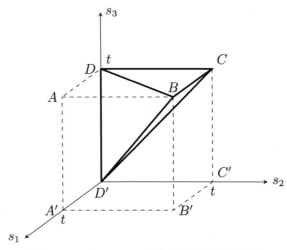

图 4.6 $f(s_1, s_2, s_3)$ 含义的形象化展示

定理 4.11 到达次数的条件分布

如果 $s < t$, 且 $0 \leqslant m \leqslant n$, 那么

$$\mathbb{P}[N(s) = m | N(t) = n] = \binom{n}{m} \left(\frac{s}{t}\right)^m \left(1 - \frac{s}{t}\right)^{n-m}$$

即: 在给定 $N(t) = n$ 时, $N(s)$ 的条件分布是二项分布 $B(n, s/t)$。

证明: 由于 $s < t$, 且 $0 \leqslant m \leqslant n$, 因此,

$$
\begin{aligned}
\mathbb{P}[N(s) = m | N(t) = n] &= \frac{\mathbb{P}[N(s) = m, N(t) = n]}{\mathbb{P}[N(t) = n]} \\
&= \frac{\mathbb{P}[N(s) = m, N(t-s) = n-m]}{\mathbb{P}[N(t) = n]} \\
&= \frac{\mathbb{P}[N(s) = m] \cdot \mathbb{P}[N(t-s) = n-m]}{\mathbb{P}[N(t) = n]}
\end{aligned}
$$

118

$$= \frac{\dfrac{(\lambda s)^m}{m!} \mathrm{e}^{-\lambda s} \cdot \dfrac{[\lambda(t-s)]^{n-m}}{(n-m)!} \mathrm{e}^{-\lambda(t-s)}}{\dfrac{(\lambda t)^n}{n!} \mathrm{e}^{-\lambda t}}$$

$$= \frac{n!}{m!(n-m)!} \cdot \frac{s^m \cdot (t-s)^{n-m}}{t^n}$$

$$= \binom{n}{m} \cdot \frac{s^m \cdot (t-s)^{n-m}}{t^m \cdot t^{n-m}} = \binom{n}{m} \cdot \left(\frac{s}{t}\right)^m \left(\frac{t-s}{t}\right)^{n-m}$$

根据最终的结果不难看出：到达次数的条件分布服从 n 次试验中成功次数为 m、成功概率为 $\dfrac{s}{t}$ 的二项分布，即 $B\left(n, \dfrac{s}{t}\right)$。

这里需要强调的是，如果将条件概率公式当中的条件和结果颠倒，得到的结果是泊松分布，具体计算过程如下：

$$\mathbb{P}[N(t)=n|N(s)=m] = \frac{\mathbb{P}[N(t)=n, N(s)=m]}{\mathbb{P}[N(s)=m]}$$

$$= \frac{\mathbb{P}[N(s)=m] \cdot \mathbb{P}[N(t-s)=n-m]}{\mathbb{P}[N(s)=m]}$$

$$= \mathbb{P}[N(t-s)=n-m] = \frac{[\lambda(t-s)]^{n-m}}{(n-m)!} \mathrm{e}^{-\lambda(t-s)}$$

四、泊松过程的变换

泊松过程的变换分为两大类：一类是稀释（thinning），即某一个泊松过程可以拆分成若干个独立的泊松过程；另一类是叠加（superposition），即若干个独立的泊松过程可以合成一个泊松过程。

定理 4.12 泊松过程的稀释

设 $N(t)$ 是速率为 λ 的泊松过程［即 $N(t) \sim \mathrm{Poi}(\lambda t)$］，表示到 t 时刻记录的事件个数。假设其中每个事件被记录的概率为 p，且事件是否被记录是独立的。若被记录的事件记为 $N_1(t)$, $t \geqslant 0$，则

$$N_1(t) \sim \mathrm{Poi}(p\lambda t)$$

证明：根据全概率公式，可得：

$$\mathbb{P}[N_1(t)=n] = \sum_{m=0}^{\infty} \mathbb{P}[N_1(t)=n|N(t)=m+n] \cdot \mathbb{P}[N(t)=m+n]$$

$$= \sum_{m=0}^{\infty} \binom{m+n}{n} p^n (1-p)^m \cdot \mathrm{e}^{-\lambda t} \frac{(\lambda t)^{m+n}}{(m+n)!}$$

$$= \sum_{m=0}^{\infty} \frac{(m+n)!}{m!\, n!} p^n (1-p)^m \cdot \mathrm{e}^{-\lambda t} \frac{(\lambda t)^{m+n}}{(m+n)!}$$

这里需要注意的是：$\mathbb{P}[N_1(t) = n | N(t) = m + n]$ 表示 $(m + n)$ 个事件当中，被记录的事件有 n 个的概率。由于事件是否被记录是独立的，因此这里可看作成功概率为 p 的二项分布，相应的概率就是：

$$\mathbb{P}[N_1(t) = n | N(t) = m + n] = \binom{m + n}{n} p^n (1 - p)^m$$

根据 $\mathrm{e}^x = \sum_{n=0}^{\infty} \dfrac{x^n}{n!}$，可得：

$$\begin{aligned}
\mathbb{P}[N_1(t) = n] &= \mathrm{e}^{-\lambda t} \sum_{m=0}^{\infty} \frac{(1 - p)^m (\lambda t)^m}{m!} \cdot \frac{p^n (\lambda t)^n}{n!} \\
&= \mathrm{e}^{-\lambda t} \frac{(p\lambda t)^n}{n!} \sum_{m=0}^{\infty} \frac{[(1 - p)\lambda t]^m}{m!} \\
&= \mathrm{e}^{-\lambda t} \frac{(p\lambda t)^n}{n!} \cdot \mathrm{e}^{(1-p)\lambda t} = \mathrm{e}^{-p\lambda t} \frac{(p\lambda t)^n}{n!}
\end{aligned}$$

因此，

$$N_1(t) \sim \mathrm{Poi}(p\lambda t)$$

关于泊松过程的稀释见图 4.7。

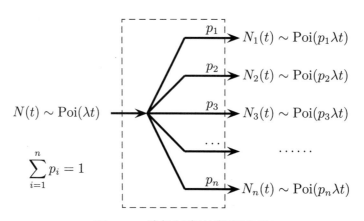

图 4.7　泊松过程的稀释图示

定理 4.13 泊松过程的叠加

假设 $N_1(t), \ldots, N_k(t)$ 是独立的泊松过程，速率分别为 $\lambda_1, \ldots, \lambda_k$，则 $N_1(t) + \cdots + N_k(t)$ 是一个泊松过程，并且速率为 $\lambda_1 + \cdots + \lambda_k$。

证明：与定理 4.7 类似，相应的证明过程不再赘述。关于泊松过程的叠加见图 4.8。

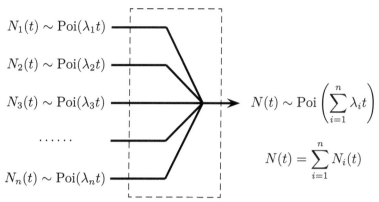

图 4.8　泊松过程的叠加图示

第四节　泊松过程的拓展

前面所介绍的泊松过程，从严格意义上讲是一种特殊的齐次泊松过程。在现实应用中需要对其进行一定的拓展。具有代表性的拓展有三类：非齐次泊松过程、复合泊松过程和条件泊松过程。

一、非齐次泊松过程

定义 4.5

满足以下条件的计数过程 $\{N(t) : t \geqslant 0\}$ 就是强度函数为 $\lambda(t)$ 的非齐次泊松过程（nonhomogeneous Poisson process）：

(1) $N(0) = 0$；

(2) $N(t)$ 具有独立增量性；

(3) $\mathbb{E}[N(r) - N(s)] = \displaystyle\int_s^r \lambda(t)\,\mathrm{d}t$，　$N(r) - N(s) \sim \mathrm{Poi}\left(\displaystyle\int_s^r \lambda(t)\,\mathrm{d}t\right)$。

需要说明的是，此时的时间间隔 $\tau_1, \tau_2, \ldots$ 不再服从指数分布，并且不满足独立性条件。当 $\lambda(t) = \lambda$ 时，强度/速率不随时间的推移而发生改变，此时便是我们所熟悉的（齐次）泊松过程。

对于非齐次泊松过程，也可以利用本章附录中关于（齐次）泊松过程证明的方法，得到非齐次泊松过程在 t 时刻计数为 n 的概率如下：

$$\mathbb{P}[N(t) = n] = p_n(t) = \frac{[m(0,t)]^n}{n!} \exp\left[-m(0,t)\right]$$

其中，

$$m(s,t) = \int_s^t \lambda(u)\,\mathrm{d}u$$

121

类似于齐次泊松过程，还可以得到非齐次泊松过程的期望和方差：

$$\mathbb{E}[N(t)] = \text{Var}[N(t)] = m(0,t) = \int_0^t \lambda(u)\,\mathrm{d}u \tag{4.17}$$

为了说明齐次泊松过程与非齐次泊松过程之间的相似处，我们在 $\lambda(t)$ 的函数图像中进行对比。

图4.9(a) 是齐次泊松过程中 $\lambda(t)$ 关于时间 t 的函数图像。由于 λ 是常数，因此函数图像是一条水平线，基于横轴两点 s 与 r 做出垂线，与函数图像（水平线）相交，所围成的阴影区域面积就是 $\lambda(r-s)$，并且在 λ 不变的前提下，该区域的面积只取决于 s 与 r 之间的时间间隔，因此满足齐次性，相应的增量具有平稳性。

图4.9(b) 绘制的是非齐次泊松过程中 $\lambda(t)$ 关于时间 t 的函数图像。此时 λ 的取值与 t 有关，对应横轴上两点 s 与 r 所做出的垂线，与函数图像相交后围成的不规则阴影区域面积就是 $\int_s^r \lambda(t)\,\mathrm{d}t$，从中不难看出，此时该区域的面积不仅取决于 s 与 r 之间的时间间隔，还取决于这段区间内 $\lambda(t)$ 的取值，因此不满足齐次性，相应的增量不满足平稳性。

知识讲解

非齐次泊松过程的概念及性质

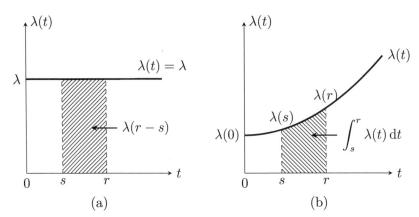

图 4.9 齐次与非齐次泊松过程的对比图

例 4.7 设 $\{X(t), t \geqslant 0\}$ 是一个强度函数为 $\lambda(t) = \dfrac{1}{2}(1+\cos \omega t)$ 的非齐次泊松过程，其中 $\omega \neq 0$。

求 $\mathbb{E}[X(t)]$ 和 $\text{Var}[X(t)]$。

解答： 由式 (4.17) 可得：

$$\mathbb{E}[X(t)] = \text{Var}[X(t)] = \int_0^t \lambda(u)\,\mathrm{d}u = \int_0^t \frac{1}{2}(1+\cos \omega u)\,\mathrm{d}u$$

$$\left. = \frac{1}{2} \left(u + \frac{1}{\omega} \sin \omega u \right) \right|_{u=0}^{u=t}$$

$$= \frac{1}{2} \left(t + \frac{1}{\omega} \sin \omega t \right)$$

例 4.8 设某路公共汽车从早晨 5 时到晚上 21 时有车发出，乘客流量如下：5 时按平均乘客为 200 人/小时计算；5 时至 8 时乘客平均到达率线性增加，8 时到达率为 1400 人/小时；8 时至 18 时保持平均到达率不变；18 时至 21 时到达率以 1400 人/小时线性下降，到 21 时为 200 人/小时。假定乘客数在不重叠的时间间隔内是相互独立的。

求 12 时至 14 时有 2000 人来站乘车的概率，并求出这两个小时内来站乘车的人数的期望值。

解答： 将刚开始的早晨 5 时记为时刻 $t = 0$，其他的时间以此类推，最终 21 时记为时刻 $t = 16$。由此可以得到乘客到达率的函数 $\lambda(t)$ 如下：

$$\lambda(t) = \begin{cases} 200 + 400t, & t \in [0, 3] \\ 1400, & t \in [3, 13] \\ 1400 - 400(t - 13), & t \in [13, 16] \end{cases}$$

相应的乘客到达率 $\lambda(t)$ 与时间 t 的关系如图4.10所示。

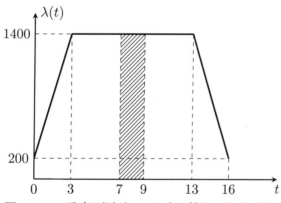

图 4.10 乘客到达率 $\lambda(t)$ 与时间 t 的关系图

由题意可知，所要求的时间段应当为 $t \in [7, 9]$，相应地，

$$m(7, 9) = \int_7^9 \lambda(t)\, \mathrm{d}t = \int_7^9 1400\, \mathrm{d}t = 1400 \times (9 - 7) = 2800(人)$$

因此在 12 时到 14 时有 2000 名乘客到达的概率为[①]：

$$\mathbb{P}[N(9) - N(7) = 2000] = \mathrm{e}^{-m(7,9)} \frac{[m(7,9)]^n}{n!} = \mathrm{e}^{-2800} \frac{2800^{2000}}{2000!}$$

[①]这里的概率值没有必要求得精确数值，最终结果的自然对数值接近 -132，相应的概率接近于零。

相应地，这段时间内乘客数的期望值即为：

$$m(7,9) = 2800(人)$$

二、复合泊松过程

定义 4.6

满足以下条件的 $\{S(t) : t \geqslant 0\}$ 就是复合泊松过程（compound Poisson process）：

$$S(t) = Y_1 + Y_2 + \cdots + Y_{N(t)} = \sum_{i=1}^{N(t)} Y_i$$

其中，$\{N(t) : t \geqslant 0\}$ 是比率为 λ 的泊松过程；$\{Y_i : i \geqslant 1\}$ 是独立同分布的随机变量，且 $\{Y_i\}$ 的分布函数与泊松过程 $\{N(t) : t \geqslant 0\}$ 是独立的。

知识讲解

复合泊松过程的
概念及性质

图4.11是从时间 t 和状态 $S(t)$ 两个维度刻画出的复合泊松过程。与图 4.2 相比，此时每次的跳跃幅度 $S(t)$ 取值不再是 $1, 2, 3, \ldots$ 这样的整数，而是任意非负实数（由 Y_i, $i = 1, 2, \ldots$ 所决定的随机变量）。换句话说，先前的泊松过程可看作复合泊松过程的特殊情形（此时 $Y_i \equiv 1$）。

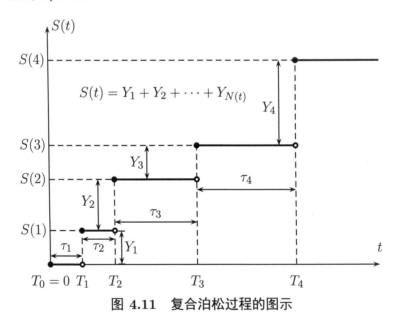

图 4.11　复合泊松过程的图示

例 4.9　假设 $N(t)$ 是在时间段 $[0, t]$ 内到达某商店的人数，并且 $\{N(t), t \geqslant 0\}$ 是泊松过程。假设 Y_k 是到达商店的顾客 k 消费的金额，如果假设 $\{Y_k\}$, $k = 1, 2, \ldots, N(t)$ 是独

立同分布的随机变量序列，并且与 $\{N(t)\}$ 独立，那么商店在时间段 $[0,t]$ 内的总营业额 $S(t)$ 就是：

$$S(t) = \sum_{k=1}^{N(t)} Y_k, \qquad t \geqslant 0$$

这里的 $\{S(t),\ t \geqslant 0\}$ 就是一个复合泊松过程。

例 4.10 在股票市场上，假设 $N(t)$ 是某股票在时间段 $[0,t]$ 内跳空上涨或下跌[①]的次数，并且 $\{N(t), t \geqslant 0\}$ 是泊松过程。假设 Y_k 是股价第 k 次跳跃的幅度，股价的跳跃幅度 $\{Y_k\}$，$k = 1, 2, \ldots, N(t)$ 是独立同分布的随机变量序列，并且与 $\{N(t)\}$ 独立，那么在时间段 $[0,t]$ 内，该股票价格总的跳跃幅度 $S(t)$ 就是：

$$S(t) = \sum_{k=1}^{N(t)} Y_k, \qquad t \geqslant 0$$

这里的 $\{S(t),\ t \geqslant 0\}$ 也是一个复合泊松过程。

　　需要说明的是，前面例子中的 $S(t)$ 可看作多个随机变量 Y_k 的和，因此也称为随机和（random sum）。在复合泊松过程的应用中，我们往往关心随机和的均值和方差的性质。

定理 4.14

假设 $Y_1, Y_2, \ldots$ 表示独立同分布的随机变量，并且均值为 μ、方差为 σ^2，已知 $S(t) = Y_1 + Y_2 + \cdots + Y_{N(t)}$，其中 $\{N(t) : t \geqslant 0\}$ 是速率为 λ 的泊松过程。则 $S(t)$ 的均值和方差分别如下：

$$\mathbb{E}[S(t)] = \mu\lambda t, \quad \mathrm{Var}[S(t)] = \lambda t(\sigma^2 + \mu^2)$$

证明： 由于 $\{N(t)\}$ 是速率为 λ 的泊松过程，因此，

$$\mathbb{E}[N(t)] = \mathrm{Var}[N(t)] = \lambda t$$

方法一：
(1) 首先求出 $\mathbb{E}[S(t)]$。

$$\mathbb{E}[S(t)] = \sum_{n=0}^{\infty} \mathbb{E}[S(t)|N(t) = n] \cdot \mathbb{P}[N(t) = n]$$

$$= \sum_{n=0}^{\infty} n\mu \cdot \frac{(\lambda t)^n}{n!} e^{-\lambda t}$$

$$= \mu\lambda t \cdot e^{-\lambda t} \sum_{n=0}^{\infty} \frac{(\lambda t)^{n-1}}{(n-1)!} = \mu\lambda t \cdot e^{-\lambda t} \sum_{k=0}^{\infty} \frac{(\lambda t)^k}{k!}$$

$$= \mu\lambda t \cdot e^{-\lambda t} \cdot e^{\lambda t} = \mu\lambda t$$

[①]这种股价的非连续变动，往往是上市公司业绩、行业宏观环境或其他突发事件所导致的，常称作股价的跳跃（jump）。

(2) 接下来求出 $\mathbb{E}[S^2(t)]$。

$$\begin{aligned}
\mathbb{E}[S^2(t)] &= \sum_{n=0}^{\infty} \mathbb{E}[S^2(t)|N(t)=n] \cdot \mathbb{P}[N(t)=n] \\
&= \sum_{n=0}^{\infty} (n^2\mu^2 + n\sigma^2) \cdot \frac{(\lambda t)^n}{n!} \mathrm{e}^{-\lambda t} \\
&= \mu^2 \sum_{n=0}^{\infty} n^2 \cdot \frac{(\lambda t)^n}{n!} \mathrm{e}^{-\lambda t} + \sigma^2 \sum_{n=0}^{\infty} n \cdot \frac{(\lambda t)^n}{n!} \mathrm{e}^{-\lambda t} \\
&= \mu^2 \sum_{n=0}^{\infty} n^2 \cdot \mathbb{P}[N(t)=n] + \sigma^2 \sum_{n=0}^{\infty} n \cdot \mathbb{P}[N(t)=n] \\
&= \mu^2 \mathbb{E}[N^2(t)] + \sigma^2 \mathbb{E}[N(t)]
\end{aligned}$$

在此步骤当中，需要注意，

$$\begin{aligned}
\mathbb{E}\left[S^2(t)|N(t)=n\right] &= \mathbb{E}\left[(Y_1 + Y_2 + \cdots + Y_n)^2\right] \\
&= \mathbb{E}(Y_1^2) + \mathbb{E}(Y_2^2) + \cdots + \mathbb{E}(Y_n^2) + \binom{n}{2} \cdot 2\mathbb{E}(Y_iY_j) \\
&= n\mathbb{E}(Y_i^2) + n(n-1)\mathbb{E}(Y_iY_j) \\
&= n\left\{\mathrm{Var}(Y_i) + [\mathbb{E}(Y_i)]^2\right\} + n(n-1)\mathbb{E}(Y_i)\mathbb{E}(Y_j) \\
&= n(\sigma^2 + \mu^2) + n(n-1)\mu^2 \\
&= n^2\mu^2 + n\sigma^2
\end{aligned}$$

其中，$i \neq j$，此处的变换用到了随机变量独立即不相关的结论，因此 $\mathrm{Cov}(Y_i, Y_j) = 0$，相应地，

$$\mathbb{E}(Y_iY_j) = \mathbb{E}(Y_i)\mathbb{E}(Y_j) = \mu^2$$

类似地，由于 Y_i 同分布的假设，因此，

$$\begin{aligned}
\mathbb{E}(Y_1^2) + \mathbb{E}(Y_2^2) + \cdots + \mathbb{E}(Y_n^2) &= n\mathbb{E}(Y_i^2) \\
&= n\left\{\mathrm{Var}(Y_i) + [\mathbb{E}(Y_i)]^2\right\} = n(\sigma^2 + \mu^2)
\end{aligned}$$

(3) 最后求出 $\mathrm{Var}[S(t)]$。

$$\begin{aligned}
\mathrm{Var}[S(t)] &= \mathbb{E}\left[S^2(t)\right] - [\mathbb{E}S(t)]^2 \\
&= \mu^2 \mathbb{E}\left[N^2(t)\right] + \sigma^2 \mathbb{E}[N(t)] - \mu^2 \left\{\mathbb{E}[N(t)]\right\}^2 \\
&= \sigma^2 \mathbb{E}[N(t)] + \mu^2 \left\{\mathbb{E}\left[N^2(t)\right] - \left\{\mathbb{E}[N(t)]\right\}^2\right\} \\
&= \sigma^2 \mathbb{E}[N(t)] + \mu^2 \mathrm{Var}[N(t)] \\
&= \lambda t(\sigma^2 + \mu^2)
\end{aligned}$$

方法二： 使用条件期望的性质 $\mathbb{E}[\mathbb{E}(X|Y)] = \mathbb{E}(X)$ 进行求解。

(1) 计算 $\mathbb{E}[S(t)]$。

$$\begin{aligned}
\mathbb{E}[S(t)] &= \mathbb{E}\{\mathbb{E}[S(t)|N(t)]\} \\
&= \mathbb{E}[N(t)\mathbb{E}(Y_i)] \\
&= \mathbb{E}[N(t)\mu] \\
&= \mu\mathbb{E}[N(t)] = \mu\lambda t
\end{aligned}$$

(2) 再计算 $\mathbb{E}[S^2(t)]$。

$$\begin{aligned}
\mathbb{E}[S^2(t)] &= \mathbb{E}\{\mathbb{E}[S^2(t)|N(t)]\} \\
(i \neq j) \to &= \mathbb{E}\{N(t)\mathbb{E}(Y_i^2) + N(t)[N(t)-1]\mathbb{E}(Y_iY_j)\} \\
&= \mathbb{E}\{N(t)(\mu^2+\sigma^2) + \mu^2 N(t)[N(t)-1]\} \\
&= (\mu^2+\sigma^2)\mathbb{E}[N(t)] + \mu^2\{\mathbb{E}[N^2(t)] - \mathbb{E}[N(t)]\} \\
&= \mu^2\mathbb{E}[N^2(t)] + \sigma^2\mathbb{E}[N(t)]
\end{aligned}$$

(3) 最后求出 $\mathrm{Var}[S(t)]$。

$$\begin{aligned}
\mathrm{Var}[S(t)] &= \mathbb{E}[S^2(t)] - \{\mathbb{E}[S(t)]\}^2 \\
&= \mu^2\mathbb{E}[N^2(t)] + \sigma^2\mathbb{E}[N(t)] - \mu^2\{\mathbb{E}[N(t)]\}^2 \\
&= \sigma^2\mathbb{E}[N(t)] + \mu^2\mathrm{Var}[N(t)] \\
&= \lambda t(\mu^2+\sigma^2)
\end{aligned}$$

三、条件泊松过程

在风险理论中，我们常常使用条件泊松过程来刻画意外事件的发生。但由于意外事件发生的频率 λ 无法预知，所以只能使用随机变量 Λ 来表示，当一段时间后频率确定下来了，这个泊松过程就有了确定的参数 λ。于是，意外事件发生的次数 $N(t)$ 所服从的泊松分布就可以解释为给定 $\Lambda = \lambda$ 时，$N(t)$ 的条件分布。

知识讲解

条件泊松过程的概念及性质

定义 4.7

设随机变量 $\Lambda > 0$，在 $\Lambda = \lambda$ 的条件下，计数过程 $\{N(t),\ t \geqslant 0\}$ 是速率为 λ 的泊松过程，则称 $\{N(t),\ t \geqslant 0\}$ 为条件泊松过程（conditional Poisson process），也称混合泊松过程（mixed Poisson process）。

需要说明的是，条件泊松过程也称考克斯过程[1]（Cox process）或双随机泊松过程[2]

[1]Cox, D. R. "Some Statistical Methods Connected with Series of Events"[J]. *Journal of the Royal Statistical Society. Series B: Methodological*, 1955, 17(2):129–164.

[2]Serfozo, R. "Conditional Poisson Processes"[J]. *Journal of Applied Probability*, 1972, 9(2): 288–302.

（doubly stochastic Poisson process），可以看作强度 $\lambda(t)$ 为随机变量的非齐次泊松过程，其中包含了强度 $\lambda(t)$ 与计数 $N(t)$ 两个随机源。

定理 4.15

假设随机变量 Λ 的分布函数为 $G(\cdot)$，对应的密度函数为 $g(\cdot)$，则事件在任意时间区间 t 内发生 n 次的概率为：

$$\begin{aligned} \mathbb{P}[N(t+s) - N(s) = n] &= \int_0^\infty \mathrm{e}^{-\lambda t} \frac{(\lambda t)^n}{n!} \,\mathrm{d}G(\lambda) \\ &= \int_0^\infty \mathrm{e}^{-\lambda t} \frac{(\lambda t)^n}{n!} g(\lambda) \,\mathrm{d}\lambda \end{aligned}, \qquad \forall s$$

证明： 根据全概率公式，可得：

$$\begin{aligned} \mathbb{P}[N(t+s) - N(s) = n] &= \sum_{\lambda > 0} \mathbb{P}[N(t+s) - N(s) = n | \Lambda = \lambda] \cdot \mathbb{P}(\Lambda = \lambda) \\ &= \int_0^\infty \mathbb{P}[N(t+s) - N(s) = n | \Lambda = \lambda] \cdot \mathrm{d}G(\lambda) \\ &= \int_0^\infty \mathrm{e}^{-\lambda t} \frac{(\lambda t)^n}{n!} \,\mathrm{d}G(\lambda) \\ &= \int_0^\infty \mathrm{e}^{-\lambda t} \frac{(\lambda t)^n}{n!} g(\lambda) \,\mathrm{d}\lambda \end{aligned}$$

例 4.11 假设条件泊松过程 $N(t)$ 的速率 λ 满足参数为 m 和 θ 的 Gamma 分布，其概率密度函数为：

$$g(\lambda) = \theta \mathrm{e}^{-\theta \lambda} \frac{(\theta \lambda)^{m-1}}{(m-1)!}, \qquad \lambda > 0$$

求 $\mathbb{P}[N(t) = n]$。

解答：

$$\begin{aligned} \mathbb{P}[N(t) = n] &= \int_0^\infty \mathrm{e}^{-\lambda t} \frac{(\lambda t)^n}{n!} \cdot g(\lambda) \,\mathrm{d}\lambda \\ &= \int_0^\infty \mathrm{e}^{-\lambda t} \frac{(\lambda t)^n}{n!} \cdot \theta \mathrm{e}^{-\theta \lambda} \frac{(\theta \lambda)^{m-1}}{(m-1)!} \,\mathrm{d}\lambda \\ &= \frac{t^n \theta^m}{n!(m-1)!} \int_0^\infty \mathrm{e}^{-(t+\theta)\lambda} \lambda^{n+m-1} \,\mathrm{d}\lambda \end{aligned}$$

接下来，将上式积分中的内容凑成 Gamma 分布的密度函数形式，可得：

$$\mathbb{P}[N(t)=n] = \frac{t^n\theta^m(n+m-1)!}{n!(m-1)!(t+\theta)^{n+m}} \int_0^\infty (t+\theta)\mathrm{e}^{-(t+\theta)\lambda} \frac{[(t+\theta)\lambda]^{n+m-1}}{(n+m-1)!} \,\mathrm{d}\lambda$$

$$= \frac{(n+m-1)!}{n!(m-1)!} \cdot \frac{t^n\theta^m}{(t+\theta)^{m+n}}$$

$$= \binom{n+m-1}{n} \left(\frac{\theta}{t+\theta}\right)^m \left(\frac{t}{t+\theta}\right)^n$$

$$= \binom{n+m-1}{n} p^m q^n$$

由此可见，条件泊松过程 $N(t)$ 服从的概率分布并非泊松分布。本题当中 $N(t)$ 服从负二项分布（negative binomial distribution），其对应的是在第 m 次成功之前，失败的次数为 n 的概率，其中试验成功的概率为 $p = \dfrac{\theta}{t+\theta}$，试验失败的概率为 $q = \dfrac{t}{t+\theta}$。

定理 4.16

设 $\{N(t),\ t \geqslant 0\}$ 是条件泊松过程，并且关于速率的随机变量 Λ 满足 $\mathbb{E}(\Lambda^2) < \infty$，那么
(1) $\mathbb{E}[N(t)] = t\mathbb{E}(\Lambda)$；
(2) $\mathrm{Var}[N(t)] = t^2\mathrm{Var}(\Lambda) + t\mathbb{E}(\Lambda)$。

证明： 记随机变量 Λ 的密度函数为 $g(\cdot)$，则有：

$$\mathbb{E}[N(t)] = \sum_{\lambda>0} \mathbb{E}[N(t)|\Lambda=\lambda] \cdot \mathbb{P}(\Lambda=\lambda)$$

$$= \int_0^\infty \lambda t \cdot g(\lambda)\,\mathrm{d}\lambda$$

$$= t \int_0^\infty \lambda g(\lambda)\,\mathrm{d}\lambda = t\mathbb{E}(\Lambda)$$

知识讲解

条件泊松过程的
性质

上式中，在 $\Lambda = \lambda$ 的条件下，$N(t)$ 是速率为 λ 的泊松过程，因此 $\mathbb{E}[N(t)|\Lambda=\lambda] = \lambda t$，相应地，$\mathbb{E}\left[N^2(t)|\Lambda=\lambda\right] = (\lambda t)^2 + \lambda t$。因此，有：

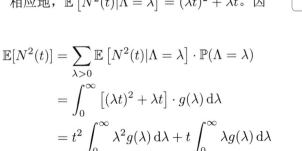

$$\mathbb{E}[N^2(t)] = \sum_{\lambda>0} \mathbb{E}\left[N^2(t)|\Lambda=\lambda\right] \cdot \mathbb{P}(\Lambda=\lambda)$$

$$= \int_0^\infty \left[(\lambda t)^2 + \lambda t\right] \cdot g(\lambda)\,\mathrm{d}\lambda$$

$$= t^2 \int_0^\infty \lambda^2 g(\lambda)\,\mathrm{d}\lambda + t \int_0^\infty \lambda g(\lambda)\,\mathrm{d}\lambda$$

$$= t^2\mathbb{E}(\Lambda^2) + t\mathbb{E}(\Lambda)$$

根据方差恒等式,可得:

$$
\begin{aligned}
\mathrm{Var}[N(t)] &= \mathbb{E}[N^2(t)] - \{\mathbb{E}[N(t)]\}^2 \\
&= t^2\mathbb{E}(\Lambda^2) + t\mathbb{E}(\Lambda) - [t\mathbb{E}(\Lambda)]^2 \\
&= t^2\left\{\mathbb{E}(\Lambda^2) - [\mathbb{E}(\Lambda)]^2\right\} + t\mathbb{E}(\Lambda) \\
&= t^2\mathrm{Var}(\Lambda) + t\mathbb{E}(\Lambda)
\end{aligned}
$$

例 4.12 对于条件泊松过程 $N(t)$,其速率为连续型随机变量 L,记 $m_1 = \mathbb{E}(L)$, $m_2 = \mathbb{E}(L^2)$,求 $\mathrm{Cov}[N(s), N(t)]$ $(s \leqslant t)$。

解答: 记 $f_L(\lambda)$ 是随机变量 L 的概率密度函数。由于 $\mathrm{Cov}[N(s), N(t)] = \mathbb{E}[N(s)N(t)] - \mathbb{E}[N(s)] \cdot \mathbb{E}[N(t)]$,根据定理 4.16 可知:

$$
\mathbb{E}[N(s)] = s\mathbb{E}(L) = sm_1, \qquad \mathbb{E}[N(t)] = t\mathbb{E}(L) = tm_1
$$

接下来计算 $\mathbb{E}[N(s)N(t)]$。

$$
\begin{aligned}
\mathbb{E}[N(s)N(t)] &= \sum_{L>0} \mathbb{E}[N(s)N(t)|L=\lambda] \cdot \mathbb{P}(L=\lambda) \\
&= \int_0^\infty \mathbb{E}[N(s)N(t)|L=\lambda] \cdot f_L(\lambda)\,\mathrm{d}\lambda
\end{aligned}
$$

其中,

$$
\begin{aligned}
\mathbb{E}[N(s)N(t)|L=\lambda] &= \mathbb{E}\big\{N(s)[N(t) - N(s) + N(s)]|L=\lambda\big\} \\
&= \mathbb{E}[N^2(s)|L=\lambda] + \mathbb{E}[N(s)|L=\lambda] \cdot \mathbb{E}[N(t) - N(s)|L=\lambda] \\
&= [\lambda s + (\lambda s)^2] + \lambda s \cdot [\lambda(t-s)] \\
&= \lambda s + \lambda^2 st
\end{aligned}
$$

将上面的结果代回 $\mathbb{E}[N(s)N(t)]$ 的计算公式,可得:

$$
\begin{aligned}
\mathbb{E}[N(s)N(t)] &= \int_0^\infty (\lambda s + \lambda^2 st) f_L(\lambda)\,\mathrm{d}\lambda \\
&= s\int_0^\infty \lambda f_L(\lambda)\,\mathrm{d}\lambda + st\int_0^\infty \lambda^2 f_L(\lambda)\,\mathrm{d}\lambda \\
&= s\mathbb{E}(L) + st\mathbb{E}(L^2) = sm_1 + stm_2
\end{aligned}
$$

最终可得:

$$
\mathrm{Cov}[N(s), N(t)] = sm_1 + stm_2 - sm_1 \cdot tm_1 = sm_1 + stm_2 - stm_1^2
$$

四、关于泊松过程的评注

虽然复合泊松过程可以较好地反映股价的跳跃,但是其假设两次跳跃之间是独立的,这与金融市场的实际情况存在矛盾,特别是在市场面临巨大风险的情况下,往往会出现资产价格跳跃聚集的现象。此时可以采用其他计数过程对这样的现象加以刻画，其中最为有名的便是霍克斯过程（Hawkes process），该过程将计数过程中的强度 λ 设定为随机变量，改进了强度函数是确定性函数的设定。由于霍克斯过程具有自激励（self-exciting）和互激励（mutual-exciting）的特征，可以反映历史事件对于未来事件发生的激励作用，因而于 20 世纪 70 年代被用于地震余震的相关研究。目前霍克斯过程在金融中主要用于对金融高频数据的分析和预测，以及对金融风险事件的相关研究。霍克斯 (2018)[1] 对霍克斯过程在金融中的应用进行了简要的综述，感兴趣的同学可以了解该过程。

另外，对于计数过程而言，泊松过程只是其中的一个特例。更为一般化的则是更新过程（renewal process），它是事件发生的时间间隔满足任意一般分布的计数过程。对它的研究需要使用大数定律等相关知识，具体内容见本书第六章。

本章附录

泊松过程第二种定义方式的证明[2]

已知 t 时刻前的计数为 n，即 $N(t) = n$，假设在很短的时间段 $[t, t + \Delta t]$ 内有以下概率：

$$\mathbb{P}[N(t + \Delta t) = n] = 1 - \lambda \Delta t + O(\Delta t)$$

$$\mathbb{P}[N(t + \Delta t) = n + 1] = \lambda \Delta t + O(\Delta t)$$

$$\mathbb{P}[N(t + \Delta t) \geqslant n + 2] = O(\Delta t)$$

证明 $N(t)$ 是比率为 λ 的泊松过程，即 $N(t) \sim \text{Poi}(\lambda t)$。

证明： 记 $p_n(t) = \mathbb{P}[N(t) = n]$，即 t 时刻计数为 n 的概率，于是有：

$$p_n'(t) = \lim_{\Delta t \to 0} \frac{p_n(t + \Delta t) - p_n(t)}{\Delta t}$$

注意到，

$$\begin{aligned}
\mathbb{P}[N(t + \Delta t) = n] &= \mathbb{P}[N(t) = n] \cdot \mathbb{P}[N(t + \Delta t) = n | N(t) = n] \\
&\quad + \mathbb{P}[N(t) = n - 1] \cdot \mathbb{P}[N(t + \Delta t) = n | N(t) = n - 1] \\
&\quad + \mathbb{P}[N(t) \leqslant n - 2] \cdot \mathbb{P}[N(t + \Delta t) = n | N(t) \leqslant n - 2]
\end{aligned}$$

因此，

$$p_n(t + \Delta t) = p_n(t)(1 - \lambda \Delta t) + p_{n-1}(t) \lambda \Delta t + O(\Delta t)$$

对上式进行整理，可得：

$$\frac{p_n(t + \Delta t) - p_n(t)}{\Delta t} = -\lambda [p_n(t) - p_{n-1}(t)] + \frac{O(\Delta t)}{\Delta t}$$

---

[1] Hawkes A. G. "Hawkes Processes and Their Applications to Finance: A Review"[J]. *Quantitative Finance*, 2018, 18(2): 193--198.

[2] 说明：本部分内容的数学推导涉及微分方程求解的相关知识，仅供感兴趣的学生自学。

当 $\Delta t \to 0$ 时，上式变为：

$$p_n'(t) = -\lambda\left[p_n(t) - p_{n-1}(t)\right], \qquad n \geqslant 1$$

(1) 当 $n = 0$ 时，上面的微分方程变为：

$$p_0'(t) = -\lambda p_0(t)$$

上式的通解为：

$$p_0(t) = C\mathrm{e}^{-\lambda t}$$

其中 C 是任意常数。

同时注意到，$p_0(0) = \mathbb{P}[N(0) = 0] = 1$，即 0 时刻计数必然为零。因此，将其代入通解可得：

$$C = 1$$

最终可得：

$$p_0(t) = \mathrm{e}^{-\lambda t}$$

(2) 当 $n = 1$ 时，

$$p_1'(t) = -\lambda p_1(t) + \lambda p_0(t) \quad \Rightarrow \quad p_1'(t) + \lambda p_1(t) = \lambda p_0(t)$$

等式两端同乘以 $\mathrm{e}^{\lambda t}$，并且利用 $p_0(t) = \mathrm{e}^{-\lambda t}$，可得：

$$\mathrm{e}^{\lambda t}p_1'(t) + \lambda\mathrm{e}^{\lambda t}p_1(t) = \lambda \quad \Rightarrow \quad \frac{\mathrm{d}\left[\mathrm{e}^{\lambda t}p_1(t)\right]}{\mathrm{d}t} = \lambda$$

因此，

$$\mathrm{e}^{\lambda t}p_1(t) = \lambda t + C$$

结合边界条件 $p_1(0) = 0$，可得：

$$C = 0$$

所以，

$$p_1(t) = \lambda t\mathrm{e}^{-\lambda t} = \frac{(\lambda t)^1}{1!}\mathrm{e}^{-\lambda t}$$

(3) 当 $n = 2$ 时，

$$p_2'(t) = -\lambda p_2(t) + \lambda p_1(t) \quad \Rightarrow \quad p_2'(t) + \lambda p_2(t) = \lambda p_1(t)$$

等式两端同乘以 $\mathrm{e}^{\lambda t}$，并且利用 $p_1(t) = \lambda t\mathrm{e}^{-\lambda t}$，可得：

$$\mathrm{e}^{\lambda t}p_2'(t) + \lambda\mathrm{e}^{\lambda t}p_2(t) = \lambda^2 t \quad \Rightarrow \quad \frac{\mathrm{d}\left[\mathrm{e}^{\lambda t}p_2(t)\right]}{\mathrm{d}t} = \lambda^2 t$$

因此，

$$\mathrm{e}^{\lambda t}p_1(t) = \frac{1}{2}\lambda^2 t^2 + C$$

结合边界条件 $p_2(0) = 0$，可得：

$$C = 0$$

所以，

$$p_2(t) = \frac{(\lambda t)^2}{2} e^{-\lambda t} = \frac{(\lambda t)^2}{2!} e^{-\lambda t}$$

通过归纳，最终可得：

$$\mathbb{P}[N(t) = n] = p_n(t) = \frac{(\lambda t)^n}{n!} e^{-\lambda t}$$

本章习题

1. 假设维修一台机器的时间可用一个服从均值为 2 的指数分布的随机变量来描述。请问：

   (a) 维修机器花费的时间在 2 小时以上的概率是多少？

   (b) 在已知维修机器要花费 3 小时以上的条件下，花费的时间超过 5 小时的概率是多少？

2. 一台收音机的寿命服从均值为 5 年的指数分布，如果购买一台已经使用了 7 年的收音机，那么它还能继续工作 3 年的概率是多少？

3. 三个人钓鱼，每个人钓到的鱼的条数服从速率为每小时 2 条的指数分布。求直到每个人都至少钓到一条鱼需要等待多长时间。

4. A 和 B 同时进入一家美容院，A 要修指甲，而 B 要理发。假定修指甲（理发）的时间服从均值为 20（30）分钟的指数分布。请问：

   (a) A 先修完指甲的概率是多少？

   (b) 直到 A 和 B 都完成要花费的时间的期望是多少？

5. 考虑一家有两名柜员的银行。A、B 和 C 三个人按顺序几乎同一时间进入银行，A 和 B 直接到服务窗口，而 C 等待第一个空闲的柜员，假设银行为每一名顾客服务的时间都服从均值为 4 分钟的指数分布。请问：

   (a) C 完成他的业务所需总时间的期望是多少？

   (b) 直到三个顾客都离开所需总时间的期望是多少？

   (c) C 最后一个离开的概率是多少？

6. 一艘潜水艇有三个航行设备，但只要其中至少两个正常工作，潜水艇就仍然可以待在海里。假设三个航行设备损坏的时间分别服从均值为 1 年、1.5 年和 3 年的指数分布，那么潜水艇可以在海里平均待多长时间？

7. 一位教授开始办公时，Ron、Sue 和 Ted 到达其办公室，他们在办公室的时间服从均值分别为 1、1/2、1/3 小时的指数分布。请问：

   (a) 直到仅有 1 名学生留在办公室所需时间的期望是多少？

   (b) 对每一位学生，其是最后一位离开的概率是多少？

   (c) 直到三位学生都离开办公室所需时间的期望是多少？

8. 100 个产品同时做寿命检验。假设各个产品的寿命是独立的，且均服从均值为 200 小时的指数分布。当总共有 5 个产品失效时，检验就停止。假设 T 是检验停止的时间。

求 T 的均值和方差。

9. 每个进入系统的顾客必须首先接受服务线 1 的服务，然后接受服务线 2 的服务，最后接受服务线 3 的服务。由服务线 i 服务的时间服从速率为 $\mu_i(i=1,2,3)$ 的指数分布。假设你进入系统时，只有一位顾客，而且他正在接受服务线 3 的服务。请问：

(a) 你转到服务线 2 时，服务线 3 仍在忙的概率是多少？

(b) 你转到服务线 3 时，服务线 3 仍在忙的概率是多少？

(c) 你在系统中的期望时间（只要你遇到一条忙的服务线，就必须等到当前服务结束）是多少？

(d) 如果你进入系统时发现系统中有一位顾客，而且他正在接受服务线 2 的服务，那么你在系统中的期望时间是多少？

10. 在一家五金店，你必须首先到 1 号服务员处拿到你的商品，然后付款给 2 号服务员，假定这两项活动的时间都服从指数分布，均值分别为 6 分钟和 3 分钟。

(a) 假设当 B 到达商店时，1 号服务员正在接待 A 而 2 号服务员空闲，那么 B 拿到商品并且完成付款花费的平均时间是多少？

(b) 当这两项活动的时间分别服从速率为 λ 和 μ 的指数分布时，求解上述问题。

11. 一台机器有两个重要的精密部件，它们易遭受三种不同类型的冲击，冲击 i 的发生次数是速率为 λ_i 的泊松过程，冲击 1 会损坏部件 1，冲击 2 会损坏部件 2，冲击 3 可使得部件 1 和 2 同时损坏，令 U 和 V 分别表示两部件损坏的时刻。

(a) 求 $\mathbb{P}(U>s, V>t)$；

(b) 求 U 和 V 的分布；

(c) U 和 V 独立吗？

12. 当 $n=20, p=0.1$ 且仅有 1 次成功时，求比较精确的二项分布概率值与泊松分布近似值。

13. 当 (a) $n=10, p=0.1$；(b) $n=50, p=0.02$，且没有一次成功时，求比较精确的二项分布概率值与泊松分布近似值。

14. 扑克牌游戏中，拿到三张相同点数的牌的概率近似是 1/50。运用泊松分布来近似估计，如果你玩 20 局，至少有一次拿到三张相同点数的牌的概率。

15. 假定某品牌的灯泡次品率是 1%。在装有 25 个灯泡的产品中，运用泊松分布来近似计算最多有一个次品的概率。

16. 假定 $N(t)$ 是速率为 3 的泊松过程，令 T_n 表示第 n 个到达的时刻，求：

(a) $\mathbb{E}(T_{12})$；

(b) $\mathbb{E}[T_{12}|N(2)=5]$；

(c) $\mathbb{E}[N(5)|N(2)=5]$。

17. 到达某航运办公室的客户数是速率为每小时 3 人的泊松过程。

(a) 早上 8 点应该开始办公，但是职员小王睡过了头，早上 10 点才到办公室，在这两个小时期间没有客户到达的概率是多少？

(b) 直到他的第一个客户到达，小王需要等待的时间服从什么分布？

18. 假设某接听呼叫的服务台每小时接听到的呼叫数是一个速率为 4 的泊松过程。

(a) 在第一个小时内呼叫数少于 2 个的概率是多少？

(b) 假定在第一个小时内有 6 个呼叫，求在第三个小时呼叫数少于 2 个的概率。

(c) 假定服务台的话务员接听 10 个呼叫后需要休息一下，那么她的平均工作时间是多久？

19. 假设每小时到达只有一个话务员的服务台的呼叫数是参数 $\lambda = 4$ 的泊松过程。

(a) 求在第一个小时内有不超过两个呼叫到达的概率。

(b) 假设在第一个小时内有 6 个呼叫到达，求在第二个小时内至少有两个呼叫到达的概率。

(c) 假设话务员在有 15 个呼叫到达之后才去吃午饭，那么他需要等待的时间的期望值为多少？

(d) 假设已知在前 2 个小时内有 8 个呼叫到达了，求此条件下在第一个小时内有 5 个呼叫到达的概率。

(e) 假设已知在前 4 个小时内有 k 个呼叫到达，求此条件下在第一个小时内有 j 个呼叫到达的概率。

20. 设 X_t, Y_t 是速率参数分别为 λ_1, λ_2 的两个相互独立的泊松过程，且分别代表到达商场 1 和商场 2 的顾客数。

(a) 在没有顾客到达商场 2 的条件下，求有一个顾客到达商场 1 的概率。

(b) 在第一个小时内，两个商场的顾客数为 4 的概率是多少？

(c) 已知两个商场的顾客数为 4，求这 4 个顾客都在商场 1 的概率。

(d) 令 T 为首个进入商场 2 的顾客的到达时刻，X_T 是 T 时刻商场 1 的顾客数。求 X_T 的概率分布 [即对任意 k，求 $\mathbb{P}(X_T = k)$]。

21. 假设 $N(t)$ 是一个速率为 2 的泊松过程，计算以下条件概率：

(a) $\mathbb{P}[N(3) = 4 | N(1) = 1]$;

(b) $\mathbb{P}[N(1) = 1 | N(3) = 4]$。

22. 到达一家银行的顾客数是一个速率为每小时 10 人的泊松过程，已知在前 5 分钟内有 2 名顾客到达。请问：

(a) 这 2 名顾客都是在前 2 分钟内到达的概率是多少？

(b) 至少有 1 名顾客是在前 2 分钟内到达的概率是多少？

23. 事件按速率为每小时 $\lambda = 2$ 的泊松过程发生。请问：

(a) 在晚上 8 点到 9 点没有事件发生的概率是多少？

(b) 从正午开始，到第四个事件发生的期望时间是多少？

(c) 在下午 6 点到下午 8 点有两个或两个以上事件发生的概率是多少？

24. 小李捉到的鲤鱼数服从一个速率为每小时 3 条的泊松过程。假定鲤鱼的平均重量为 4 千克，标准差是 2 千克。
求他在两个小时内捉到的鲤鱼总重量的均值和标准差。

25. 顾客按照速率为每小时 λ 位的泊松过程到达。王老板不想一直待到晚上 10 点（$T = 10$）的时候才打烊，所以他决定在 $T - s$ 之后第一个顾客到达时打烊。他想早些离开但又不想损失任何生意，所以如果他在 T 之前离开，并且在离开之后没有顾客到达，那么他会很高兴。请问：

(a) 他达到目标的概率是多少？

(b) s 的最优值和相对应的成功概率是多少？

26. 一家保险公司的赔付数是一个速率为每周 4 单的泊松过程。将"千元"简记为 K，假设每张保险单的赔付金额均值为 10K，标准差为 6K。求 4 周赔付的总金额的均值和标准差。

27. 到达一个自动柜员机的顾客数是一个速率为每小时 10 名的泊松过程。假设每一笔交易取出的现金均值为 30 元，标准差为 20 元。求 8 小时中取出的总现金数的均值和标准差。

28. 某条路上的车流量服从一个速率为每分钟 2/3 辆车的泊松过程，10% 的车辆为卡车，其余 90% 的车为汽车。请问：

    (a) 一小时内至少有一辆卡车通过的概率是多少？

    (b) 已知在一小时内已经有 10 辆卡车通过的条件下，已经通过的车辆总数的期望是多少？

    (c) 已知在一小时内已经有 50 辆车通过的条件下，通过的车辆恰好为 5 辆卡车和 45 辆汽车的概率是多少？

29. 一位值夜班的女警开的罚单数是一个均值为每小时 6 张的泊松过程，2/3 的罚单是因为超速行驶，罚款 100 元；1/3 的罚单是因为酒后驾驶，罚款 400 元，请问：

    (a) 女警一个小时开的罚单的总罚款额的均值和标准差各是多少？

    (b) 在凌晨 2 点和 3 点之间，她开出 5 张超速行驶罚单和 1 张酒后驾驶罚单的概率是多少？

    (c) 以 A 表示她在凌晨 1 点和 1 点半之间没有开罚单这一事件，N 表示她在凌晨 1 点和 2 点之间开出的罚单张数，则 $\mathbb{P}(A)$ 和 $\mathbb{P}(A|N=5)$ 哪个大？（不仅要判断哪个概率较大，而且要计算出这两个概率值。）

30. 某售货亭上午 8 点开始营业。从上午 8 点到上午 11 点有一个稳定增长的顾客平均到达率：在 8 点以每小时 5 个顾客的速率开始，在 11 点达到每小时 20 个顾客的最大值。从上午 11 点到下午 1 点顾客平均到达率基本上保持不变，即每小时 20 个顾客。从下午 1 点直到下午 5 点关门，顾客平均到达率稳定地下降，下午 5 点的值是每小时 12 个顾客。假定到达售货亭的顾客数在不相交的时间段是独立的。请问：

    (a) 上午 8 点半到上午 9 点半没有顾客到达的概率是多少？

    (b) 在这个时间段中的平均到达人数是多少？

31. T 表示相继的两趟列车之间的等待时间，它服从 $(1,2)$ 上的均匀分布。乘客按照速率为每小时 24 位的泊松过程到达火车站。令 X 表示乘上某火车的乘客数，求 X 的均值和方差。

    提示：可以使用条件期望的性质进行求解。

32. 小王和小李准备对他们的公寓进行大扫除，小王打扫厨房，需花费的时间服从一个均值为 30 分钟的指数分布，小李打扫浴室，需花费的时间服从一个均值为 40 分钟的指数分布。第一个完成任务的将到外边清理树叶，完成此工作需花费的时间服从均值为 1 小时的指数分布，当第二个人完成室内大扫除工作后，他们将相互帮助，共同清理树叶，速率是之前的两倍。（在一个人的家务活完成时，另外一人可能已经清理完树叶。）

    求所有的家务活都完成需花费的时间的期望。

33. $\{N(t),\ t \geqslant 0\}$ 是速率为 λ 的泊松过程，其与均值为 μ、方差为 σ^2 的非负随机变量 T 相互独立。

    求 $\mathrm{Cov}[T, N(T)]$ 和 $\mathrm{Var}[N(T)]$。

34. $\{N(t),\ t \geqslant 0\}$ 是速率为 λ 的泊松过程，其与均值为 μ、方差为 σ^2 的随机变量序列 $X_1, X_2, \ldots$ 相互独立。记 $Y(t) = \displaystyle\sum_{i=1}^{N(t)} X_i$。

    求 $\mathrm{Cov}\,[N(t), Y(t)]$。

35. 某森林公路上的车流量服从一个速率为每分钟 6 辆汽车的泊松过程，一只鹿从森林中跑出来，试图横穿马路。如果在接下来的 5 秒中有一辆车经过，那么将会发生车祸。

    (a) 求发生车祸的概率。

    (b) 如果鹿横穿马路仅需要 2 秒钟，那么发生车祸的概率是多少？

第五章 连续时间马氏链

本章将介绍一类特殊的随机过程——连续时间马氏链（continuous-time Markov chain）。从名称中不难看出，此类随机过程的时间是连续的。通过本章的学习，我们可以认识到：前面所介绍的泊松过程、生灭链等，均可以看作时间连续、状态离散的连续时间马氏链的特例。这类随机过程在信号处理、排队论等领域有着广泛的用途。

第一节 定义和例子

一、连续时间马氏链的概念

> **定义 5.1**
>
> 对于任意状态 $i, j, i_0, \ldots, i_n$ 以及任意时间 $0 \leqslant s_0 < s_1 < \cdots < s_n < s$，有：
>
> $$\mathbb{P}(X_{t+s} = j | X_s = i, X_{s_n} = i_n, \ldots, X_{s_0} = i_0) = \mathbb{P}(X_{t+s} = j | X_s = i)$$
> $$= \mathbb{P}(X_t = j | X_0 = i)$$
>
> 满足上式的就是连续时间马氏链。从上式不难看出，从时刻 s 的状态 i 到时刻 $(t+s)$ 的状态 j 的概率，只依赖于时间间隔 t，而与起始时间 s 无关。

这里需要特别注意连续时间马氏链与离散时间马氏链的区别。在离散时间马氏链中，时间和状态均是离散的。从状态 i 一步转移到状态 j 的概率记作 $p(i, j)$，即：

$$p(i, j) = \mathbb{P}(X_{t+1} = j | X_t = i)$$

而在连续时间马氏链中，时间是连续的，状态是离散的。

为了便于区分，离散时间马氏链经过 n 步，从状态 i 转移到状态 j 的概率记作 $p^n(i, j)$（注意：n 是以上标形式体现），即：

$$p^n(i, j) = \mathbb{P}(X_{t+n} = j | X_t = i) = \mathbb{P}(X_n = j | X_0 = i), \qquad n, t \in \mathbb{Z}$$

而在连续时间马氏链中，在 $h > 0$ 的时间段，从状态 i 转移到状态 j 的概率记作 $p_h(i, j)$

知识讲解

连续时间马氏链
的概念及性质

（注意：h 是以下标形式体现），即：

$$p_h(i,j) = \mathbb{P}(X_{t+h} = j | X_t = i) = \mathbb{P}(X_h = j | X_0 = i), \qquad h, t \in \mathbb{R}^+$$

仍然假设此处的连续时间马氏链具有时间齐次性。

二、连续时间马氏链的性质

与离散时间马氏链类似，连续时间马氏链也有 C-K 方程，只是相应的时间由离散的变为连续的。

> **定理 5.1**
>
> 连续时间马氏链的 C-K 方程如下：
>
> $$\sum_k p_s(i,k) p_t(k,j) = p_{s+t}(i,j)$$

连续时间马氏链的 C-K 方程图示见图 5.1。

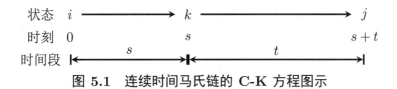

图 5.1 连续时间马氏链的 C-K 方程图示

证明：利用马氏性和时齐性，可得：

$$
\begin{aligned}
p_{s+t}(i,j) &= \mathbb{P}(X_{s+t} = j | X_0 = i) \\
&= \sum_k \mathbb{P}(X_{s+t} = j | X_s = k, X_0 = i) \cdot \mathbb{P}(X_s = k | X_0 = i) \\
&= \sum_k \mathbb{P}(X_{s+t} = j | X_s = k) \cdot \mathbb{P}(X_s = k | X_0 = i) \\
&= \sum_k \mathbb{P}(X_t = j | X_0 = k) \cdot \mathbb{P}(X_s = k | X_0 = i) \\
&= \sum_k p_t(k,j) \cdot p_s(i,k)
\end{aligned}
$$

与离散时间马氏链类似，由连续时间马氏链的 C-K 方程也可以得到如下不等式：

$$p_{s+t}(i,j) \geqslant p_s(i,k) \cdot p_t(k,j), \qquad \forall k \tag{5.1}$$

> **定理 5.2**
>
> 假设 T_i 是连续时间马氏链停留在状态 i 的时长，则 T_i 服从指数分布。

证明：令 $m, n \geqslant 0$，则连续时间马氏链停留在状态 i 的时长大于 m 这一事件，等价于在 $[0, m]$ 时间段内，状态均停留在 i 处，即：

$$\{T_i > m\} = \{X_t = i,\ 0 \leqslant t \leqslant m\}$$

又因为 $\{T_i > m + n\}$ 意味着 $\{T_i > m\}$，因此，

$$
\begin{aligned}
\mathbb{P}(T_i > m + n) &= \mathbb{P}(T_i > m + n,\ T_i > m) \\
&= \mathbb{P}(T_i > m + n | T_i > m) \cdot \mathbb{P}(T_i > m) \\
&= \mathbb{P}(T_i > m + n | X_t = i,\ 0 \leqslant t \leqslant m) \cdot \mathbb{P}(T_i > m) \\
&= \mathbb{P}(T_i > m + n | X_m = i) \cdot \mathbb{P}(T_i > m) \\
&= \mathbb{P}(T_i > n) \cdot \mathbb{P}(T_i > m)
\end{aligned}
$$

由此可得：

$$\mathbb{P}(T_i > m + n,\ T_i > m) = \mathbb{P}(T_i > n) \cdot \mathbb{P}(T_i > m)$$

$$\frac{\mathbb{P}(T_i > m + n,\ T_i > m)}{\mathbb{P}(T_i > m)} = \mathbb{P}(T_i > n)$$

$$\mathbb{P}(T_i > m + n | T_i > m) = \mathbb{P}(T_i > n)$$

不难看出，T_i 具有无记忆性，而在连续型随机变量的概率分布当中，唯一具有无记忆性的就是指数分布。因此，T_i 服从指数分布。

定理 5.3

对于连续时间马氏链，若对于某个 $t > 0$，有 $p_t(i, j) > 0$，则对任意 $s > 0$，均有 $p_{t+s}(i, j) > 0$。

证明：根据 C-K 方程得到的不等式可得：

$$p_{t+s}(i, j) \geqslant p_t(i, j) \cdot p_s(j, j) > 0$$

其中，$p_s(j, j) \geqslant \mathbb{P}(T_j \geqslant s) = \exp(-\lambda_j s) > 0$（停留在状态 j 的时长 T_j 服从指数分布）。因此，若 $p_t(i, j) > 0$，则对任意 s，均有 $p_{t+s}(i, j) > 0$。

根据上面的结论不难看出，由于对任意状态 j，$p_s(j, j) > 0,\ \forall s$，因此连续时间马氏链中的所有状态均是非周期的，故无须考虑周期性。

三、转移速率

当 $h \to 0$ 时，引入转移速率 $q(i,j)$，即：

$$q(i,j) = \lim_{h \to 0} \frac{p_h(i,j)}{h} = \lim_{h \to 0} \frac{\mathbb{P}(X_{t+h} = j | X_t = i)}{h}$$

其中，$q(i,j)$ 表示从状态 i 跳到状态 j 的转移速率。

在连续时间马氏链中，除了要考虑某一时刻马氏链处于什么状态以外，还要关心它在离开这个状态之前会停留多长时间。前面已经证明了这个停留时间具有无记忆性，服从指数分布。

通常在连续时间下，通过转移速率[a]来描述系统更为简单。转移速率 $q(i,j)$ 具有如下性质：

(1) $q(i,i) \leqslant 0, \qquad i = 1, 2, \ldots, N$

(2) $q(i,j) \geqslant 0, i \neq j, \qquad i, j = 1, 2, \ldots, N$

(3) $\displaystyle\sum_{j=1}^{N} q(i,j) = 0, \qquad i = 1, 2, \ldots, N$

知识讲解

转移速率的概念
及性质

这里需要说明的是，状态间的转移是发生在状态空间 S 内，相应地，从状态 i 到状态空间中各状态 $j, j \in S$ 的转移概率之和为 1（概率的完备性），即：

---

[a]有些教科书中称其为无穷小生成元（infinitesimal generator）。

$$\sum_{j \in S} p_h(i,j) = 1$$

其中，$q(i,j)$ 可看成是转移概率 $p_h(i,j)$ 关于时间 h 的导数。由于上面的转移概率之和是常数 1，所以其对时间 h 的导数为 0，即：

$$\lim_{h \to 0} \left[\frac{1}{h} \sum_{j \in S} p_h(i,j) \right] = \sum_{j \in S} \left[\lim_{h \to 0} \frac{p_h(i,j)}{h} \right] = \sum_{j \in S} q(i,j) = 0$$

因此总的转移速率应当为零。这就如同一个封闭容器中水的总量不变，若水从 A 处流向 B 处的流速为 x，则意味着由 B 处流向 A 处的流速为 $-x$，流速之和仍然为零。

如果转移速率 $q(i,j)$ 对任意状态 j 均满足 $q(i,j) = 0$，则称状态 i 是吸收态。此时的转移速率均为零，对应到转移速率矩阵上，体现为状态 i 一行的元素取值均为零，说明马氏链将永远停留在状态 i 处。

对于 N 个状态的连续时间马氏链，其转移速率往往以矩阵形式表述如下：

$$\mathbf{Q} = \begin{bmatrix} q(1,1) & q(1,2) & \cdots & q(1,N) \\ q(2,1) & q(2,2) & \cdots & q(2,N) \\ \vdots & \vdots & & \vdots \\ q(N,1) & q(N,2) & \cdots & q(N,N) \end{bmatrix}$$

需要注意的是，由于转移速率矩阵每行元素之和等于零，因此该矩阵对角线上的元素 $q(i,i)$ 的绝对值应当等于该行其他元素之和，即：

$$|q(i,i)| = \sum_{k \neq i} q(i,k), \qquad \forall i$$

记 $q(i) = |q(i,i)| = -q(i,i)$，这里的 $q(i)$ 就是离开状态 i 的速率。

四、连续时间马氏链的例子

例 5.1 泊松过程。$N(t)$ 表示速率为 λ 的泊松过程到时刻 t 为止的到达数。对于任意时间段 h，到达数由 n 增加到 $(n+1)$ 的概率为：

$$\begin{aligned} p_h(n,n+1) &= \frac{(\lambda h)^1}{1!} \mathrm{e}^{-\lambda h} = \lambda h \mathrm{e}^{-\lambda h} \\ &= \lambda h \left[1 - \lambda h + \frac{1}{2}(\lambda h)^2 - \frac{1}{3!}(\lambda h)^3 + \cdots \right] \end{aligned}$$

> **知识讲解**
>
> 连续时间马氏链
> 的例子

因此，

$$\begin{aligned} q(n,n+1) &= \lim_{h \to 0} \frac{p_h(n,n+1)}{h} \\ &= \lim_{h \to 0} \lambda \left[1 - \lambda h + \frac{1}{2}(\lambda h)^2 - \frac{1}{3!}(\lambda h)^3 + \cdots \right] = \lambda \end{aligned}$$

在时间 h 内至少经历两步转移的概率为：

$$\begin{aligned} \mathbb{P}[N(t+h) \geqslant n+2 | N(t) = n] &= 1 - [p_h(n,n) + p_h(n,n+1)] \\ &= 1 - \left(\mathrm{e}^{-\lambda h} + \lambda h \mathrm{e}^{-\lambda h} \right) = 1 - (1 + \lambda h)\mathrm{e}^{-\lambda h} \\ &= 1 - (1 + \lambda h)\left[1 - \lambda h + \frac{1}{2}(\lambda h)^2 - \frac{1}{3!}(\lambda h)^3 + \cdots \right] \end{aligned}$$

因此，

$$\frac{\mathbb{P}[N(t+h) \geqslant n+2 | N(t) = n]}{h} = \frac{1}{2}\lambda^2 h - \frac{1}{3}\lambda^3 h^2 + \cdots$$

$$\lim_{h \to 0} \frac{\mathbb{P}[N(t+h) \geqslant n+2 | N(t) = n]}{h} = o(h)$$

从而

$$q(n,n+k) = 0, \qquad k \geqslant 2$$

因此，在到达发生的速率为 λ 的泊松过程中，到达数 $N(t)$ 由 n 增加到 $(n+1)$ 的速率为 λ，其余情形下超过两步的转移速率为 0，即：

$$\begin{cases} q(n, n+1) = \lambda, \\ q(n, n+k) = 0, \quad k \geqslant 2 \end{cases} \qquad \forall n \geqslant 0 \tag{5.2}$$

相应的转移速率矩阵 $\mathbf{Q}$ 如下：

$$\mathbf{Q} = \begin{bmatrix} -\lambda & \lambda & 0 & 0 & \cdots \\ 0 & -\lambda & \lambda & 0 & \cdots \\ 0 & 0 & -\lambda & \lambda & \cdots \\ 0 & 0 & 0 & -\lambda & \cdots \\ \vdots & \vdots & \vdots & \vdots & \ddots \end{bmatrix}$$

需要说明的是，泊松过程属于计数过程，因此 $m > n$ 时，$q(m, n) = 0$。

基于上面的分析，还可以得到对应的转移速率图（如图 5.2 所示）。

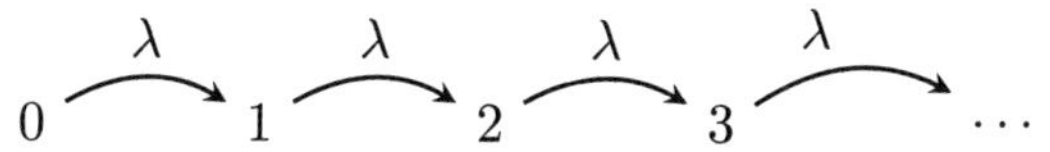

图 5.2 泊松过程的转移速率图

例 5.2 生灭过程。在状态空间为 $\{0, 1, 2, \ldots, N\}$ 的生灭过程（birth-and-death process）中，出生率为 λ_n，死亡率为 μ_n，因此有：

$$q(n, n+1) = \lambda_n, \qquad n = 0, 1, 2, \ldots, N-1$$
$$q(n, n-1) = \mu_n, \qquad n = 1, 2, \ldots, N$$

相应的转移速率矩阵 $\mathbf{Q}$ 如下：

$$\mathbf{Q} = \begin{bmatrix} -\lambda_0 & \lambda_0 & 0 & 0 & \cdots & 0 & 0 \\ \mu_1 & -(\lambda_1 + \mu_1) & \lambda_1 & 0 & \cdots & 0 & 0 \\ 0 & \mu_2 & -(\lambda_2 + \mu_2) & \lambda_2 & \cdots & 0 & 0 \\ \vdots & \vdots & \vdots & \vdots & \ddots & \vdots & \vdots \\ 0 & 0 & 0 & 0 & \mu_{N-1} & -(\lambda_{N-1} + \mu_{N-1}) & \lambda_{N-1} \\ 0 & 0 & 0 & 0 & \cdots & \mu_N & -\mu_N \end{bmatrix}$$

同样可以得到对应的转移速率图（如图 5.3 所示）。

例 5.3 纯生过程。当 $\mu = 0$ 时，生灭过程称为纯生过程（pure-birth process）。

$$q(n, n+1) = \lambda_n, \qquad n = 0, 1, 2, \ldots$$
$$q(n, n-1) = 0, \qquad n = 1, 2, \ldots$$

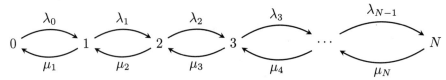

图 5.3　生灭过程的转移速率图

相应的转移速率矩阵 **Q** 如下：

$$
\mathbf{Q} = \begin{bmatrix} -\lambda_0 & \lambda_0 & 0 & 0 & \cdots \\ 0 & -\lambda_1 & \lambda_1 & 0 & \cdots \\ 0 & 0 & -\lambda_2 & \lambda_2 & \cdots \\ \vdots & \vdots & \vdots & \vdots & \ddots \end{bmatrix}
$$

对应的转移速率图如图 5.4 所示。

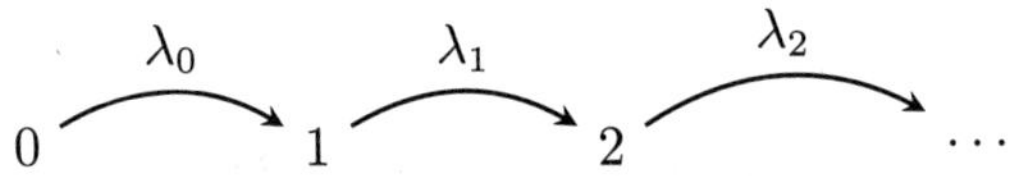

图 5.4　纯生过程的转移速率图

　　从纯生过程的转移速率图不难看出，泊松过程可看作转移速率不变（$\lambda_n = \lambda$）的纯生过程。

阅读材料：排队问题简介

　　我们在日常生活中经常会遇到排队问题，一般来说，一个排队系统主要涉及三个因素：

(1) 输入过程，它反映了进入排队系统的情况；

(2) 服务时间，它反映了进入排队系统的顾客接受服务并离开的情况；

(3) 服务窗口的个数，它反映了服务速率的快慢。

据此可以将以上三个因素简单地记为：

　　　　　　　　输入分布/服务时间/窗口个数

　　在排队问题中，通常用 G 表示分布是任意的（general），用 M 表示指数分布或泊松过程，用 D 表示时间间隔是常数。比如：$M/M/s$ 表示顾客按泊松过程到达，接受服务的时间是服从指数分布的随机变量，一共有 s 个服务窗口。

例 5.4　$M/M/s$ 排队系统。顾客按速率 λ 到达，柜台有 s 个服务窗口，对每个顾客的

服务时间相互独立且服从速率为 μ 的指数分布，因此，

$$q(n, n+1) = \lambda, \qquad n = 0, 1, 2, \ldots, s-1$$

$$q(n, n-1) = \begin{cases} n\mu, & 0 \leqslant n \leqslant s \\ s\mu, & n \geqslant s \end{cases}$$

即，当顾客数不多于服务窗口数 $(n \leqslant s)$ 时，他们都在接受服务，离开的速率为 $n\mu$；当顾客数不少于服务窗口数 $(n \geqslant s)$ 时，所有服务窗口都在工作，离开的速率为 $s\mu$。

离开速率的这一特点与指数分布的特征有关。在第四章中，我们知道，指数分布具有如下性质：对于独立同分布的随机变量 $\tau_1, \tau_2, \ldots, \tau_n \sim \mathcal{E}(\lambda)$，下式成立：

$$\tau = \min(\tau_1, \tau_2, \ldots, \tau_n) \sim \mathcal{E}(n\lambda)$$

因此，在有 n 位顾客正在接受服务的情况下，最先结束服务离开的时间就是 τ，相应的离开速率即 $n\lambda$。根据上面的分析，对应的转移速率图如图 5.5 所示。

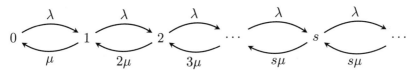

图 5.5 $M/M/s$ **排队系统的转移速率图**

从转移速率图中不难看出，$M/M/s$ 排队系统可看作生灭过程的特殊形式。

例 5.5 分支过程。假设每个个体死亡的速率为 μ；生育一个新个体的速率为 λ，则有：

$$q(n, n+1) = n\lambda, \qquad q(n, n-1) = n\mu$$

对应的转移速率图如图 5.6 所示。

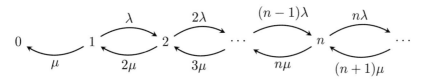

图 5.6 **分支过程的转移速率图**

需要说明的是，当 $\mu = 0$ 时，该过程也称为尤尔过程（Yule process）。

第二节　转移概率

上一节我们介绍了连续时间马氏链的转移速率，本节将基于转移速率，计算对应的转移概率。

一、柯尔莫哥洛夫向后方程

将 $[0, t+h]$ 拆分成 $[0, h]$ 和 $[h, t+h]$（如图 5.7 所示）：

状态　　　$i \longrightarrow k \longrightarrow j$

时刻　　　$0 \qquad h \qquad\qquad\qquad\qquad t+h$

时间段　　$\longmapsto h \longmapsto\qquad t \qquad\longmapsto$

图 5.7　时间段的拆分

$$
\begin{aligned}
p_{t+h}(i,j) - p_t(i,j) &= \left[\sum_k p_h(i,k) p_t(k,j) \right] - p_t(i,j) \\
&= \left[\sum_{k \neq i} p_h(i,k) p_t(k,j) \right] + [p_h(i,i) - 1] p_t(i,j)
\end{aligned}
$$

对上式两端同时除以 h，并令 $h \to 0$，则

$$
\lim_{h \to 0} \frac{p_{t+h}(i,j) - p_t(i,j)}{h} = \lim_{h \to 0} \left[\sum_{k \neq i} \frac{p_h(i,k)}{h} p_t(k,j) \right] + \left[\lim_{h \to 0} \frac{p_h(i,i) - 1}{h} \right] p_t(i,j)
$$

$$
p_t'(i,j) = \sum_{k \neq i} q(i,k) p_t(k,j) + \left[\lim_{h \to 0} \frac{p_h(i,i) - 1}{h} \right] p_t(i,j)
$$

注意到

$$
\lim_{h \to 0} \frac{p_h(i,i) - 1}{h} = -\lim_{h \to 0} \sum_{k \neq i} \frac{p_h(i,k)}{h} = -\sum_{k \neq i} q(i,k) = q(i,i)
$$

因此，

$$
\begin{aligned}
p_t'(i,j) &= \sum_{k \neq i} q(i,k) p_t(k,j) - \left[\lim_{h \to 0} \frac{1 - p_h(i,i)}{h} \right] p_t(i,j) \\
&= \sum_{k \neq i} q(i,k) p_t(k,j) + q(i,i) p_t(i,j) \\
&= \sum_k q(i,k) p_t(k,j)
\end{aligned}
$$

知识讲解

柯尔莫哥洛夫
向后方程

根据 $p'_t(i,j) = \sum\limits_{k} q(i,k)p_t(k,j)$，其对应的矩阵形式如下：

$$
\begin{bmatrix}
p'_t(1,1) & \cdots & p'_t(1,n) \\
p'_t(2,1) & \cdots & p'_t(2,n) \\
\vdots & & \vdots \\
p'_t(n,1) & \cdots & p'_t(n,n)
\end{bmatrix}
=
\begin{bmatrix}
q(1,1) & \cdots & q(1,n) \\
q(2,1) & \cdots & q(2,n) \\
\vdots & & \vdots \\
q(n,1) & \cdots & q(n,n)
\end{bmatrix}
\begin{bmatrix}
p_t(1,1) & \cdots & p_t(1,n) \\
p_t(2,1) & \cdots & p_t(2,n) \\
\vdots & & \vdots \\
p_t(n,1) & \cdots & p_t(n,n)
\end{bmatrix}
$$

使用矩阵符号，上式可简写为：

$$
\frac{\mathrm{d}\mathbf{P}_t}{\mathrm{d}t} = \mathbf{Q}\mathbf{P}_t
$$

该方程称为柯尔莫哥洛夫向后方程（Kolmogorov backward equation），其中 $\mathbf{Q}$ 称作转移速率矩阵。此处是将 $[0, t+h]$ 拆分成 $[0, h]$ 和 $[h, t+h]$ 两个时间区间。

例 5.6 泊松过程的柯尔莫哥洛夫向后方程。假设泊松过程的速率为 λ，因此，

$$
q(i, i+1) = \lambda, \qquad q(i, i) = -\lambda
$$

根据 $p'_t(i,j) = \sum\limits_{k} q(i,k)p_t(k,j)$，可得：

$$
\begin{aligned}
p'_t(i,j) &= q(i, i+1)p_t(i+1, j) + q(i, i)p_t(i, j) \\
&= \lambda p_t(i+1, j) - \lambda p_t(i, j)
\end{aligned}
$$

例 5.7 生灭过程的柯尔莫哥洛夫向后方程。假设生灭过程的出生速率为 λ_n，死亡速率为 μ_n，因此，

$$
q(n, n+1) = \lambda_n, \qquad q(n, n-1) = \mu_n, \qquad q(n, n) = -(\lambda_n + \mu_n)
$$

根据 $p'_t(n,m) = \sum\limits_{k} q(n,k)p_t(k,m)$，可得：

$$
\begin{aligned}
p'_t(n,m) &= q(n, n+1)p_t(n+1, m) + q(n, n-1)p_t(n-1, m) + q(n, n)p_t(n, m) \\
&= \lambda_n p_t(n+1, m) + \mu_n p_t(n-1, m) - (\lambda_n + \mu_n)p_t(n, m)
\end{aligned}
$$

如果将 $[0, t+h]$ 拆分成 $[0, t]$ 和 $[t, t+h]$，那么得到的方程称为柯尔莫哥洛夫向前方程 (Kolmogorov forward equation)，使用矩阵符号可以简写为：

$$
\frac{\mathrm{d}\mathbf{P}_t}{\mathrm{d}t} = \mathbf{P}_t\mathbf{Q}
$$

将上式与柯尔莫哥洛夫向后方程进行合并，可得：

$$
\mathbf{Q}\mathbf{P}_t = \mathbf{P}_t\mathbf{Q}
$$

从中不难看出，转移概率矩阵 $\mathbf{P}_t$ 与转移速率矩阵 $\mathbf{Q}$ 具有对易关系（commute）。

二、转移概率的求解

根据微分方程的知识，以下方程的通解为 $P(t) = Ce^{at}$：

$$\frac{\mathrm{d}P(t)}{\mathrm{d}t} = aP(t)$$

在多维情形下也有类似的结论。

由于

$$\frac{\mathrm{d}\mathbf{P}_t}{\mathrm{d}t} = \mathbf{Q}\mathbf{P}_t, \qquad \frac{\mathrm{d}\mathbf{P}_t}{\mathrm{d}t} = \mathbf{P}_t\mathbf{Q}$$

同时，上述微分方程组的初始条件均为 $\mathbf{P}_0 = \mathbf{I}$[①]，因此，

$$\mathbf{P}_t = \mathrm{e}^{\mathbf{Q}t} \tag{5.3}$$

其中，$\mathbf{Q}$ 是转移速率矩阵；$\mathbf{P}_t$ 是转移概率矩阵。

例 5.8 考虑两状态 $\{0,1\}$ 的马氏链，其转移速率矩阵如下：

$$\mathbf{Q} = \begin{bmatrix} -1 & 1 \\ 2 & -2 \end{bmatrix}$$

要计算转移概率矩阵 $\mathbf{P}_t$，就要求出 $\mathrm{e}^{\mathbf{Q}t}$。

解答： 将矩阵 $\mathbf{Q}$ 对角化：$\mathbf{Q} \to \mathbf{\Lambda}$，相应地，

$$\mathrm{e}^{\mathbf{Q}t} \to \mathrm{e}^{\mathbf{\Lambda}t} = \mathrm{diag}\left(\mathrm{e}^{\lambda_1 t}, \mathrm{e}^{\lambda_2 t}, \ldots, \mathrm{e}^{\lambda_n t}\right)$$

其中，$\mathbf{\Lambda} = \mathrm{diag}(\lambda_1, \lambda_2, \ldots, \lambda_n)$。将矩阵 $\mathbf{Q}$ 对角化，其特征值为 0 和 -3，相应的矩阵可写为：

$$\mathbf{Q} = \mathbf{X}\mathbf{\Lambda}\mathbf{X}^{-1}$$

其中，

$$\mathbf{X} = \begin{bmatrix} 1 & 1 \\ 1 & -2 \end{bmatrix}, \qquad \mathbf{\Lambda} = \begin{bmatrix} 0 & 0 \\ 0 & -3 \end{bmatrix}, \qquad \mathbf{X}^{-1} = \begin{bmatrix} \frac{2}{3} & \frac{1}{3} \\ \frac{1}{3} & -\frac{1}{3} \end{bmatrix}$$

相应地，

$$\mathbf{P}_t = \mathrm{e}^{\mathbf{Q}t} = \mathbf{X}\mathrm{e}^{\mathbf{\Lambda}t}\mathbf{X}^{-1}$$

$$= \mathbf{X}\begin{bmatrix} 1 & 0 \\ 0 & \mathrm{e}^{-3t} \end{bmatrix}\mathbf{X}^{-1} = \begin{bmatrix} \frac{2}{3} & \frac{1}{3} \\ \frac{2}{3} & \frac{1}{3} \end{bmatrix} + \mathrm{e}^{-3t}\begin{bmatrix} \frac{1}{3} & -\frac{1}{3} \\ -\frac{2}{3} & \frac{2}{3} \end{bmatrix}$$

[①]在初始 0 时刻，马氏链的各状态均未发生转移，此时 $p_0(i,i)=1$，$p_0(i,j)=0$，$i \neq j$，由此所构成的转移概率矩阵 $\mathbf{P}_0$ 就是单位矩阵 $\mathbf{I}$。

最终可得如下转移概率矩阵：

$$\mathbf{P}_t = e^{\mathbf{Q}t} = \begin{bmatrix} \dfrac{2}{3} & \dfrac{1}{3} \\[2mm] \dfrac{2}{3} & \dfrac{1}{3} \end{bmatrix} + e^{-3t} \begin{bmatrix} \dfrac{1}{3} & -\dfrac{1}{3} \\[2mm] -\dfrac{2}{3} & \dfrac{2}{3} \end{bmatrix}$$

$$= \begin{bmatrix} \dfrac{2}{3} + \dfrac{1}{3}e^{-3t} & \dfrac{1}{3} - \dfrac{1}{3}e^{-3t} \\[2mm] \dfrac{2}{3} - \dfrac{2}{3}e^{-3t} & \dfrac{1}{3} + \dfrac{2}{3}e^{-3t} \end{bmatrix}$$

进一步地，当 $t \to \infty$ 时，

$$\lim_{t \to \infty} \mathbf{P}_t = \begin{bmatrix} \dfrac{2}{3} & \dfrac{1}{3} \\[2mm] \dfrac{2}{3} & \dfrac{1}{3} \end{bmatrix}$$

该连续时间马氏链的平稳分布为：

$$\pi_1 = \frac{2}{3}, \quad \pi_2 = \frac{1}{3}$$

本题中的转移概率矩阵 $\mathbf{P}_t$，也可以使用 Matlab、Mathematica 等软件，借助符号运算（symbolic computation）的相关工具求解出相应的结果。以 Matlab 为例，相关的代码如下：

```
>> syms t;
>> Q = [-1 1  ;  2 -2];
>> expm(Q*t)
```

软件输出的结果如下：

```
ans =
[      exp(-3*t)/3 + 2/3,       1/3 - exp(-3*t)/3]
[ 2/3 - (2*exp(-3*t))/3, (2*exp(-3*t))/3 + 1/3]
```

该结果与例 5.8 计算出的结果完全相同。我们还可以通过将 t 的取值设置成较大的数值，来验证平稳分布的结果。相关的代码如下：

```
>> t = 1000;
>> Q = [-1 1  ;  2 -2];
>> expm(Q*t)
```

软件输出的结果如下：

```
ans =
    0.6667    0.3333
    0.6667    0.3333
```

从上面的例子不难看出，连续时间马氏链当中，转移概率矩阵的各项不是固定值，而是与时间 t 有关的变量。我们往往更加关心当 $t \to \infty$ 时，连续时间马氏链的平稳分布如何求解。显然上面的例子给出了一种方法，但是这里涉及了带有变量的矩阵指数运算，是否有更加简便易行的方法进行平稳分布的求解，这便是在后文中所要解决的问题。

第三节　极限行为

一、平稳分布

> **定义 5.3**
>
> 如果对任意状态 i 和 j，都有可能从 i 经过有限步转移到 j，即存在状态序列 $k_0 = i, k_1, \ldots, k_n = j$，使得 $q(k_{m-1}, k_m) > 0 \ (1 \leqslant m \leqslant n)$，则称马氏链是不可约的。

> **定理 5.4**
>
> 如果 X_t 不可约，且 $t > 0$，则 $p_t(i, j) > 0$。

> **定理 5.5**
>
> 如果一个连续时间马氏链 X_t 不可约，且具有平稳分布 $\boldsymbol{\pi}$，则
>
> $$\lim_{t \to \infty} p_t(i, j) = \pi(j)$$

在前面的内容中，我们指出连续时间马氏链具有非周期性，并且停留时间服从指数分布，因此连续时间马氏链的极限行为比离散时间马氏链更为简单。

在离散时间下，平稳分布是 $\boldsymbol{\pi}\mathbf{P} = \boldsymbol{\pi}$ 的一个解；而在连续时间下，对 $\forall t > 0$，都有 $\boldsymbol{\pi}\mathbf{P}_t = \boldsymbol{\pi}$ 成立。但是在实践中，由于 $\mathbf{P}_t$ 不容易计算，因此 $\boldsymbol{\pi}\mathbf{P}_t = \boldsymbol{\pi}$ 成立的条件难以验证。

> **定理 5.6**
>
> 当且仅当 $\boldsymbol{\pi}\mathbf{Q} = \mathbf{0}$ 时，$\boldsymbol{\pi}$ 是一个平稳分布。

证明： 由概率平稳性的定义可知：$\boldsymbol{\pi}\mathbf{P}_t = \boldsymbol{\pi}$。根据柯尔莫哥洛夫向后方程，有：

$$\frac{\mathrm{d}\mathbf{P}_t}{\mathrm{d}t} = \mathbf{P}_t\mathbf{Q}$$

连续时间马氏链
的极限行为、
平稳分布、
细致平衡条件

在方程两端同时左乘平稳概率分布 $\boldsymbol{\pi}$，可得：

$$\frac{\mathrm{d}(\boldsymbol{\pi}\mathbf{P}_t)}{\mathrm{d}t} = (\boldsymbol{\pi}\mathbf{P}_t)\mathbf{Q}$$

$$\frac{\mathrm{d}\boldsymbol{\pi}}{\mathrm{d}t} = \boldsymbol{\pi}\mathbf{Q}$$

由于平稳概率分布 $\boldsymbol{\pi}$ 与时间 t 无关，因此可得：

$$\boldsymbol{\pi}\mathbf{Q} = \mathbf{0} \tag{5.4}$$

以前面的例子作为验证的对象，根据 $\boldsymbol{\pi}\mathbf{Q} = \mathbf{0}$，可得：

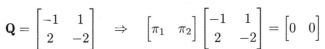

$$\mathbf{Q} = \begin{bmatrix} -1 & 1 \\ 2 & -2 \end{bmatrix} \quad \Rightarrow \quad \begin{bmatrix} \pi_1 & \pi_2 \end{bmatrix} \begin{bmatrix} -1 & 1 \\ 2 & -2 \end{bmatrix} = \begin{bmatrix} 0 & 0 \end{bmatrix}$$

因此，

$$\begin{cases} \pi_1 - 2\pi_2 = 0 \\ \pi_1 + \pi_2 = 1 \end{cases} \quad \Rightarrow \quad \begin{cases} \pi_1 = \dfrac{2}{3} \\ \pi_2 = \dfrac{1}{3} \end{cases}$$

可见结果完全相同。

例 5.9 天气链。某地的天气有三种状态，分别为晴、雾、雨。已知晴天的持续时间服从均值为 3 天的指数分布，随后会变为雾天；雾天的持续时间服从均值为 4 天的指数分布，随后会变为雨天；雨天的持续时间服从均值为 1 天的指数分布，随后会变为晴天。由此得到的转移速率矩阵如下：

$$\mathbf{Q} = \begin{bmatrix} -\dfrac{1}{3} & \dfrac{1}{3} & 0 \\ 0 & -\dfrac{1}{4} & \dfrac{1}{4} \\ 1 & 0 & -1 \end{bmatrix}$$

求每种天气所占的比例。

解答：根据 $\boldsymbol{\pi}\mathbf{Q} = \mathbf{0}$，可得：

$$\begin{cases} -\dfrac{1}{3}\pi_1 + \pi_3 = 0 \\ \dfrac{1}{3}\pi_1 - \dfrac{1}{4}\pi_2 = 0 \\ \dfrac{1}{4}\pi_2 - \pi_3 = 0 \\ \pi_1 + \pi_2 + \pi_3 = 1 \end{cases} \quad \Rightarrow \quad \begin{cases} \pi_1 = 0.375 \\ \pi_2 = 0.5 \\ \pi_3 = 0.125 \end{cases}$$

因此，晴天、雾天和雨天所占的比例分别为 37.5%、50% 和 12.5%。

进一步地，使用软件（比如 Matlab）求解，需要将方程组中的第三个方程删去（该方程是多余的），可得：

$$\begin{cases} -\dfrac{1}{3}\pi_1 + \pi_3 = 0 \\ \dfrac{1}{3}\pi_1 - \dfrac{1}{4}\pi_2 = 0 \\ \dfrac{1}{4}\pi_2 - \pi_3 = 0 \\ \pi_1 + \pi_2 + \pi_3 = 1 \end{cases} \Rightarrow \begin{cases} -\dfrac{1}{3}\pi_1 + \pi_3 = 0 \\ \dfrac{1}{3}\pi_1 - \dfrac{1}{4}\pi_2 = 0 \\ \pi_1 + \pi_2 + \pi_3 = 1 \end{cases}$$

删减后的方程组的矩阵–向量形式如下：

$$\underbrace{\begin{bmatrix} \pi_1 & \pi_2 & \pi_3 \end{bmatrix}}_{\boldsymbol{\pi}} \underbrace{\begin{bmatrix} -\dfrac{1}{3} & \dfrac{1}{3} & 1 \\ 0 & -\dfrac{1}{4} & 1 \\ 1 & 0 & 1 \end{bmatrix}}_{\mathbf{A}} = \underbrace{\begin{bmatrix} 0 & 0 & 1 \end{bmatrix}}_{\mathbf{b}} \Rightarrow \boldsymbol{\pi}\mathbf{A} = \mathbf{b}$$

对矩阵-向量形式的方程进行运算，可得：

$$\boldsymbol{\pi} = \mathbf{b}\mathbf{A}^{-1} \tag{5.5}$$

将数值代入计算，可得：

$$\boldsymbol{\pi} = \mathbf{b}\mathbf{A}^{-1} = \begin{bmatrix} 0 & 0 & 1 \end{bmatrix} \begin{bmatrix} -\dfrac{1}{3} & \dfrac{1}{3} & 1 \\ 0 & -\dfrac{1}{4} & 1 \\ 1 & 0 & 1 \end{bmatrix}^{-1}$$

其中，

$$\mathbf{A}^{-1} = \begin{bmatrix} -\dfrac{1}{3} & \dfrac{1}{3} & 1 \\ 0 & -\dfrac{1}{4} & 1 \\ 1 & 0 & 1 \end{bmatrix}^{-1} = \begin{bmatrix} -0.375 & -0.5 & 0.875 \\ 1.5 & -2 & 0.5 \\ 0.375 & 0.5 & 0.125 \end{bmatrix}$$

可见，$\boldsymbol{\pi}$ 的结果刚好就是对应的 $\mathbf{A}^{-1}$ 的最后一行。

$$\boldsymbol{\pi} = \begin{bmatrix} 0.375 & 0.5 & 0.125 \end{bmatrix}$$

需要强调的是，此处计算平稳分布的方法，不能用于含有两个以上吸收态的连续时间马氏链。因为此时的矩阵 $\mathbf{Q}$ 会出现两个以上的行向量元素全为零的现象，相应地会

出现 $\mathbf{A}$ 有两个以上的行向量完全相同的现象，这会造成矩阵 $\mathbf{A}$ 不是满秩，自然也就不存在 $\mathbf{A}^{-1}$。因此，运用公式 $\boldsymbol{\pi}\mathbf{Q}=\mathbf{0}$ 求解连续时间马氏链的平稳分布时，一定要注意它的局限性。对于含有两个以上吸收态的连续时间马氏链平稳分布计算的问题，将在本章的离出分布部分详细介绍。

二、细致平衡条件

定义 5.4

连续时间马氏链，若对 $\forall j \neq k$，均有：

$$\pi(k)q(k,j) = \pi(j)q(j,k) \tag{5.6}$$

则称 $\boldsymbol{\pi}$ 满足细致平衡条件。

作为对比，我们回顾一下离散时间马氏链的细致平衡条件：

$$\pi(k)p(k,j) = \pi(j)p(j,k) \tag{5.7}$$

定理 5.7

若连续时间马氏链满足细致平衡条件，即：

$$\pi(k)q(k,j) = \pi(j)q(j,k), \qquad \forall j \neq k$$

则 $\boldsymbol{\pi}$ 是一个平稳分布。

因此，可以根据此定理，利用细致平衡条件，进而求得平稳分布 $\boldsymbol{\pi}$，从而不必通过 $\boldsymbol{\pi}\mathbf{Q}=\mathbf{0}$ 来求平稳分布。

证明：由连续时间马氏链的细致平衡条件，可得：

$$\sum_{k\neq j}\pi(k)q(k,j) = \sum_{k\neq j}\pi(j)q(j,k) = \pi(j)\sum_{k\neq j}q(j,k)$$
$$= -\pi(j)q(j,j)$$

因此，

$$\sum_{k\neq j}\pi(k)q(k,j) + \pi(j)q(j,j) = \sum_{k}\pi(k)q(k,j) = 0$$

对 $\forall j$，该式可表示为矩阵-向量形式：

$$\boldsymbol{\pi}\mathbf{Q}=\mathbf{0}$$

因此，$\boldsymbol{\pi}$ 是一个平稳分布。

例 5.10 生灭链。考虑状态空间为 $S = \{0, 1, \ldots, N\}$ 的生灭链，其转移速率如下：

$$\begin{cases} q(n, n+1) = \lambda_n, & n < N \\ q(n, n-1) = \mu_n, & n > 0 \end{cases}$$

求其平稳分布。

解答： 根据细致平衡条件，可得：

$$\pi(n)q(n, n+1) = \pi(n+1)q(n+1, n)$$
$$\pi(n)\lambda_n = \pi(n+1)\mu_{n+1}$$
$$\frac{\pi(n+1)}{\pi(n)} = \frac{\lambda_n}{\mu_{n+1}}$$

因此，

$$\frac{\pi(n+1)}{\pi(n)} \cdot \frac{\pi(n)}{\pi(n-1)} \cdots \frac{\pi(1)}{\pi(0)} = \frac{\lambda_n}{\mu_{n+1}} \cdot \frac{\lambda_{n-1}}{\mu_n} \cdots \frac{\lambda_0}{\mu_1}$$
$$\pi(n+1) = \frac{\lambda_0 \lambda_1 \cdots \lambda_n}{\mu_1 \mu_2 \cdots \mu_{n+1}} \pi(0)$$

从而

$$\pi(n) = \frac{\lambda_0 \lambda_1 \cdots \lambda_{n-1}}{\mu_1 \mu_2 \cdots \mu_n} \pi(0), \qquad 0 < n < N$$

其中，$\pi(n)$ 是生灭链中状态 n 的平稳概率。

记 $\frac{\lambda_0 \lambda_1 \cdots \lambda_{n-1}}{\mu_1 \mu_2 \cdots \mu_n} = q(n)$，则 $\pi(n) = q(n)\pi(0)$。根据概率的完备性，$\sum\limits_{n=0}^{N} \pi(n) = 1$，因此，

$$\sum_{n=0}^{N} q(n)\pi(0) = 1$$

于是，

$$\pi(0) = \sum_{n=0}^{N} \frac{1}{q(n)}$$

最终可得：

$$\pi(n) = q(n)\pi(0) = \frac{q(n)}{\sum\limits_{n=0}^{N} q(n)}, \qquad 0 < n < N \tag{5.8}$$

例 5.11 $M/M/1$ 排队系统。状态 $S = \{0, 1, \ldots\}$，其转移速率如下：

$$q(n, n+1) = \lambda, \qquad q(n, n-1) = \mu$$

讨论这个连续时间马氏链的状态是零常返的、正常返的还是非常返的。

解答： $M/M/1$ 排队系统可看作生灭过程的特殊形式，根据细致平衡条件可得：

$$\pi(n)q(n, n+1) = \pi(n+1)q(n+1, n) \quad \Rightarrow \quad \pi(n+1) = \frac{\lambda}{\mu}\pi(n)$$

(1) 当 $\lambda = \mu$ 时，$\pi(n+1) = \pi(n)$，此时

$$\sum_{n=1}^{\infty} \pi(n) = \pi(0)\sum_{n=1}^{\infty} 1 = \infty$$

这与 $\sum\limits_{n=1}^{\infty} \pi(n) = 1$ 相矛盾，此时该过程是零常返的；

(2) 当 $\lambda > \mu > 0$ 时，$\pi(n+1) > \pi(n)$，$\{\pi(n)\}$ 是一个发散序列，此时不存在平稳分布，该过程是非常返的；

(3) 当 $0 < \lambda < \mu$ 时，$0 < \pi(n+1) < \pi(n)$，由此可得：

$$\pi(n) = \left(\frac{\lambda}{\mu}\right)^n \pi(0)$$

根据 $\sum\limits_{n=0}^{\infty} \pi(n) = 1$，

$$\pi(0)\sum_{n=0}^{\infty} \left(\frac{\lambda}{\mu}\right)^n = 1 \quad \Rightarrow \quad \pi(0) = 1 - \frac{\lambda}{\mu}$$

最终可得：

$$\pi(n) = \left(\frac{\lambda}{\mu}\right)^n \left(1 - \frac{\lambda}{\mu}\right)$$

此时存在平稳分布，该过程是正常返的。

对于 $M/M/1$ 排队系统，当 $0 < \lambda < \mu$ 时，我们还可以求出平稳条件下队伍的期望长度，计算过程如下：

$$\sum_{n=0}^{\infty} n \cdot \pi(n) = \sum_{n=0}^{\infty} n \cdot \left(\frac{\lambda}{\mu}\right)^n \left(1 - \frac{\lambda}{\mu}\right)$$

$$\lambda/\mu = q \rightarrow = (1-q)q\sum_{n=0}^{\infty} nq^{n-1}$$

$$= \frac{q}{1-q} = \frac{\lambda}{\mu - \lambda}$$

应用随机过程

例 5.12 $M/M/\infty$ 排队系统。状态 $S = \{0, 1, \ldots\}$，其转移速率如下：

$$q(n, n+1) = \lambda, \qquad q(n, n-1) = n\mu$$

求其平稳分布。

解答： 由于 $M/M/s$ 排队系统 $(s \to \infty)$ 可看作生灭过程的特殊形式，因此，

$$\mu_n = n\mu, \qquad \lambda_0 = \lambda_1 = \cdots = \lambda$$

相应地，根据生灭链的公式 (5.8) 可得：

$$\pi(n) = \frac{\lambda_{n-1} \cdot \lambda_{n-2} \cdots \lambda_0}{\mu_n \cdot \mu_{n-1} \cdots \mu_1} \pi(0) = \frac{\lambda^n}{n! \mu^n} \pi(0) = \frac{(\lambda/\mu)^n}{n!} \pi(0)$$

进一步地，由于概率要满足完备性，因此，

$$\sum_{n=0}^{\infty} \pi(n) = 1$$

故

$$\sum_{n=0}^{\infty} \pi(n) = \sum_{n=0}^{\infty} \frac{\lambda^n}{n! \mu^n} \pi(0) = \pi(0) \cdot \sum_{n=0}^{\infty} \frac{(\lambda/\mu)^n}{n!} = 1$$

因此，

$$\pi(0) = \mathrm{e}^{-\lambda/\mu}$$

最终可得：

$$\pi(n) = \frac{(\lambda/\mu)^n}{n!} \cdot \mathrm{e}^{-\lambda/\mu}$$

由此可见，$M/M/\infty$ 排队系统的平稳分布 $\boldsymbol{\pi}$ 服从均值为 λ/μ 的泊松分布。相应马氏链的各状态均是正常返的。

类似地，对于 $M/M/\infty$ 排队系统，我们也可以求出平稳条件下队伍的期望长度，计算过程如下：

$$\sum_{n=0}^{\infty} n \cdot \pi(n) = \sum_{n=0}^{\infty} n \cdot \frac{(\lambda/\mu)^n}{n!} \cdot \mathrm{e}^{-\lambda/\mu}$$

$$q = \lambda/\mu \to = \sum_{n=0}^{\infty} n \cdot \frac{q^n}{n!} \cdot \mathrm{e}^{-q}$$

$$= q\mathrm{e}^{-q} \sum_{n=1}^{\infty} \frac{q^{n-1}}{(n-1)!}$$

$$= q\mathrm{e}^{-q} \cdot \mathrm{e}^q = q = \frac{\lambda}{\mu}$$

156

例 5.13 理发店一名理发师理发的速率为 3（这里以每小时的顾客数为单位，即每位顾客的理发时间服从均值为 20 分钟的指数分布），假设顾客按照一个速率为 2 的泊松过程到达，但是，如果顾客到达时等候室的两把椅子都已坐满，那么他将离开。

求其平稳分布。

解答： 该问题中的状态空间 $S = \{0, 1, 2, 3\}$，其对应的转移速率如下：

$$\begin{cases} q(n, n+1) = 2, & n = 0, 1, 2 \\ q(n, n-1) = 3, & n = 1, 2, 3 \end{cases}$$

根据细致平衡条件 $\pi(n)q(n, n+1) = \pi(n+1)q(n+1, n)$，有：

$$\begin{cases} \pi(0)q(0,1) = \pi(1)q(1,0) \\ \pi(1)q(1,2) = \pi(2)q(2,1) \\ \pi(2)q(2,3) = \pi(3)q(3,2) \end{cases} \Rightarrow \begin{cases} 2\pi(0) = 3\pi(1) \\ 2\pi(1) = 3\pi(2) \\ 2\pi(2) = 3\pi(3) \end{cases}$$

结合 $\pi(0) + \pi(1) + \pi(2) + \pi(3) = 1$，可得：

$$\pi(0) = \frac{27}{65}, \quad \pi(1) = \frac{18}{65}, \quad \pi(2) = \frac{12}{65}, \quad \pi(3) = \frac{8}{65}$$

该例子若采用 $\boldsymbol{\pi Q} = \boldsymbol{0}$ 求解，过程如下：

$$\mathbf{Q} = \begin{bmatrix} -2 & 2 & 0 & 0 \\ 3 & -5 & 2 & 0 \\ 0 & 3 & -5 & 2 \\ 0 & 0 & 3 & -3 \end{bmatrix}$$

从而得到：

$$\begin{cases} -2\pi_0 + 3\pi_1 = 0 \\ 2\pi_0 - 5\pi_1 + 3\pi_2 = 0 \\ 2\pi_1 - 5\pi_2 + 3\pi_3 = 0 \\ 2\pi_2 - 3\pi_3 = 0 \\ \pi_0 + \pi_1 + \pi_2 + \pi_3 = 1 \end{cases} \Rightarrow \begin{cases} \pi_0 = \dfrac{27}{65} \\ \pi_1 = \dfrac{18}{65} \\ \pi_2 = \dfrac{12}{65} \\ \pi_3 = \dfrac{8}{65} \end{cases}$$

本问题对应的转移速率图如图 5.8 所示。

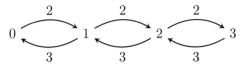

图 5.8 理发店问题的转移速率图

157

第四节　嵌入链

本节将介绍另一种刻画连续时间马氏链的工具——嵌入链（embedded chain），它是对连续时间马氏链的另一种描述方式。

一、嵌入链的概念及特征

定义 5.5

对于转移速率矩阵为 $\mathbf{Q}$，且不含吸收态的连续时间马氏链而言，满足如下条件的 $r(i,j)$ 所构成的就是对应的嵌入链。

$$r(i,j) = \begin{cases} \dfrac{q(i,j)}{\displaystyle\sum_{i \neq j} q(i,j)} = \dfrac{q(i,j)}{q(i)}, & i \neq j \\ 0, & i = j \end{cases} \tag{5.9}$$

其中，$q(i,j)$ 是转移速率矩阵 $\mathbf{Q}$ 的对应元素，$q(i)$ 是离开状态 i 的速率，并且 $q(i) = -q(i,i)$。

例 5.14　在前面介绍的理发店问题中，状态空间 $S = \{0,1,2,3\}$ 对应的转移速率矩阵如下：

$$\mathbf{Q} = \begin{bmatrix} -2 & 2 & 0 & 0 \\ 3 & -5 & 2 & 0 \\ 0 & 3 & -5 & 2 \\ 0 & 0 & 3 & -3 \end{bmatrix} \tag{5.10}$$

根据前面关于嵌入链的定义，可以得到对应的嵌入链转移概率矩阵 $\mathbf{R}$ 如下：

$$\mathbf{R} = \begin{bmatrix} 0 & 1 & 0 & 0 \\ \dfrac{3}{5} & 0 & \dfrac{2}{5} & 0 \\ 0 & \dfrac{3}{5} & 0 & \dfrac{2}{5} \\ 0 & 0 & 1 & 0 \end{bmatrix} \tag{5.11}$$

知识讲解

嵌入链的概念及特征

这个矩阵反映了由状态 i 转移到可能的状态 j 的概率。需要特别注意的是，该矩阵的主对角线元素均为零，说明嵌入链的转移概率不考虑状态在原地不变的情形。

需要说明的是，这里转移概率的取值是假设转移服从速率为 $q(i,j)$ 的指数分布，并利用推论 4.1 给出的结论得到的。以理发店问题中的状态 1 为例 [结合式 (5.10) 和式 (5.11) 矩阵的第二行]，从状态 1 转移到状态 0 的速率为 3，转移到状态 2 的速率为 2，因此从状态 1 首先转移到状态 0 的概率为：

$$\mathbb{P}(X_\tau = 0 | X_0 = 1) = \mathbb{P}[T_1 = \min(T_1, T_2)] = \frac{3}{2+3} = \frac{3}{5} \tag{5.12}$$

类似地，从状态 1 首先转移到状态 2 的概率为：

$$\mathbb{P}(X_\tau = 2 | X_0 = 1) = \mathbb{P}[T_2 = \min(T_1, T_2)] = \frac{2}{2+3} = \frac{2}{5} \tag{5.13}$$

以上两个结果刚好就是式 (5.11) 第二行第一列和第三列的数值。

例 5.15 泊松过程的嵌入链。对于泊松过程，其转移速率满足 $q(i, i+1) = \lambda$，并且 $q(i, i) = -\lambda$，因此，

$$r(i, i) = 0, \qquad r(i, i+1) = 1$$

相应的转移速率矩阵与嵌入链的转移概率矩阵分别如下：

$$\mathbf{Q} = \begin{bmatrix} -\lambda & \lambda & 0 & 0 & 0 & 0 & \cdots \\ 0 & -\lambda & \lambda & 0 & 0 & 0 & \cdots \\ 0 & 0 & -\lambda & \lambda & 0 & 0 & \cdots \\ 0 & 0 & 0 & -\lambda & \lambda & 0 & \cdots \\ 0 & 0 & 0 & 0 & -\lambda & \lambda & \cdots \\ \vdots & \vdots & \vdots & \vdots & \vdots & \vdots & \ddots \end{bmatrix} \qquad \mathbf{R} = \begin{bmatrix} 0 & 1 & 0 & 0 & 0 & 0 & \cdots \\ 0 & 0 & 1 & 0 & 0 & 0 & \cdots \\ 0 & 0 & 0 & 1 & 0 & 0 & \cdots \\ 0 & 0 & 0 & 0 & 1 & 0 & \cdots \\ 0 & 0 & 0 & 0 & 0 & 1 & \cdots \\ \vdots & \vdots & \vdots & \vdots & \vdots & \vdots & \ddots \end{bmatrix}$$

例 5.16 有吸收态的嵌入链。

$$\mathbf{Q} = \begin{bmatrix} 0 & 0 & 0 & 0 & 0 \\ 10 & -20 & 10 & 0 & 0 \\ 0 & 10 & -30 & 20 & 0 \\ 0 & 0 & 10 & -40 & 30 \\ 0 & 0 & 0 & 0 & 0 \end{bmatrix}$$

对于有吸收态 i 的连续时间马氏链而言，$q(i, j) = 0, \forall j \in S$。与之对应的嵌入链转移概率如下：

$$r(i, j) = \begin{cases} 1, & j = i \\ 0, & j \neq i \end{cases}$$

不难看出，上面的转移速率矩阵 $\mathbf{Q}$ 有两个吸收态 1 和 5。于是对应的嵌入链转移概率矩阵 $\mathbf{R}$ 如下：

$$\mathbf{R} = \begin{bmatrix} 1 & 0 & 0 & 0 & 0 \\ 1/2 & 0 & 1/2 & 0 & 0 \\ 0 & 1/3 & 0 & 2/3 & 0 \\ 0 & 0 & 1/4 & 0 & 3/4 \\ 0 & 0 & 0 & 0 & 1 \end{bmatrix}$$

嵌入链的转移概率与连续时间马氏链的转移概率的不同之处在于，前者并未考虑时间因素，只关心状态与状态之间的转移概率。

二、利用嵌入链计算平稳分布

在上一节，我们运用 $\boldsymbol{\pi}\mathbf{Q}=\mathbf{0}$ 求得了不含吸收态的连续时间马氏链的平稳分布 $\boldsymbol{\pi}$。这里将利用嵌入链进行平稳分布的求解。

根据 $\boldsymbol{\pi}\mathbf{Q}=\mathbf{0}$ 可得：

$$\sum_i \pi(i)q(i,j)=0 \quad\Rightarrow\quad \sum_{i\neq j}\pi(i)q(i,j)=\pi(j)q(j) \tag{5.14}$$

定义 $\psi(i)=\pi(i)q(i)$，将其分别代入上式的左右两侧，可得：

$$\begin{cases}\sum_{i\neq j}\pi(i)q(i,j)=\sum_{i\neq j}\psi(i)\dfrac{q(i,j)}{q(i)}=\sum_{i\neq j}\psi(i)r(i,j)\\ \pi(j)q(j)=\psi(j)\end{cases}$$

知识讲解

利用嵌入链计算
平稳分布

因此，

$$\psi(j)=\sum_{i\neq j}\psi(i)r(i,j)$$

对于不含吸收态的马氏链而言，$r(j,j)=0,\ \forall j\in S$，因而，

$$\begin{aligned}\psi(j)&=\sum_{i\neq j}\psi(i)r(i,j)\\&=\sum_{i\neq j}\psi(i)r(i,j)+\psi(j)r(j,j)\\&=\sum_i\psi(i)r(i,j)\end{aligned} \tag{5.15}$$

其中，$r(i,j)$ 是嵌入链对应的转移概率，反映了连续时间马氏链状态之间转移的概率。上式对应的矩阵–向量形式如下：

$$\boldsymbol{\psi}\mathbf{R}=\boldsymbol{\psi} \tag{5.16}$$

将上式与离散时间马氏链中的平稳分布求解公式 $\boldsymbol{\pi}\mathbf{P}=\boldsymbol{\pi}$ 进行比较后不难发现，此处的 $\boldsymbol{\psi}$ 可看作嵌入链转移概率矩阵 $\mathbf{R}$ 的平稳分布。

根据前文的分析，通过嵌入链计算连续时间马氏链平稳分布的具体步骤如下：

(1) 基于嵌入链 $\mathbf{R}$，利用 $\boldsymbol{\psi}\mathbf{R}=\boldsymbol{\psi}$ 计算出嵌入链的平稳分布 $\boldsymbol{\psi}$：

$$\boldsymbol{\psi}=\begin{bmatrix}\psi(1)&\psi(2)&\cdots&\psi(n)\end{bmatrix}$$

(2) 将得到的嵌入链平稳分布中的各元素分别除以对应的转移速率矩阵主对角线元素的绝对值，即 $\psi(i)/q(i)$，从而得到向量 $\widetilde{\boldsymbol{\pi}}$，即：

$$\widetilde{\boldsymbol{\pi}}=\begin{bmatrix}\dfrac{\psi(1)}{q(1)}&\dfrac{\psi(2)}{q(2)}&\cdots&\dfrac{\psi(n)}{q(n)}\end{bmatrix}$$

(3) 最后对向量 $\widetilde{\boldsymbol{\pi}}$ 进行归一化（normalize）操作，就可以得到连续时间马氏链的平稳分布 $\boldsymbol{\pi}$，即：

$$\boldsymbol{\pi} = \frac{1}{A}\widetilde{\boldsymbol{\pi}} = \frac{1}{A}\begin{bmatrix} \dfrac{\psi(1)}{q(1)} & \dfrac{\psi(2)}{q(2)} & \cdots & \dfrac{\psi(n)}{q(n)} \end{bmatrix}$$

其中，A 是归一化因子，并且 $A = \sum\limits_{k=1}^{n} \dfrac{\psi(k)}{q(k)}$。

通过这样的计算流程不难看出，连续时间马氏链的平稳分布概率 $\pi(i)$ 衡量的是，长期看来，过程花费在状态 i 上的时间占总时间的比重；而嵌入链的平稳分布概率 $\psi(i)$ 衡量的则是，长期看来转移至状态 i 的次数占总转移次数的比重。简言之，$\boldsymbol{\pi}$ 关注花费在各状态上的时间所占的比重；$\boldsymbol{\psi}$ 关注各状态转移的次数所占的比重。

例 5.17 考虑一个三状态连续时间马氏链，其转移速率矩阵如下：

$$\mathbf{Q} = \begin{bmatrix} -2 & 1 & 1 \\ 2 & -4 & 2 \\ 4 & 4 & -8 \end{bmatrix}$$

求该链的平稳分布 $\boldsymbol{\pi}$。

> **知识讲解**
>
> 利用嵌入链计算
> 平稳分布举例

解答： **解法一：** 使用 $\boldsymbol{\pi}\mathbf{Q} = \mathbf{0}$ 来求解，可以列出如下方程组：

$$\begin{cases} -2\pi(1) + 2\pi(2) + 4\pi(3) = 0 \\ \pi(1) - 4\pi(2) + 4\pi(3) = 0 \\ \pi(1) + \pi(2) + \pi(3) = 1 \end{cases} \Rightarrow \begin{cases} \pi(1) = \dfrac{4}{7} \\ \pi(2) = \dfrac{2}{7} \\ \pi(3) = \dfrac{1}{7} \end{cases}$$

解法二： 由转移速率矩阵 $\mathbf{Q}$，可得到对应的嵌入链 $\mathbf{R}$：

$$\mathbf{R} = \begin{bmatrix} 0 & 0.5 & 0.5 \\ 0.5 & 0 & 0.5 \\ 0.5 & 0.5 & 0 \end{bmatrix}$$

由于该链是一个双随机链，因此，

$$\boldsymbol{\psi} = \begin{bmatrix} \dfrac{1}{3} & \dfrac{1}{3} & \dfrac{1}{3} \end{bmatrix}$$

从而

$$\widetilde{\boldsymbol{\pi}} = \begin{bmatrix} \dfrac{\psi(1)}{q(1)} & \dfrac{\psi(2)}{q(2)} & \dfrac{\psi(3)}{q(3)} \end{bmatrix} = \begin{bmatrix} \dfrac{1/3}{2} & \dfrac{1/3}{4} & \dfrac{1/3}{8} \end{bmatrix} = \begin{bmatrix} \dfrac{1}{6} & \dfrac{1}{12} & \dfrac{1}{24} \end{bmatrix}$$

相应的归一化因子为：

$$A = \frac{1}{6} + \frac{1}{12} + \frac{1}{24} = \frac{7}{24}$$

因此,

$$\boldsymbol{\pi} = \frac{1}{A}\widetilde{\boldsymbol{\pi}} = \frac{24}{7}\begin{bmatrix} \frac{1}{6} & \frac{1}{12} & \frac{1}{24} \end{bmatrix} = \begin{bmatrix} \frac{4}{7} & \frac{2}{7} & \frac{1}{7} \end{bmatrix}$$

不难看出,两种解法得到的结果完全相同。

例 5.18 在前面介绍的理发店问题当中,也可以利用嵌入链求解平稳分布,其中状态空间 $S = \{0,1,2,3\}$ 下的转移速率矩阵 $\mathbf{Q}$ 和嵌入链矩阵 $\mathbf{R}$ 分别如下:

$$\mathbf{Q} = \begin{bmatrix} -2 & 2 & 0 & 0 \\ 3 & -5 & 2 & 0 \\ 0 & 3 & -5 & 2 \\ 0 & 0 & 3 & -3 \end{bmatrix}, \qquad \mathbf{R} = \begin{bmatrix} 0 & 1 & 0 & 0 \\ \frac{3}{5} & 0 & \frac{2}{5} & 0 \\ 0 & \frac{3}{5} & 0 & \frac{2}{5} \\ 0 & 0 & 1 & 0 \end{bmatrix}$$

解答: 根据 $\boldsymbol{\psi}\mathbf{R} = \boldsymbol{\psi}$,可得如下方程组:

$$\begin{cases} \frac{3}{5}\psi(1) = \psi(0) \\ \psi(0) + \frac{3}{5}\psi(2) = \psi(1) \\ \frac{2}{5}\psi(2) = \psi(3) \\ \psi(0) + \psi(1) + \psi(2) + \psi(3) = 1 \end{cases} \Rightarrow \begin{cases} \psi(0) = \frac{9}{38} \\ \psi(1) = \frac{15}{38} \\ \psi(2) = \frac{10}{38} \\ \psi(3) = \frac{4}{38} \end{cases}$$

根据转移速率矩阵可知:$q(0) = 2$,$q(1) = 5$,$q(2) = 5$,$q(3) = 3$,因此,

$$\widetilde{\boldsymbol{\pi}} = \begin{bmatrix} \frac{\psi(0)}{q(0)} & \frac{\psi(1)}{q(1)} & \frac{\psi(2)}{q(2)} & \frac{\psi(3)}{q(3)} \end{bmatrix} = \begin{bmatrix} \frac{9}{76} & \frac{3}{38} & \frac{2}{38} & \frac{2}{57} \end{bmatrix}$$

相应的归一化因子为:

$$A = \frac{9}{76} + \frac{3}{38} + \frac{2}{38} + \frac{2}{57} = \frac{65}{38 \times 6}$$

因此,

$$\boldsymbol{\pi} = \frac{1}{A}\widetilde{\boldsymbol{\pi}} = \frac{38 \times 6}{65}\begin{bmatrix} \frac{9}{76} & \frac{3}{38} & \frac{2}{38} & \frac{2}{57} \end{bmatrix} = \frac{1}{65}\begin{bmatrix} 27 & 18 & 12 & 8 \end{bmatrix}$$

得到的结果与例 5.13 中的完全相同。

例 5.19 一个状态空间为 $S = \{1,2,3\}$ 的连续时间马氏链的嵌入链具有如下转移概率矩阵:

$$\mathbf{R} = \begin{bmatrix} 0 & 1 & 0 \\ \frac{1}{3} & 0 & \frac{2}{3} \\ 0 & 1 & 0 \end{bmatrix}$$

假设过程在转移到状态 2 之前，在状态 1 的平均停留时间为 5 分钟；在转移到新状态之前，在状态 2 的平均停留时间为 2 分钟；在转移到状态 2 之前，在状态 3 的平均停留时间为 4 分钟。

计算该马氏链的平稳分布。

解答： 由题意可得：$q(1) = \dfrac{1}{5}$，$q(2) = \dfrac{1}{2}$，$q(3) = \dfrac{1}{4}$。利用 $\boldsymbol{\psi}\mathbf{R} = \boldsymbol{\psi}$ 计算嵌入链的平稳分布如下：

$$\begin{cases} \dfrac{1}{3}\psi(2) = \psi(1) \\ \dfrac{2}{3}\psi(2) = \psi(3) \\ \psi(1) + \psi(2) + \psi(3) = 1 \end{cases} \quad \Rightarrow \quad \begin{cases} \psi(1) = \dfrac{1}{6} \\ \psi(2) = \dfrac{1}{2} \\ \psi(3) = \dfrac{1}{3} \end{cases}$$

因此，

$$\widetilde{\boldsymbol{\pi}} = \begin{bmatrix} \dfrac{\psi(1)}{q(1)} & \dfrac{\psi(2)}{q(2)} & \dfrac{\psi(3)}{q(3)} \end{bmatrix} = \begin{bmatrix} \dfrac{1/6}{1/5} & \dfrac{1/2}{1/2} & \dfrac{1/3}{1/4} \end{bmatrix} = \begin{bmatrix} \dfrac{5}{6} & 1 & \dfrac{4}{3} \end{bmatrix}$$

相应的归一化因子为：

$$A = \frac{5}{6} + 1 + \frac{4}{3} = \frac{19}{6}$$

因此，

$$\boldsymbol{\pi} = \frac{1}{A}\widetilde{\boldsymbol{\pi}} = \frac{6}{19}\begin{bmatrix} \dfrac{5}{6} & 1 & \dfrac{4}{3} \end{bmatrix} = \begin{bmatrix} \dfrac{5}{19} & \dfrac{6}{19} & \dfrac{8}{19} \end{bmatrix}$$

第五节　离出时间和离出分布

在前文中，我们提到了连续时间马氏链吸收态的特征。对于转移速率矩阵 $\mathbf{Q}$ 而言，若其第 i 行的所有矩阵元素取值均为零，则状态 i 是吸收态；对应到嵌入链的转移概率矩阵 $\mathbf{R}$ 上，体现为 $r(i,i) = 1$，且 $r(i,j) = 0$，$j \neq i$。

为了继续研究含吸收态的连续时间马氏链，我们可以对其中的状态进行简单的分类。其中的吸收态记作 A，非常返态记作 T，于是状态空间 $S = A \cup T$，相应的转移速率矩阵 $\mathbf{Q}$ 可以表示成如下的分块矩阵形式：

$$\mathbf{Q} = \begin{array}{c} T \\ A \end{array} \begin{array}{cc} \overset{\displaystyle T}{} & \overset{\displaystyle A}{} \\ \left[\begin{array}{c|c} \mathbf{A} & \mathbf{B} \\ \hline \mathbf{0} & \mathbf{0} \end{array} \right] \end{array}$$

一、离出时间的相关计算

所谓的离出时间，是指非常返态最终被吸收态吸收的期望时长。由于连续时间马氏链在某一状态 i 的停留时间服从指数分布，相应的停留时间期望值就是相应速率 $q(i)$ 的倒数，因此停留时间为 $1/q(i)$。

（一）离出时间的计算

记 $g(i)$ 表示从状态 i $(i \in T)$ 开始到它最终被吸收的期望时间。根据第二章第六节对离出时间的分析思路，那么以下等式成立：

知识讲解

连续时间马氏链
的离出时间

$$g(i) = \frac{1}{q(i)} + \sum_{j \neq i,\, j \in T} r(i,j)g(j)$$

$$= \frac{1}{q(i)} + \sum_{j \neq i,\, j \in T} \left[\frac{q(i,j)}{q(i)} \right] g(j)$$

$$= \frac{1}{q(i)} \left[1 + \sum_{j \neq i,\, j \in T} q(i,j)g(j) \right]$$

上式当中，等式右侧的第一项 $1/q(i)$ 表示状态 i 的停留时间，对于状态由 i 转移到吸收态的情形，该值就是停留时间；而对于状态 i 转移到其他非常返态 j 的情形，则还需要考虑对应的转移概率 $r(i,j)$ 及相应的停留时间 $g(j)$。

由于 $q(i) = -q(i,i)$，因此上式可以进一步化简为：

$$\sum_{j \neq i,\, j \in T} q(i,j)g(j) + q(i,i)g(i) = -1$$

$$\sum_{j \in T} q(i,j)g(j) = -1$$

由于上式中 $i,j \in T$，因此 $q(i,j)$ 对应的是转移速率矩阵 $\mathbf{Q}$ 的分块矩阵 $\mathbf{A}$。于是上式可以进一步以矩阵-向量形式表示如下：

$$\mathbf{A}g = -\vec{1} \quad \Rightarrow \quad \mathbf{g} = -\mathbf{A}^{-1}\vec{1} \tag{5.17}$$

其中，$\mathbf{A}$ 是 $k \times k$ 的分块矩阵，当中包含了 k 个非常返态；$\mathbf{g}$ 与 $\vec{1}$ 均是 $k \times 1$ 的列向量，$\vec{1}$ 各元素的取值均为 1。

例 5.20 考虑一个病情发展的模型，一位病人有可能会经历症状 1、症状 2、死亡。假设这三个状态分别记作 1、2、3，由此所得到的转移速率矩阵如下：

$$\mathbf{Q} = \begin{bmatrix} -2 & 1.5 & 0.5 \\ 0 & -2.5 & 2.5 \\ 0 & 0 & 0 \end{bmatrix}$$

求病人的平均生存期。

解答： 本题中的状态 3 是吸收态，对应的状态 1 和 2 则是非常返态。相应得到的分块矩阵 $\mathbf{A}$ 如下：

$$\mathbf{A} = \begin{bmatrix} -2 & 1.5 \\ 0 & -2.5 \end{bmatrix}$$

相应的期望吸收时间为：

$$\mathbf{g} = -\mathbf{A}^{-1}\vec{\mathbf{1}} = -\begin{bmatrix} -2 & 1.5 \\ 0 & -2.5 \end{bmatrix}^{-1}\begin{bmatrix} 1 \\ 1 \end{bmatrix} = \frac{1}{2}\begin{bmatrix} 3 \\ 0.8 \\ 0.4 \end{bmatrix}$$

因此症状 1 的病人的平均生存期为 0.8 年，症状 2 的病人的平均生存期为 0.4 年。

例 5.21 一位教授开始办公时，Ron、Sue 和 Ted 到达其办公室，他们在办公室的时间服从均值分别为 1、1/2、1/3 小时的指数分布。

请问：三位学生都离开办公室所需时间的期望是多少？

解答： 本问题来自第四章习题 7(c)，我们将采用新的方法对该问题进行求解。将三位学生分别编号为 1、2、3，将他们全部离开办公室的状态记为 0，于是本题所对应的状态空间如下：

$$S = \{123,\ 12,\ 13,\ 23,\ 1,\ 2,\ 3,\ 0\}$$

由此所得到的转移速率矩阵 $\mathbf{Q}$ 如下：

$$\mathbf{Q} = \begin{array}{c} \\ 123 \\ 12 \\ 13 \\ 23 \\ 1 \\ 2 \\ 3 \\ 0 \end{array}\begin{array}{c} \begin{array}{cccccccc} 123 & 12 & 13 & 23 & 1 & 2 & 3 & 0 \end{array} \\ \begin{bmatrix} -6 & 3 & 2 & 1 & 0 & 0 & 0 & 0 \\ 0 & -3 & 0 & 0 & 2 & 1 & 0 & 0 \\ 0 & 0 & -4 & 0 & 3 & 0 & 1 & 0 \\ 0 & 0 & 0 & -5 & 0 & 3 & 2 & 0 \\ 0 & 0 & 0 & 0 & -1 & 0 & 0 & 1 \\ 0 & 0 & 0 & 0 & 0 & -2 & 0 & 2 \\ 0 & 0 & 0 & 0 & 0 & 0 & -3 & 3 \\ 0 & 0 & 0 & 0 & 0 & 0 & 0 & 0 \end{bmatrix} \end{array}$$

由于状态 0 是吸收态，因此得到的分块矩阵 $\mathbf{A}$ 如下：

$$\mathbf{A} = \begin{bmatrix} -6 & 3 & 2 & 1 & 0 & 0 & 0 \\ 0 & -3 & 0 & 0 & 2 & 1 & 0 \\ 0 & 0 & -4 & 0 & 3 & 0 & 1 \\ 0 & 0 & 0 & -5 & 0 & 3 & 2 \\ 0 & 0 & 0 & 0 & -1 & 0 & 0 \\ 0 & 0 & 0 & 0 & 0 & -2 & 0 \\ 0 & 0 & 0 & 0 & 0 & 0 & -3 \end{bmatrix}$$

相应的期望吸收时间为：

$$\mathbf{g} = -\mathbf{A}^{-1}\vec{\mathbf{1}} = \frac{1}{60}\begin{bmatrix} 73 & 70 & 65 & 38 & 60 & 30 & 20 \end{bmatrix}'$$

本题要求的是三位学生都离开所需的期望时间，因此需要求出 $g(123)$ 的数值。根据上面所计算出的结果，可以得出 $g(123) = \dfrac{73}{60}$，即需要 73 分钟。

应用随机过程

（二）平均首次经过时间的计算

对于不可约连续时间马氏链来说，从状态 i 首次到达某个固定状态 j 所需的期望时间，我们称作平均首次经过时间（mean first passage time）。平均首次经过时间的计算方法与第二章中状态转移的期望步数的计算方法一致，只需将状态 j 看作吸收态，并且重新构建转移速率矩阵 $\mathbf{Q}$，使得 $q(j,k)=0, \forall k$，重构后的转移速率矩阵记作 $\widetilde{\mathbf{Q}}$。问题就相应转化为求转移速率矩阵 $\widetilde{\mathbf{Q}}$ 下，从状态 i 转移到吸收态 j 的期望时间。相应的求解方法与本章前文所介绍的离出时间的计算方法完全相同。

例 5.22 考虑一个四状态 $\{0,1,2,3\}$ 连续时间马氏链，其转移速率矩阵如下：

$$\mathbf{Q} = \begin{array}{c} \\ 0 \\ 1 \\ 2 \\ 3 \end{array} \begin{array}{cccc} 0 & 1 & 2 & 3 \\ \left[\begin{array}{cccc} -1 & 1 & 0 & 0 \\ 1 & -3 & 1 & 1 \\ 0 & 1 & -2 & 1 \\ 0 & 1 & 1 & -2 \end{array}\right] \end{array}$$

求从状态 0 到达状态 3 所需时间的期望值。

解答： 我们将状态 3 看作吸收态，由此可得到如下重构后的转移速率矩阵 $\widetilde{\mathbf{Q}}$：

$$\widetilde{\mathbf{Q}} = \begin{array}{c} \\ 0 \\ 1 \\ 2 \\ 3 \end{array} \left[\begin{array}{ccc|c} -1 & 1 & 0 & 0 \\ 1 & -3 & 1 & 1 \\ 0 & 1 & -2 & 1 \\ \hline 0 & 0 & 0 & 0 \end{array}\right]$$

其中，

$$\mathbf{A} = \begin{array}{c} 0 \\ 1 \\ 2 \end{array} \left[\begin{array}{ccc} -1 & 1 & 0 \\ 1 & -3 & 1 \\ 0 & 1 & -2 \end{array}\right]$$

相应地，

$$\mathbf{g} = -\mathbf{A}^{-1}\vec{\mathbf{1}} = -\left[\begin{array}{ccc} -1 & 1 & 0 \\ 1 & -3 & 1 \\ 0 & 1 & -2 \end{array}\right]^{-1}\left[\begin{array}{c}1\\1\\1\end{array}\right] = \begin{array}{c}0\\1\\2\end{array}\left[\begin{array}{c}8/3\\5/3\\4/3\end{array}\right]$$

因此，从状态 0 到状态 3 的期望时间为 $\dfrac{8}{3}$。

从上面的例子中不难看出，求解所使用的分块矩阵 $\mathbf{A}$ 并未因转移速率矩阵由 $\mathbf{Q}$ 变为 $\widetilde{\mathbf{Q}}$ 而发生相应的改变。我们只需将原转移速率矩阵 $\mathbf{Q}$ 当中，状态 3 对应的行和列全部删除，即可得到分块矩阵 $\mathbf{A}$。

166

二、离出分布的计算

对于有两个以上吸收态的连续时间马氏链来说，我们还需要关注某个非常返态 $i\,(i \in T)$ 会以何种概率被某个吸收态 $j\,(j \in A)$ 吸收，由此所得到的概率就是吸收概率，相应的概率分布称作离出分布。

求解离出分布的基本思路与第二章第六节所介绍的求解离散时间马氏链的离出分布类似，此处不再赘述。需要注意的是，我们需要对连续时间马氏链的嵌入链转移概率矩阵 $\mathbf{R}$ 进行相关运算。下面我们通过一个例子来说明计算的基本步骤。

知识讲解

连续时间马氏链
的离出分布

例 5.23 假设一个状态空间为 $S = \{1, 2, 3, 4, 5\}$ 的连续时间马氏链的转移速率矩阵 $\mathbf{Q}$ 如下：

$$\mathbf{Q} = \begin{bmatrix} 0 & 0 & 0 & 0 & 0 \\ 1 & -3 & 2 & 0 & 0 \\ 0 & 2 & -4 & 2 & 0 \\ 0 & 0 & 2 & -5 & 3 \\ 0 & 0 & 0 & 0 & 0 \end{bmatrix}$$

假设该马氏链的初始状态为 2，求其被状态 5 吸收的概率。

解答： 根据转移速率矩阵可知，状态 1 和 5 均是吸收态。将非常返态 $\{2,3,4\}$ 与吸收态 $\{1,5\}$ 进行归并，重新整理的转移速率矩阵 $\mathbf{Q}$ 及对应的嵌入链转移概率矩阵 $\mathbf{R}$ 分别如下：

$$\mathbf{Q} = \begin{array}{c} 2 \\ 3 \\ 4 \\ 1 \\ 5 \end{array} \begin{bmatrix} \begin{array}{ccc|cc} 2 & 3 & 4 & 1 & 5 \\ -3 & 2 & 0 & 1 & 0 \\ 2 & -4 & 2 & 0 & 0 \\ 0 & 2 & -5 & 0 & 3 \\ \hline 0 & 0 & 0 & 0 & 0 \\ 0 & 0 & 0 & 0 & 0 \end{array} \end{bmatrix}, \quad \mathbf{R} = \begin{array}{c} 2 \\ 3 \\ 4 \\ 1 \\ 5 \end{array} \begin{bmatrix} \begin{array}{ccc|cc} 2 & 3 & 4 & 1 & 5 \\ 0 & 2/3 & 0 & 1/3 & 0 \\ 1/2 & 0 & 1/2 & 0 & 0 \\ 0 & 2/5 & 0 & 0 & 3/5 \\ \hline 0 & 0 & 0 & 1 & 0 \\ 0 & 0 & 0 & 0 & 1 \end{array} \end{bmatrix}$$

其中，

$$\mathbf{A} = \begin{array}{c} 2 \\ 3 \\ 4 \end{array} \begin{bmatrix} \begin{array}{ccc} 2 & 3 & 4 \\ 0 & 2/3 & 0 \\ 1/2 & 0 & 1/2 \\ 0 & 2/5 & 0 \end{array} \end{bmatrix}, \quad \mathbf{b} = \begin{array}{c} 2 \\ 3 \\ 4 \end{array} \begin{bmatrix} \begin{array}{c} 5 \\ 0 \\ 0 \\ 3/5 \end{array} \end{bmatrix}$$

因此，

$$\mathbf{h} = (\mathbf{I} - \mathbf{A})^{-1}\mathbf{b} = \begin{array}{c} 2 \\ 3 \\ 4 \end{array} \begin{bmatrix} \begin{array}{c} 5 \\ 3/7 \\ 9/14 \\ 6/7 \end{array} \end{bmatrix}$$

167

因此，马氏链的初始状态为 2，其被状态 5 吸收的概率为 $\frac{3}{7}$。

本章附录

一、计算连续时间马氏链平稳分布的软件代码

（一）Matlab 函数

本代码是基于转移速率矩阵 **Q** 计算平稳分布的 Matlab 函数。使用该函数之前，要确保工作目录定位在函数文件存储的文件夹，并且函数文件的名称必须与函数名一致，此处应当设定为 markov_cont.m。

```matlab
function p = markov_cont(Q)
% 本代码用于计算连续时间马氏链的平稳分布
% Q: 转移速率矩阵
% p: 最终求得的平稳分布
    n = length(Q);
    Q(:,n) = 1;
    B = inv(Q);
    p = B(n,:);
end
```

> **知识讲解**
>
> 转移概率平稳分布求解的软件实现

（二）Python 代码

```python
import numpy as np
'''
本代码用于计算连续时间马氏链的平稳分布
Q: 转移速率矩阵
p: 最终求得的平稳分布
'''
def markov_cont(Q):
    n = len(Q)
    Q[:,n-1] = 1
    B = np.linalg.inv(Q)
    p = B[n-1,:]
    print('连续时间马氏链的平稳分布如下: \n', p)
    return p

#%% example
Q = np.array([-2,2, 3,-3]).reshape(2,2)
p = markov_cont(Q)
```

二、计算含吸收态连续时间马氏链离出时间的软件代码

（一）Matlab 函数

本代码是基于转移速率矩阵 **Q**，计算含吸收态连续时间马氏链离出时间的 Matlab 函数。使用该函数之前，要确保工作目录定位在函数文件存储的文件夹，并且函数文件的名称必须与函数名一致，此处应当设定为 cont_exit_time.m。

```
function g = cont_exit_time(Q)
% 先判断矩阵Q是否为方阵，若不是，则返回错误提示
    [n1,n2]=size(Q);
    if n1~=n2
        disp('矩阵不是方阵，请重新检查！')
        return
    end
    tmp = zeros(n1,1);
    for i=1:n1
        if Q(i,:)==zeros(1,n1)
            tmp(i) = 1;
        end
    end
% 再判断是否有吸收态，若没有，则返回错误提示
    if sum(tmp)==0
        disp('此马氏链不包含吸收态，请重新检查！')
        return
    end
% 对矩阵Q进行分块，得到相应的分块矩阵A
    c = (find(tmp==0));
    A = Q(c,c);
    g = -inv(A)*ones(length(c),1);
end
```

（二）Python 代码

```
import numpy as np
'''
本代码用于计算连续时间马氏链的离出时间
Q: 转移速率矩阵
g: 最终求得的离出时间
'''

def cont_exit_time(Q):
    n = len(Q)
```

```
    tmp = np.zeros(n)
    for i in range(n):
        if Q[i,:].all() == 0:
            tmp[i] = 1
# 判断是否有吸收态，若没有，则返回错误提示
    if np.sum(tmp)==0:
        print('此马氏链不包含吸收态，请重新检查！')
        return 0
# 对矩阵Q进行分块，得到相应的分块矩阵A
    lst = []
    n = len(Q)
    for i in range(n):
        if (Q[i,:]==np.zeros(n)).all():
            lst.insert(-1,i)
    lst1 = list(set(range(n))-set(lst))
    A = np.zeros(len(lst1)*len(lst1)).reshape(len(lst1),-1)
    for i in range(len(lst1)):
        for j in range(len(lst1)):
            A[i,j] = Q[lst1[i], lst1[j]]
    g = -np.dot(np.linalg.inv(A), np.ones(len(lst1)))
    print('计算出的离出时间数值如下：\n', g.round(4))
    return g


#%% example
Q = np.array([-6, 3 , 2 , 1,0, 0, 0, 0, 0, -3, 0, 0, 2, 1, 0, 0,
        0, 0, -4, 0, 3, 0, 1, 0, 0, 0, 0, -5, 0, 3, 2, 0,
        0, 0, 0, 0, -1, 0, 0, 1, 0, 0, 0, 0, 0, -2, 0, 2,
        0, 0, 0, 0, 0, 0,  -3, 3, 0, 0, 0, 0, 0, 0, 0, 0]).reshape(8,8)
g = cont_exit_time(Q)
```

本章习题

1. 两位准备纳税申报表的工作人员在当地一家购物中心的商场工作，每位工作人员的服务桌旁都有一把椅子，顾客可以坐在椅子上接受服务，此外还有一把椅子，可供顾客坐着等待，顾客按照速率 λ 到达，如果当他到达时椅子上已经坐了在等待的顾客，那么他会离开。假定工作人员 i 的服务时间服从速率为 μ_i 的指数分布，当两位工作人员都空闲时，顾客以等概率选择其中一位接受服务。
构建一个此系统的马氏链，其状态空间为 $\{0,1,2,12,3\}$，其中前四个状态表示处于工作状态的工作人员，而最后一个状态表示系统中一共有三位顾客：每位工作人员服务一位顾客，另外一位顾客正在等待。

2. 考虑以下情况：有两台机器，仅有一位维修工人负责维修。机器 i 在发生故障前可正常工作的时间服从速率为 λ_i 的指数分布，每台机器的维修时间服从速率为 μ_i 的指数分布，且维修工人依照机器发生故障的次序进行维修。

   (a) 构建一个此情形下的马氏链，其状态空间为 $\{0, 1, 2, 12, 21\}$；

   (b) 假定 $\lambda_1 = 1$，$\mu_1 = 2$，$\lambda_2 = 3$，$\mu_2 = 4$，求平稳分布。

3. 考虑上一道题建立的模型，但是现在假设机器 1 比机器 2 更为重要，因此只要机器 1 发生故障，维修工人总是先维修机器 1。

   (a) 构建一个该系统的马氏链，其状态空间为 $\{0, 1, 2, 12\}$，其中数字表示当时发生故障的机器；

   (b) 假定 $\lambda_1 = 1$，$\mu_1 = 2$，$\lambda_2 = 3$，$\mu_2 = 4$，求平稳分布。

4. 考虑一个有两个服务台的排队系统，其中顾客只能从 1 服务台进入系统，进入的速率为 2。如果顾客发现 1 服务台空闲，则他进入系统；否则离开。当一个顾客结束了在 1 服务台的服务时，如果当时 2 服务台空闲，则他将接受 2 服务台的服务，否则他将离开系统。假设 1 服务台的服务速率为 4，而 2 服务台的服务速率为 2，构建一个此系统的马氏链，其状态空间为 $\{0, 1, 2, 12\}$，其中的状态代表正在工作的人员，从长远看，请问：

   (a) 进入系统的顾客比例是多少？

   (b) 接受 2 服务台服务的顾客比例是多少？

5. 一间小办公室里有两个人进行股票共同基金的销售业务，他们每个人的状态为要么在打电话，要么没在打电话。假设业务员 i 的通话时间服从速率为 μ_i 的指数分布，没在打电话的时间服从速率为 λ_i 的指数分布。

   (a) 构建一个马氏链模型，状态空间为 $\{0, 1, 2, 12\}$，其中状态表示正在打电话的业务员。

   (b) 假设 $\mu_i = 3$，$\lambda_i = 1$，求平稳概率分布。

   (c) 假定他们升级了电话系统，若打入的电话正在通话中，则转接到另一部电话，但若另一部电话也正在通话中，则打不进去电话。求新的平稳概率分布。

6. 一个血红蛋白分子可携带一个氧气分子或者一个一氧化碳分子，假设这两种类型的气体分子的到达速率分别为 1 和 2，被血红蛋白分子携带的时间分别服从速率为 3 和 4 的指数分布，构建一个状态空间为 $\{+, 0, -\}$ 的马氏链，其中 $+$ 表示携带一个氧气分子，$-$ 表示携带一个一氧化碳分子，0 表示一个游离的血红蛋白分子。请问：从长远看，血红蛋白分子处于每种状态的时间占全部时间的比重分别是多少？

7. 一台机器容易发生 $i = 1, 2, 3$ 三种故障，发生速率分别为 λ_i，维修它们需要花费的时间服从速率为 μ_i 的指数分布。

   构建一个状态空间为 $\{0, 1, 2, 3\}$ 的马氏链并求其平稳分布。

8. 三只青蛙在池塘附近玩耍。当它们在地面上晒太阳时，它们觉得太热了，于是以速率 1 跳入池塘；当它们在池塘中时，它们觉得太冷了，于是以速率 2 跳回地面上。

   用 X_t 表示时刻 t 晒太阳的青蛙数。

   求 X_t 的平稳分布。

9. 一个计算机实验室有三台激光打印机，两台连接到网络，一台留作备用。打印机可正常工作的时间服从均值为 20 天的指数分布。打印机一旦发生故障，马上就会被送到维修部，并且如果此时有可工作的打印机，则该打印机将取代其继续工作。维修部仅有一名工人，维修好一台打印机需要花费的时间服从均值为 2 天的指数分布。

从长远来看，有两台打印机能工作的概率是多少？

10. 一个计算机实验室有三台连接到网络的激光打印机。打印机可正常工作的时间服从均值为 20 天的指数分布，一旦发生故障，会马上被送到维修部。有两位维修工人维修打印机，每位维修工人修理好一台打印机的时间服从均值为 2 天的指数分布，然而，不可能两位维修工人一起维修同一台打印机。

(a) 构建正在工作的打印机台数的马氏链，并求其平稳分布。

(b) 两位维修工人都忙碌的概率是多少？

(c) 平均有多少台打印机在使用？

11. 一个计算机实验室有三台激光打印机和五个硒鼓。每台打印机需要一个硒鼓，硒鼓的持续使用时间服从均值为 6 天的指数分布。当硒鼓缺墨粉时，它会被拿给维修工人，维修工人加墨粉需要花费的时间服从均值为 1 天的指数分布。

(a) 求平稳分布。

(b) 三台打印机都在工作的概率是多少？

12. 顾客按照每小时 20 辆汽车的速率到达一家仅有一个泵，但能提供全方位服务的加油站，然而当加油站已经有 2 辆汽车，即 1 辆汽车正在加油、1 辆汽车正在等待时，顾客将会去另外的加油站。假定顾客的服务时间服从均值为 6 分钟的指数分布。

(a) 对加油站的汽车数构建一个马氏链模型，求其平稳分布；

(b) 平均每小时服务多少名顾客？

13. 将上一道题的假设条件变为：加油站有 2 个自助加油泵，当加油站至少有 4 辆汽车，即 2 辆汽车正在加油、2 辆汽车正在等待服务时，顾客将会选择另外的加油站。

求解上一道题中问题的答案。

14. 考虑一家理发店，该店有 2 名理发师，2 把可供顾客等候的椅子，顾客按照每小时 5 位的速率到达。如果当顾客到达时，理发店用于等候的椅子坐满了，那么他将离开。假设每一名理发师的服务速率为每小时 2 名顾客。

求理发店顾客数的平稳分布。

15. 考虑一家理发店，该店有 1 名理发师，他理发的速率为每小时 4 人，并且等候室有 3 把椅子，顾客按照每小时 5 人的速率到达。

(a) 证明这个新方案相比之前的策略损失的顾客数更少；

(b) 计算每小时增加的能获得服务的顾客数。

16. 一家出租车公司有 3 辆出租车。打入调度室的电话数服从速率为每小时 2 个的泊松过程。假设每次出车时间服从均值为 20 分钟的指数分布，且当叫车的顾客听到没有可用的出租车时，他们会挂掉电话。

(a) 当一个叫车电话打入时，3 辆出租车都已经出车的概率是多少？

(b) 从长远看，平均每小时可服务多少名顾客？

17. 假设一个三状态连续时间马氏链的转移速率矩阵如下：

$$\mathbf{Q} = \begin{bmatrix} -1 & 0 & 1 \\ 1 & -2 & 1 \\ 1 & 3 & -4 \end{bmatrix}$$

使用 Matlab 等具有符号计算功能的软件包，计算该马氏链的转移概率矩阵 $\mathbf{P}_t$，并根据得到的结果，写出极限概率分布。

18. 小王和小李准备对他们的公寓进行大扫除，小王打扫厨房，需花费的时间服从一个均值为 30 分钟的指数分布，小李打扫浴室，需花费的时间服从一个均值为 40 分钟的指数分布。第一个完成任务的将到外边清理树叶，完成此工作需花费的时间服从均值为 1 小时的指数分布，当第二个人完成室内大扫除工作后，他们将相互帮助，共同清理树叶，速率是之前的两倍。（当一个人的家务活完成时，另外一人可能已经清理完树叶。）

求：所有的家务活都完成需花费的时间的期望。

（**提示**：使用连续时间马氏链的离出时间相关方法求解。）

19. 考虑一个状态空间为 $\{1, 2, 3, 4\}$ 的连续时间马氏链，其转移速率矩阵为：

$$\mathbf{Q} = \begin{bmatrix} -2 & 1 & 1 & 0 \\ 0 & -1 & 1 & 0 \\ 1 & 1 & -3 & 1 \\ 0 & 0 & 1 & -1 \end{bmatrix}$$

(a) 求平稳分布。

(b) 假设该马氏链的初始状态为 1，求其首次改变状态所需时间的期望值。

(c) 假设该马氏链从状态 1 开始，求其到达状态 4 所需时间的期望值。

20. 考虑一个连续时间的生灭过程，其出生速率为 $\lambda_n = 1 + \left(\dfrac{1}{n+1}\right)$，死亡速率为 $\mu_n = 1$，那么该过程是正常返的、零常返的还是非常返的呢？

如果 $\lambda_n = 1 - \left(\dfrac{1}{n+2}\right)$，那么结果又如何呢？

21. 考虑出生速率为 $\lambda_n = \dfrac{1}{n+1}$，死亡速率为 $\mu_n = 1$ 的一个生灭过程，证明该连续时间马氏链为正常返的，并给出它的平稳分布。

第六章　更新过程

在上一章，我们提到了泊松过程，并且阐明其是一类特殊的计数过程，其中每次计数的时间间隔服从指数分布。指数分布所具有的无记忆性对于泊松过程的一些特殊性质具有决定性意义。本章我们将考虑泊松过程的一种重要推广——更新过程（renewal process）。

第一节　定义及例子

一、更新过程定义

> **定义 6.1**
>
> 假设 $X_1, X_2, \ldots, X_n$ 是独立同分布的随机变量，其分布函数为 F（为避免平凡情形，这里假设 $F(0) = \mathbb{P}(X_i = 0) < 1$, $i = 1, 2, \ldots, n$），并且
>
> $$T_n = X_1 + X_2 + \cdots + X_n, \quad n \geqslant 1, \qquad T_0 = 0$$
>
> 定义计数过程 $N(t) = \max\{n : T_n \leqslant t\}$，并称 $N(t)$ 为更新过程。通常称 X_n 为 $N(t)$ 的第 n 个更新间隔（inter-renewal interval），也称为第 n 个更新的等待时间，称 T_n 为第 n 次更新时刻，称对应的序列 $\{T_n\}$ 为更新序列（renewal sequence）。图 6.1 给出了更新间隔和更新时刻的图示。

将此定义与泊松过程的第一种定义方式进行对比，不难看出：更新过程只假设了 X_i, $i = 1, 2, \ldots, n$ 的独立同分布（independent and identically distributed, iid），并未限定其具体服从何种概率分布；而泊松过程的定义中，则对概率分布进行了限定（指数分布）。因此，泊松过程可看作更新过程的一个特例。

由于更新过程未限定具体的概率分布，所以对其的研究需要基于强大数定律的相关性质。

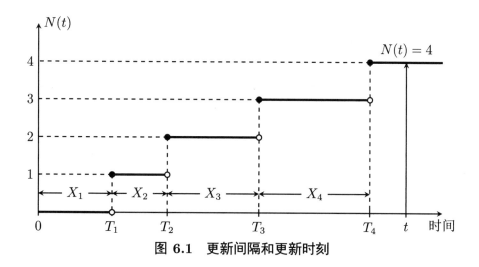

图 6.1　更新间隔和更新时刻

二、更新过程举例

例 6.1　马氏链。记 X_t 是一个不可约、正常返的离散时间马氏链，假设 $X_0 = x$，记 T_n 表示该马氏链第 n 次返回状态 x 的时刻。令相邻两次访问状态 x 的时间间隔为 X_i，则有：

$$X_i = T_i - T_{i-1}, \qquad i = 1, 2, \ldots, n$$

根据强马氏性，我们可知，X_i, $i = 1, 2, \ldots, n$ 是相互独立且同分布的，因此截至时刻 t，访问状态 x 的次数 $N(t)$ 就是一个更新过程，其中 $N(t) = \max\{n : T_n \leqslant t\}$。

例 6.2　机器修理问题。一台机器在发生故障前可以正常工作的时间是 s_i，发生故障后进行维修所花费的时间是 u_i。记 $t_i = s_i + u_i$ 表示机器在第 i 个"正常工作—维修"周期的时长。若假定维修后的机器完美如新，那么 t_i 就是独立同分布的，由此得到的截至时刻 T，维修机器的次数 $N(T)$ 就是一个更新过程，其中，

$$N(T) = \max\left\{n : \left(\sum_{i=1}^{n} t_i\right) \leqslant T\right\}$$

在第三节中，我们会提及此种包含"正常工作"和"维修"两个状态的交替更新过程。

例 6.3　$M/G/1$ 排队系统。假设有一个服务员的排队系统，顾客以速率为 λ 的泊松过程到达，这意味着顾客到达的时间间隔相互独立，并且服从速率为 λ 的指数分布。假设顾客接受服务的时间独立同分布，且均值为 μ。在这里我们并未假设接受服务的时间服从指数分布，因此接受服务的时间不具有指数分布的无记忆性。对于这样的排队系统，存在"顾客到达"和"顾客接受完服务离开"两种可能的状态变化，因此该排队系统也是更新过程。

三、更新过程的相关术语

　　与更新过程相关的术语主要有更新函数、年龄和剩余寿命。它们的定义如下：

> **定义 6.2**
>
> 设 $N(t)$ 为更新过程，X_n 为 $N(t)$ 的第 n 个更新间隔，T_n 为第 n 次更新的时刻，则
> (1) $N(t)$ 的期望值 $M(t)$ 称为**更新函数**（renewal function），即 $M(t) = \mathbb{E}[N(t)]$；
> (2) 在 t 时刻，距离上一次更新的时间间隔 $A(t)$ 称作**年龄**（age），即 $A(t) = t - T_{N(t)}$；
> (3) 在 t 时刻，距离下一次更新的时间间隔 $Y(t)$ 称作**剩余寿命**（residual life），即 $Y(t) = T_{N(t)+1} - t$。

与定义相关联的时间轴如图6.2所示。

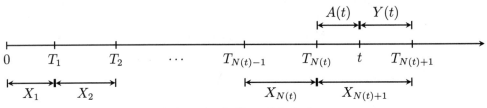

图 6.2　年龄和剩余寿命

从图6.2中不难看出，$A(t)$ 与 $Y(t)$ 之间存在如下对应的等式关系：

$$A(t) + Y(t) = T_{N(t)+1} - T_{N(t)} = X_{N(t)+1}$$

如果图6.2描述的是一个电子元件的寿命，并且认为一次更新就意味着零件损坏，需要用新零件替换旧零件。那么很明显，在中间的某一个时间点 t，$A(t)$ 就是零件"已经工作的时间"（年龄），$Y(t)$ 则是零件"还能工作多久"（剩余寿命），两者之和 $A(t)+Y(t)$ 则表示"某个电子元件的寿命"（更新间隔）。

这三个概念在更新过程的相关研究中扮演着非常重要的作用。在本章第二节，我们将具体研究更新函数 $M(t)$ 的相关性质；在第二节的最后，将研究年龄 $A(t)$、剩余寿命 $Y(t)$ 和更新间隔 $A(t)+Y(t)$ 的性质。

> **知识讲解**
>
> 更新过程的性质：
> 极限定理

第二节　更新过程的性质

一、极限定理

接下来，我们开始研究更新过程 $N(t)$ 的性质，主要从 $N(t)$ 的极限性质，以及 $N(t)$ 期望的相关性质入手加以介绍。根据图6.1，记 $\mu = \mathbb{E}(X_n)$，$n \geqslant 1$，此处的 μ 表示更新间隔的期望值，也就是相继更新之间的平均时间。

定理 6.1

对于更新过程 $N(t)$，当 $n \to \infty$ 时，下式以概率 1 成立：

$$\frac{n}{T_n} \to \frac{1}{\mu}, \qquad \text{a.s.} \tag{6.1}$$

证明： 由于 X_i 独立同分布，并且 $T_n = X_1 + X_2 + \cdots + X_n$，因此根据强大数定律，当 $n \to \infty$ 时，

$$\frac{T_n}{n} = \frac{\sum\limits_{i=1}^{n} X_i}{n} \to \overline{X} = \mu, \qquad \text{a.s.}$$

相应地，可得：

$$\frac{n}{T_n} \to \frac{1}{\mu}, \qquad \text{a.s.}$$

由此，我们还可以得到如下定理：

定理 6.2 极限定理

记 $\mu = \mathbb{E}(X_n)$，$n \geqslant 1$ 表示更新间隔的期望值，若 $\mathbb{P}(X_i > 0) > 0$，那么当 $t \to \infty$ 时，下式以概率 1 成立：

$$\frac{N(t)}{t} \to \frac{1}{\mu}, \qquad \text{a.s.} \tag{6.2}$$

此结论与离散时间马氏链一章中所提及的渐近频率定理的表述方式一致，所不同的是，我们在这里将马氏链归入更新过程的一个特例。

为了更直观地说明这个定理的含义，我们在图6.1的阶梯图上任取若干点，并将这些点与原点相连，由此得到的三条射线如图6.3所示。其中射线 ℓ_1 与阶梯交于 $(t_1, 1)$ 点，射线 ℓ_2 与阶梯交于 $(t_2, 2)$ 点，射线 ℓ_3 与阶梯交于 $(t_3, 3)$ 点。我们不难注意到，由于 $t_1 \in (T_1, T_2)$，因此 $N(t_1) = 1$，类似地，$N(t_2) = 2$，$N(t_3) = 3$。因此上述射线的斜率 $\tan\theta_i$，$i = 1, 2, 3$ 分别为：

$$\tan\theta_1 = \frac{1}{t_1} = \frac{N(t_1)}{t_1}, \qquad \tan\theta_2 = \frac{2}{t_2} = \frac{N(t_2)}{t_2}, \qquad \tan\theta_3 = \frac{3}{t_3} = \frac{N(t_3)}{t_3}$$

由此可知：$\lim\limits_{t\to\infty} \dfrac{N(t)}{t}$ 可看成在时间无穷远处，阶梯图上一点与原点连线所得到的射线之斜率。极限定理的含义就是：当 $t \to \infty$ 时，该射线的斜率将会以概率 1 接近于定值 $1/\mu$。

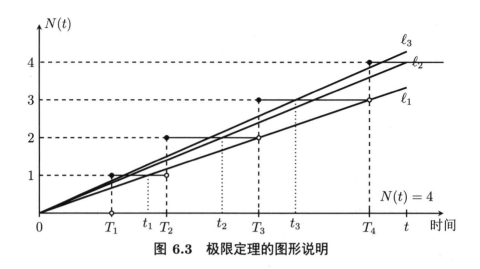

图 6.3　极限定理的图形说明

我们知道,泊松过程可看作更新过程的一个特例,因此若 $N(t)$ 是泊松过程,则其更新间隔服从速率为 λ 的指数分布,相应地, $\mu = \mathbb{E}(X_n) = 1/\lambda$,由此可得,当 $t \to \infty$ 时,下式以概率 1 成立:

$$\frac{N(t)}{t} \to \lambda, \qquad \text{a.s.}$$

需要强调的是, $N(t)/t$ 表示单位时间内更新的次数,反映了更新的速率;而 $t/N(t)$ 则反映了更新一次平均所需的时间。

例 6.4　小王的办公室有一台使用中的打印机,一旦墨盒无墨,他将立刻换上新的墨盒,以保证工作的顺利进行。如果打印机墨盒的寿命(天数)在区间 $(60, 90)$ 上均匀分布,那么小王应该以什么样的速率更换墨盒?

解答:　对于 $(60, 90)$ 上的均匀分布而言,其期望值为 $\mu = \dfrac{1}{2}(60 + 90) = 75$ 天。根据极限定理可得:

$$\lim_{t \to \infty} \frac{N(t)}{t} = \frac{1}{\mu} = \frac{1}{75}$$

因此,从长远来看,小王应该每 75 天换一次墨盒。

例 6.5　小王的办公室有一台使用中的打印机,一旦墨盒无墨,他就需要花费时间采购墨盒,以保证工作的顺利进行。如果打印机墨盒的寿命(天数)在区间 $(60, 90)$ 上均匀分布,小王采购墨盒需要的时间服从天数为 $(1, 3)$ 的均匀分布,那么小王应该以什么样的速率更换墨盒?

解答:　在此情形下,两次更换墨盒的平均时间由 $\mu = \mathbb{E}(U_1) + \mathbb{E}(U_2)$ 得到,其中 $U_1 \sim$

$U(60, 90)$，$U_2 \sim U(1, 3)$。因此，

$$\mathbb{E}(U_1) = \frac{1}{2}(60 + 90) = 75, \qquad \mathbb{E}(U_2) = \frac{1}{2}(1 + 3) = 2$$

因此，$\mu = 75 + 2 = 77$，从长远看，小王以速率 $1/77$ 替换墨盒，即他需要每 77 天替换一次墨盒。

例 6.6 假设潜在顾客以速率为 λ 的泊松过程到达只有一个服务窗口的银行。假设这些潜在顾客只在服务窗口有空时才会进入银行，若银行中有一个顾客在接受服务，则潜在顾客将转身离开银行。假定进入银行的顾客在银行停留的时间是一个具有分布 G 的随机变量，请问：

(1) 顾客进入银行的速率是多少？

(2) 潜在顾客最终进入银行的比例是多少？

解答： 记 μ_G 为平均服务时间，根据泊松过程的无记忆性，对于进入银行的顾客而言，其时间间隔的均值 μ 取决于到达的时间和服务的时间之和，即：

$$\mu = \frac{1}{\lambda} + \mu_G$$

因此顾客进入银行的速率为：

$$\frac{1}{\mu} = \frac{\lambda}{1 + \lambda \mu_G}$$

另外，由于潜在顾客到达的速率为 λ，因此他们最终进入银行的比例为：

$$\frac{1/\mu}{\lambda} = \frac{\lambda/(1 + \lambda \mu_G)}{\lambda} = \frac{1}{1 + \lambda \mu_G}$$

定理 6.3

对于更新过程 $N(t)$，当 $t \to \infty$ 时，下式以概率 1 成立：

$$N(t) \to \infty, \qquad \text{a.s.}$$

证明： 由于 $N(t)$ 是一个不减的实值函数，因此具有有限极限或无穷极限，于是，

$$\mathbb{P}\left[\lim_{t \to \infty} N(t) < \infty\right] = \mathbb{P}\left[\bigcup_{n \geqslant 1} \lim_{t \to \infty} N(t) < n\right] \leqslant \sum_{n \geqslant 1} \mathbb{P}\left[\lim_{t \to \infty} N(t) < n\right] \qquad (6.3)$$

上式求和符号中的内容可以化简为：

$$\begin{aligned}
\mathbb{P}\left[\lim_{t \to \infty} N(t) < n\right] &= \lim_{t \to \infty} \mathbb{P}[N(t) < n] \\
&= \lim_{t \to \infty} \mathbb{P}(T_n > t) = 1 - \lim_{t \to \infty} \mathbb{P}(T_n \leqslant t)
\end{aligned}$$

注意，对于任意 n，$\lim\limits_{t \to \infty} \mathbb{P}(T_n \leqslant t) = 1$，因此对应的 $\mathbb{P}\left[\lim\limits_{t \to \infty} N(t) < n\right] = 0$。将其代入式 (6.3)，最终可得：

$$\mathbb{P}\left[\lim_{t \to \infty} N(t) < \infty\right] = 0$$

相应地，

$$\mathbb{P}\left[\lim_{t \to \infty} N(t) = \infty\right] = 1$$

即：当 $t \to \infty$ 时，$N(t) \to \infty$ 以概率 1 成立。

二、$N(t)$ 的概率

类似于泊松过程，在更新过程中，同样有如下等价关系成立：

$$N(t) \geqslant n \iff T_n \leqslant t \tag{6.4}$$

于是，我们可以得到：

$$
\begin{aligned}
\mathbb{P}[N(t) = n] &= \mathbb{P}[N(t) \geqslant n] - \mathbb{P}[N(t) \geqslant n+1] \\
&= \mathbb{P}(T_n \leqslant t) - \mathbb{P}(T_{n+1} \leqslant t) \\
&= F_n(t) - F_{n+1}(t)
\end{aligned} \tag{6.5}
$$

知识讲解

更新过程 $N(t)$ 的
概率

其中，$F_n(t)$ 就是 T_n 的分布函数。[1] 这个公式非常简单但难以应用，因为 $F_n(t)$ 的求解往往会非常棘手。

例 6.7 假设更新间隔 X_n 服从几何分布，即：

$$\mathbb{P}(X_n = i) = p(1-p)^{i-1}, \ i \geqslant 1$$

这可以解释为：在成功概率为 p 的先验概率下，进行 i 次试验才成功的概率。于是 $T_n = X_1 + X_2 + \cdots + X_n$ 可以解释为：在成功概率为 p 的先验概率下，为实现 n 次成功所必需的试验次数。于是 T_n 服从负二项分布，对应的概率如下：

$$\mathbb{P}(T_n = k) = \binom{k-1}{n-1} p^n (1-p)^{k-n}, \qquad k \geqslant n \tag{6.6}$$

根据式 (6.5)，可得：

$$
\begin{aligned}
\mathbb{P}[N(t) = n] &= \mathbb{P}[N(t) \geqslant n] - \mathbb{P}[N(t) \geqslant n+1] \\
&= \mathbb{P}(T_n \leqslant t) - \mathbb{P}(T_{n+1} \leqslant t) \\
&= \mathbb{P}(n \leqslant T_n \leqslant t) - \mathbb{P}(n+1 \leqslant T_{n+1} \leqslant t) \\
&= \sum_{k=n}^{[t]} \binom{k-1}{n-1} p^n (1-p)^{k-n} - \sum_{k=n+1}^{[t]} \binom{k-1}{n} p^{n+1} (1-p)^{k-n-1} \\
&= \binom{[t]}{n} p^n (1-p)^{[t]-n}
\end{aligned}
$$

---

[1] 由于 $T_n = X_1 + X_2 + \cdots + X_n$，并且 X_i 独立同分布，因此 $F_n(t)$ 是 X_i 的分布函数 F 的 n 重卷积。具体推导过程见本章附录。

其中，$[t]$ 表示对 t 取整数部分。最终得到的更新过程 $N(t)$ 服从二项分布。

例 6.8 假设更新间隔 X_n 服从指数分布，即：

$$G_n(t) = \mathbb{P}(X_n \leqslant t) = 1 - \mathrm{e}^{-\lambda t}$$

根据第四章的内容，我们可知，$T_n = X_1 + X_2 + \cdots + X_n$ 服从 Gamma 分布，对应的概率密度函数如下：

$$f_{T_n}(t) = \lambda \mathrm{e}^{-\lambda t} \cdot \frac{(\lambda t)^{n-1}}{(n-1)!}, \qquad t \geqslant 0$$

求：更新函数 $M(t)$。

解答： **解法一：** 利用全概率公式，可得：

$$\begin{aligned}
\mathbb{P}[N(t) = n] &= \sum_{0 \leqslant x \leqslant t} \mathbb{P}[N(t) = n | T_n = x] \cdot \mathbb{P}(T_n = x) \\
&= \int_0^t \mathbb{P}[N(t) = n | T_n = x] \cdot f_{T_n}(x)\, \mathrm{d}x \\
&= \int_0^t \mathbb{P}[X_{n+1} \geqslant t - x] \cdot f_{T_n}(x)\, \mathrm{d}x \\
&= \int_0^t \mathrm{e}^{-\lambda(t-x)} \cdot \lambda \mathrm{e}^{-\lambda x} \cdot \frac{(\lambda x)^{n-1}}{(n-1)!}\, \mathrm{d}x \\
&= \frac{\lambda^n \mathrm{e}^{-\lambda t}}{(n-1)!} \int_0^t x^{n-1}\, \mathrm{d}x \\
&= \frac{\lambda^n \mathrm{e}^{-\lambda t}}{(n-1)!} \cdot \frac{t^n}{n} = \mathrm{e}^{-\lambda t} \frac{(\lambda t)^n}{n!}
\end{aligned}$$

解法二： 利用式 (6.5)，可得：

$$\begin{aligned}
F_n(t) = \mathbb{P}(T_n \leqslant t) &= \int_0^t f_{T_n}(s)\, \mathrm{d}s = \int_0^t \lambda \mathrm{e}^{-\lambda s} \cdot \frac{(\lambda s)^{n-1}}{(n-1)!}\, \mathrm{d}s \\
&= \frac{\lambda^n}{(n-1)!} \int_0^t \mathrm{e}^{-\lambda s} s^{n-1}\, \mathrm{d}s = \frac{\lambda^n}{n!} \int_0^t \mathrm{e}^{-\lambda s}\, \mathrm{d}s^n
\end{aligned}$$

其中，

$$\begin{aligned}
\int_0^t \mathrm{e}^{-\lambda s}\, \mathrm{d}s^n &= \mathrm{e}^{-\lambda s} s^n \Big|_0^t - \int_0^t s^n\, \mathrm{d}\mathrm{e}^{-\lambda s} \\
&= \mathrm{e}^{-\lambda t} t^n + \lambda \int_0^t \mathrm{e}^{-\lambda s} s^n\, \mathrm{d}s
\end{aligned}$$

类似地，可得：

$$F_{n+1}(t) = \frac{\lambda^{n+1}}{(n+1)!} \int_0^t \mathrm{e}^{-\lambda s}\, \mathrm{d}s^{n+1} = \frac{\lambda^{n+1}}{n!} \int_0^t \mathrm{e}^{-\lambda s} s^n\, \mathrm{d}s$$

记 $I(t) = \int_0^t \mathrm{e}^{-\lambda s} s^n \,\mathrm{d}s$，因此，

$$F_{n+1}(t) = \frac{\lambda^{n+1}}{n!} I(t)$$

$$F_n(t) = \frac{\lambda^n}{n!} \left[\mathrm{e}^{-\lambda t} t^n + \lambda I(t) \right]$$

于是可得，

$$\mathbb{P}[N(t) = n] = F_n(t) - F_{n+1}(t) = \frac{(\lambda t)^n}{n!} \mathrm{e}^{-\lambda t}$$

最终得到的更新过程 $N(t)$ 服从泊松分布，这一结论与第四章中所介绍的内容完全一致。

三、更新函数

（一）更新函数的性质

更新函数 $M(t)$ 唯一地确定了更新过程，因此需要重点研究更新函数的相关性质。特别是更新间隔 X_i 的分布函数 F 与 $M(t)$ 之间存在一一对应的关系。

定理 6.4

对于分布函数 $F_n(t) = \mathbb{P}(T_n \leqslant t)$，更新函数 $M(t)$ 满足

$$M(t) = \sum_{n=1}^{\infty} F_n(t) \tag{6.7}$$

证明： 利用定理 6.1，我们可以得到更新函数的计算公式如下：

$$M(t) = \mathbb{E}[N(t)] = \sum_{n=1}^{\infty} \mathbb{P}[N(t) \geqslant n]$$

$$\{N(t) \geqslant n\} 与 \{T_n \leqslant t\} 等价 \rightarrow = \sum_{n=1}^{\infty} \mathbb{P}(T_n \leqslant t) = \sum_{n=1}^{\infty} F_n(t)$$

根据该定理，如果求出了 $T_n = X_1 + X_2 + \cdots + X_n$ 的分布函数 $F_n(t)$ 并对其进行加总，就可以得到对应的更新函数。但是 $F_n(t)$ 的求解往往非常困难，特别是对于无穷多个 $F_n(t)$ 的序列求和，通常得不到封闭表达式。因此，我们还需要尝试使用其他方法来求解更新函数。

求解式 (6.7) 的一种方法，便是运用拉普拉斯变换（Laplace transform）进行计算。由于 $F_n(t)$ 是 X_i 的分布函数 F 的 n 重卷积，即：

知识讲解

更新函数
及其性质

$$F_n(t) = \underbrace{F * F * \cdots * F}_{n\text{个}} \tag{6.8}$$

根据拉普拉斯变换的性质，我们知道：

$$\mathcal{L}\{F_n(t)\} = \underbrace{\mathcal{L}\{F\} \cdot \mathcal{L}\{F\} \cdots \mathcal{L}\{F\}}_{n\text{个}} = [\mathcal{L}\{F\}]^n$$

即，n 重卷积 $F_n(t)$ 的拉普拉斯变换 $\mathcal{L}\{F_n(t)\}$ 可转化为分布函数 F 的拉普拉斯变换 $\mathcal{L}\{F\}$ 的 n 次幂。于是对式 (6.7) 的两端进行拉普拉斯变换，可得：

$$\mathcal{L}\{M(t)\} = \sum_{n=1}^{\infty} \mathcal{L}\{F_n(t)\} = \sum_{n=1}^{\infty} [\mathcal{L}\{F\}]^n$$

采用该方法求解 $M(t)$ 的步骤如下：

(1) 对分布函数 F 进行拉普拉斯变换，得到 $\mathcal{L}\{F\}$；

(2) 利用上式求出相应的 $\mathcal{L}\{M(t)\}$；

(3) 对 $\mathcal{L}\{M(t)\}$ 进行拉普拉斯逆变换（inverse Laplace transform），从而求出 $M(t)$。

需要说明的是，拉普拉斯逆变换需要运用复变函数相关的知识，但这已超出本书的知识体系，这里不再举例说明。

定理 6.5

对于 $t \in [0, \infty)$，$M(t) < \infty$。

证明： 假设更新间隔 $X_1, X_2, \ldots, X_n$ 的分布函数是 $F(t) = \mathbb{P}(X_1 \leqslant t)$[1]，因此更新时刻 T_n 的分布函数是：

$$F_n(t) = \mathbb{P}(T_n \leqslant t)$$

对于 $\forall m, n \geqslant 0$，我们可以得到：

$$\begin{aligned} F_{m+n}(t) = \mathbb{P}(T_{m+n} \leqslant t) &= \mathbb{P}[T_n + (T_{m+n} - T_n) \leqslant t] \\ &\leqslant \mathbb{P}(T_n \leqslant t, \, T_{m+n} - T_n \leqslant t) \\ &= \mathbb{P}(T_n \leqslant t) \cdot \mathbb{P}(T_{m+n} - T_n \leqslant t) = F_m(t)F_n(t) \end{aligned}$$

因此，对于 $\forall m \geqslant 1$，可得：

$$F_m(t) \leqslant \underbrace{F_1(t) \cdot F_1(t) \cdots F_1(t)}_{m\text{个}} = [F(t)]^m$$

其中，$F_1(t) = \mathbb{P}(T_1 \leqslant t) = \mathbb{P}(X_1 \leqslant t) = F(t)$，因此，

$$M(t) = \sum_{n=1}^{\infty} F_n(t) \leqslant \sum_{n=1}^{\infty} [F(t)]^n = \frac{F(t)}{1 - F(t)}, \qquad t \geqslant 0$$

由于分布函数 $0 < F(t) < 1$，因此 $M(t) < \infty$ 必然成立。

[1]因为 X_i 独立同分布，因此这里使用 $\mathbb{P}(X_1 \leqslant t)$，而不是 $\mathbb{P}(X_i \leqslant t)$，$\forall i$。

推论 6.1

当 $t = 0$ 时，更新函数 $M(t)$ 满足

$$M(0) = \frac{F(0)}{1 - F(0)} \tag{6.9}$$

证明：根据前面对定理的证明，我们可知：

$$M(0) = \sum_{n=1}^{\infty} F_n(0) \leqslant \sum_{n=1}^{\infty} [F(0)]^n = \frac{F(0)}{1 - F(0)}$$

由于更新过程的前提假设是 $N(0) = 0$，因此 $M(0) = \mathbb{E}[N(0)] = 0$，对应到上式可得：

$$M(0) = \frac{F(0)}{1 - F(0)}$$

另一种证明方式如下：由于更新的时间间隔 $X_i \geqslant 0$，因此，

$$
\begin{aligned}
F_n(0) = \mathbb{P}(T_n = 0) &= \mathbb{P}(X_1 + X_2 + \cdots + X_n = 0) \\
&= \mathbb{P}(X_1 = 0, X_2 = 0, \ldots, X_n = 0) \\
\text{独立性} \to &= \mathbb{P}(X_1 = 0) \cdot \mathbb{P}(X_2 = 0) \cdots \mathbb{P}(X_n = 0) \\
\text{同分布} \to &= [\mathbb{P}(X_1 = 0)]^n = [F(0)]^n
\end{aligned}
$$

于是，

$$M(0) = \sum_{n=1}^{\infty} F_n(0) = \sum_{n=1}^{\infty} [F(0)]^n = \frac{F(0)}{1 - F(0)}$$

定理 6.6

当 $t \to \infty$ 时，$M(t) \to \infty$。

证明：由于 $\forall n$，$\lim\limits_{t \to \infty} F_n(t) = 1$，因此对于任意大数 M，下式成立：

$$\lim_{t \to \infty} M(t) \geqslant \lim_{t \to \infty} \sum_{n=1}^{M} F_n(t) = \sum_{n=1}^{M} \lim_{t \to \infty} F_n(t) = M$$

因此，当 $t \to \infty$ 时，$M(t) \to \infty$。

（二）更新方程

> **定理 6.7**
>
> 假设更新间隔 X_n 的分布函数 F 是连续的，并且有对应的密度函数 f，则由更新函数 $M(t)$ 构成的更新方程（renewal equation）如下：
>
> $$M(t) = F(t) + \int_0^t M(t-x) f(x) \, \mathrm{d}x \tag{6.10}$$

证明： 根据期望的定义，更新函数 $M(t)$ 的计算公式如下：

$$M(t) = \mathbb{E}[N(t)] = \sum_{x>0} \mathbb{E}[N(t)|X_1 = x] \cdot \mathbb{P}(X_1 = x)$$

$$= \int_0^\infty \mathbb{E}[N(t)|X_1 = x] f(x) \, \mathrm{d}x$$

对于上式的条件期望 $\mathbb{E}[N(t)|X_1 = x]$，我们需要分情况加以讨论：

(1) 若 $x > t$，则此时 $N(t) \equiv 0$，因此 $\mathbb{E}[N(t)|X_1 = x] = 0$。

(2) 若 $x < t$，则此时更新过程将在一次更新发生后重新开始，因此，

$$\mathbb{E}[N(t)|X_1 = x] = 1 + \mathbb{E}[N(t-x)] = 1 + M(t-x) \tag{6.11}$$

将这两种情况进行综合，可得：

$$M(t) = \mathbb{E}[N(t)] = \int_0^t [1 + M(t-x)] f(x) \, \mathrm{d}x$$

$$= \int_0^t f(x) \, \mathrm{d}x + \int_0^t M(t-x) f(x) \, \mathrm{d}x$$

$$= F(t) - F(0) + \int_0^t M(t-x) f(x) \, \mathrm{d}x$$

> **知识讲解**
>
> 更新函数、更新
> 强度与更新方程

由于 $F(0) = 0$，因此可以得到：

$$M(t) = F(t) + \int_0^t M(t-x) f(x) \, \mathrm{d}x$$

更新方程提供了计算更新函数的另一种思路，下面我们通过一个例子加以阐述。

例 6.9 假设更新间隔 X_n 的分布函数 F 是 $[0,1]$ 上的均匀分布，则有：

$$F(t) = t, \quad f(t) = 1, \qquad t \in [0,1]$$

将上式代入更新方程，可得：

$$M(t) = t + \int_0^t M(t-x)\,\mathrm{d}x$$

$$= t - \int_0^t M(t-x)\,\mathrm{d}(t-x)$$

$$u = t - x \rightarrow = t + \int_0^t M(u)\,\mathrm{d}u$$

对上式两端关于 t 求导，可得：

$$M'(t) = 1 + M(t)$$

令 $g(t) = 1 + M(t)$，则 $g'(t) = M'(t)$，于是，

$$g'(t) = g(t)$$

对于这个常微分方程，易得其通解为：

$$g(t) = C\mathrm{e}^t$$

相应地，

$$M(t) = C\mathrm{e}^t - 1$$

由于 $M(0) = \mathbb{E}[N(0)] = 0$，因此作为初始条件可得 $C = 1$，最终可得：

$$M(t) = \mathrm{e}^t - 1, \qquad t \in [0,1]$$

定义 6.3 更新强度

假设更新函数 $M(t)$ 可微，记 $m(t) = \mathrm{d}M(t)/\mathrm{d}t$，称 $m(t)$ 是更新函数 $M(t)$ 对应的更新强度。

与更新函数 $M(t)$ 类似，更新强度 $m(t)$ 具有如下性质（证明过程较简单，这里不再赘述）：

定理 6.8

更新过程 $N(t)$ 的更新强度 $m(t)$ 满足

$$m(t) = \sum_{n=1}^{\infty} f_n(t) \tag{6.12}$$

其中，$f_n(t)$ 是分布函数 $F_n(t) = \mathbb{P}(T_n \leqslant t)$ 对应的密度函数。

定理 6.9

更新过程 $N(t)$ 的更新强度 $m(t)$ 满足如下积分方程：

$$m(t) = f(t) + \int_0^t m(t-x)f(x)\,\mathrm{d}x \tag{6.13}$$

其中，$f(x)$ 是更新间隔 X_n 的密度函数。

（三）更新方程与拉普拉斯变换

对式 (6.10) 进行变形，可得：

$$M(t) = \int_0^t f(x)\,\mathrm{d}x + \int_0^t M(t-x)f(x)\,\mathrm{d}x \tag{6.14}$$

在前文中，我们得到了更新方程 (6.10)，在公式中的积分部分，由于 $M(t-x)$ 与 $f(x)$ 的参数之和等于常数 t，显然式 (6.10) 中的积分是 $M(t-x)$ 与 $f(x)$ 的卷积运算。因此我们可以尝试运用拉普拉斯变换，对 $M(t)$ 进行求解。由于 $F(t)$ 是 $f(t)$ 的积分，我们记 $\mathcal{L}\{f(t)\}$ 为 $f(t)$ 的拉普拉斯变换，于是根据拉普拉斯变换的性质可得：

$$\mathcal{L}\{F(t)\} = \frac{\mathcal{L}\{f(t)\}}{s}$$

需要说明的是，$\mathcal{L}\{F(t)\}$ 与 $\mathcal{L}\{f(t)\}$ 中的参数只有 s，没有 t。对更新方程 (6.10) 的两端进行拉普拉斯变换，可得：

$$\mathcal{L}\{M(t)\} = \frac{\mathcal{L}\{f(t)\}}{s} + \mathcal{L}\{M(t)\}[\mathcal{L}\{f(t)\}] \tag{6.15}$$

对上式进行整理，可得：

$$\mathcal{L}\{M(t)\} = \frac{1}{s} \cdot \frac{\mathcal{L}\{f(t)\}}{1 - \mathcal{L}\{f(t)\}} \tag{6.16}$$

因此，如果求出了 $f(t)$ 的拉普拉斯变换 $\mathcal{L}\{f(t)\}$，并将其代入式 (6.16)，就可以得到 $\mathcal{L}\{M(t)\}$；再对 $\mathcal{L}\{M(t)\}$ 进行拉普拉斯逆变换，最终可以得到 $M(t)$ 的表达式。下面我们通过举例来说明该方法。

例 6.10 假设更新过程的更新间隔密度函数如下：

$$f(t) = \frac{1}{2}\mathrm{e}^{-t} + \mathrm{e}^{-2t}, \qquad t \geqslant 0$$

对其进行拉普拉斯变换，可得：

$$\mathcal{L}\{f(t)\} = \frac{1}{2(s+1)} + \frac{1}{s+2}$$

代入式 (6.16) 可得:

$$\mathcal{L}\{M(t)\} = \frac{4}{3s^2} + \frac{1}{9s} - \frac{1}{9(s+1.5)}$$

对上式进行拉普拉斯逆变换,最终可得:

$$M(t) = \frac{4}{3}t + \frac{1}{9}\left[1 - \exp\left(-\frac{3}{2}t\right)\right]$$

关于更新强度,我们也可以使用同样的方法进行求解。对式 (6.13) 两端进行拉普拉斯变换,可得:

$$\mathcal{L}\{m(t)\} = \mathcal{L}\{f(t)\} + \mathcal{L}\{m(t)\}\mathcal{L}\{f(t)\} \tag{6.17}$$

对上式进行整理可得:

$$\mathcal{L}\{m(t)\} = \frac{\mathcal{L}\{f(t)\}}{1 - \mathcal{L}\{f(t)\}} \tag{6.18}$$

基于式 (6.18) 的结果,对 $\mathcal{L}\{m(t)\}$ 进行拉普拉斯逆变换,最终可以得到 $m(t)$ 的表达式。关于拉普拉斯变换及其逆变换的含义及软件操作,请感兴趣的同学查看本章附录。

例 6.11 假设更新过程的更新间隔密度函数如下:

$$f(t) = \lambda e^{-\lambda t}, \qquad \lambda > 0,\ t \geqslant 0$$

对其进行拉普拉斯变换,可得:

$$\mathcal{L}\{f(t)\} = \frac{\lambda}{\lambda + s}$$

代入式 (6.18) 可得:

$$\mathcal{L}\{m(t)\} = \frac{\dfrac{\lambda}{\lambda+s}}{1 - \dfrac{\lambda}{\lambda+s}} = \frac{\lambda}{s}$$

对上式进行拉普拉斯逆变换,最终可得:

$$m(t) = \lambda$$

此例中的更新间隔服从指数分布,对应的更新过程就是泊松过程,因此 $M(t) = \mathbb{E}[N(t)] = \lambda t$,对应的 $m(t) = \mathrm{d}M(t)/\mathrm{d}t = \lambda$,此处的 $m(t)$ 就是泊松过程的强度 λ,与我们之前所熟知的泊松过程的性质一致。

四、更新定理

在介绍更新定理之前,我们对第二章提及的停时概念进行重新表述。

（一）停时和瓦尔德定理

> **定义 6.4**
>
> 假设 $\{X_n\}$ 是随机变量序列，S 是取值为正整数的随机变量，若 $\forall n$，事件 $\{S \leqslant n\}$ 由 $X_1, X_2, \ldots, X_n$ 唯一决定，则称 S 是 $\{X_n\}$ 的停时。

此处的定义不同于第二章中的表述，此处的含义是：事件 $\{S \leqslant n\}$ 由其所在时间段的信息 $X_1, X_2, \ldots, X_n$ 所决定。若观测到 $X_1, X_2, \ldots, X_n$ 就能确定事件 $\{S \leqslant n\}$ 是否发生，则意味着 S 是停时，否则就不是。

> **定理 6.10 瓦尔德定理（Wald's theorem）**
>
> 假设 $\{X_n,\ n \geqslant 1\}$ 是独立同分布的随机变量序列，其期望值均为 μ。S 是定义于 $\{X_n,\ n \geqslant 1\}$ 上的停时，并且 $\mathbb{E}(S) < \infty$，则 $T_S = X_1 + X_2 + \cdots + X_S$ 满足如下等式：
>
> $$\mathbb{E}(T_S) = \mu\mathbb{E}(S) \tag{6.19}$$

证明：运用示性函数，对 T_S 的表达式进行重新表述，结果如下：

$$T_S = \sum_{n=1}^{\infty} X_n \mathbf{1}_{\{n \leqslant S\}}$$

于是：

$$\mathbb{E}(T_S) = \mathbb{E}\left[\sum_{n=1}^{\infty} X_n \mathbf{1}_{\{n \leqslant S\}}\right] = \sum_{n=1}^{\infty} \mathbb{E}\left[X_n \mathbf{1}_{\{n \leqslant S\}}\right]$$

由于 $\mathbb{E}(X_n) = \mu$，并且 $\{n \leqslant S\}$ 与 X_n 相互独立，因此：

$$\mathbb{E}\left[X_n \mathbf{1}_{\{n \leqslant S\}}\right] = \mathbb{E}(X_n) \cdot \mathbb{E}\left[\mathbf{1}_{\{n \leqslant S\}}\right] = \mu \cdot \mathbb{P}(S \geqslant n)$$

从而可得：

$$\mathbb{E}(T_S) = \sum_{n=1}^{\infty} \mu \cdot \mathbb{P}(S \geqslant n) = \mu \cdot \sum_{n=1}^{\infty} \mathbb{P}(S \geqslant n) = \mu\mathbb{E}(S)$$

接下来，我们将瓦尔德定理用于对更新函数 $M(t)$ 的分析中。我们给出如下推论：

知识讲解

更新定理，瓦尔德定理

> **推论 6.2**
>
> 假设 $\{N(t),\ t \geqslant 0\}$ 是一个更新过程，其更新间隔记作 X_i，$i = 1, 2, \ldots$，对应的更新时刻记作 T_i，$i = 1, 2, \ldots$。记 $T_{N(t)+1}$ 表示 t 时刻以后的第一个更新时刻，当 $\mathbb{E}(X_i) = \mu < \infty$ 时，下式成立：
>
> $$\mathbb{E}[T_{N(t)+1}] = \mu[M(t) + 1] \tag{6.20}$$

证明： **方法一：** 由于 $T_{N(t)+1}$ 表示更新过程在 t 时刻以后的第一个更新时刻，相应地，$T_{N(t)}$ 则表示 t 时刻之前最后一个更新时刻。因此 $S = N(t)+1$ 可看作 X_i, $i = 1, 2, \ldots$ 的停时。于是，利用瓦尔德定理，我们可知下式成立：

$$\mathbb{E}[T_{N(t)+1}] = \mu\mathbb{E}[N(t)+1]$$

由于 $M(t) = \mathbb{E}[N(t)]$，因此，

$$\mathbb{E}[T_{N(t)+1}] = \mu[M(t)+1]$$

方法二： 由于 $T_{N(t)+1} = X_1 + X_2 + \cdots + X_{N(t)+1}$，因此，

$$\mathbb{E}[T_{N(t)+1}] = \mathbb{E}(X_1) + \mathbb{E}\left[\sum_{i=2}^{N(t)+1} X_i\right]$$

$$T_{N(t)+1}\text{的重新表述} \rightarrow = \mu + \mathbb{E}\left[\sum_{i=2}^{\infty} X_i \mathbf{1}_{\{N(t)+1 \geqslant i\}}\right]$$

$$\{N(t) \geqslant i-1\}\text{与}\{T_{i-1} \leqslant t\}\text{等价} \rightarrow = \mu + \sum_{i=2}^{\infty} \mathbb{E}\left[X_i \mathbf{1}_{\{T_{i-1} \leqslant t\}}\right]$$

$$X_i\text{与}X_1, \ldots, X_{i-1}\text{相互独立} \rightarrow = \mu + \mu\sum_{i=2}^{\infty} \mathbb{P}(T_{i-1} \leqslant t)$$

$$= \mu + \mu\sum_{i=2}^{\infty} F_{i-1}(t)$$

$$= \mu + \mu M(t) = \mu[M(t)+1]$$

通过该式，我们将更新函数 $M(t)$、更新间隔的期望值 μ 以及 t 时刻以后的第一个更新时刻的期望值 $\mathbb{E}[T_{N(t)+1}]$ 联系起来。

例 6.12 某矿工身陷井下陋室。陋室有三扇门，他选择 1 号门需经过 2 天的行进才会获得自由；选择 2 号门则经过 4 天的行进后还是回到这个陋室；选择 3 号门则经过 6 天的行进后还是回到这个陋室。假设在所有的时间他都等可能地选取三扇门中的任意一扇，记这个矿工获得自由所用的时间为 T。

知识讲解

瓦尔德定理例题及基本更新定理

(a) 用瓦尔德定理求 $\mathbb{E}(T)$。

(b) 计算 $\mathbb{E}\left[\sum_{i=1}^{N} X_i \middle| N = n\right]$。

(c) 用 (b) 的结论推导出 $\mathbb{E}(T)$。

解答： (a) 利用瓦尔德定理，可知：

$$\mathbb{E}(T) = \mathbb{E}(X_i)\mathbb{E}(N)$$

此处 N 是停时，表示矿工获得自由前所做的选择次数；X_i 表示矿工每次选择的行进天数。因此，

$$\mathbb{E}(X_i) = \frac{1}{3} \times (2 + 4 + 6) = 4$$

需要注意的是，由于三扇门当中，只有 1 号门可以最终离开陋室，其他两扇门均无法离开。因此，N 服从的是几何分布，其成功的概率为 1/3，失败的概率为 2/3。由几何分布的特征，可得：

$$\mathbb{E}(N) = \sum_{n=1}^{\infty} n \cdot \left(\frac{2}{3}\right)^{n-1} \cdot \left(\frac{1}{3}\right) = 3$$

综合上面两个式子，可得：$\mathbb{E}(T) = 4 \times 3 = 12$（天）。

(b) $\{N = n\}$ 的含义是：前 $(n-1)$ 次选择均未选择 1 号门，第 n 次选择才选择了能获得自由的 1 号门。因此，

$$\mathbb{E}\left[\sum_{i=1}^{N} X_i \middle| N = n\right] = \frac{1}{2}(4 + 6)(n - 1) + 2 = 5n - 3$$

需要说明的是，前 $(n-1)$ 次选择 2 号门或 3 号门的概率是相同的，因此在计算期望时，各自的概率均为 1/2；而最后一次只有选择 1 号门才能获得自由，对应的概率是 1。

(c) 运用条件期望的性质，对上式两端取期望，可得：

$$\mathbb{E}\left\{\mathbb{E}\left[\sum_{i=1}^{N} X_i \middle| N = n\right]\right\} = 5\mathbb{E}(N) - 3$$

$$\mathbb{E}\left[\sum_{i=1}^{N} X_i\right] = 5 \times 3 - 3$$

$$\mathbb{E}(T) = 12（天）$$

（二）基本更新定理

定理 6.11 基本更新定理（elementary renewal theorem）

对于更新过程 $N(t)$，记 $M(t) = \mathbb{E}[N(t)]$，$\mu = \mathbb{E}(X_n)$，$n \geqslant 1$。当 $t \to \infty$ 时，下式以概率 1 成立：

$$\frac{M(t)}{t} \to \frac{1}{\mu}, \qquad \text{a.s.} \tag{6.21}$$

该定理是由费勒（Feller）最早提出的，因此也称为费勒更新定理，其表述方式与极限定理相似，只是将 $N(t)$ 替换成其期望 $M(t)$。两个定理的主要区别在于：极限定理的运算基于某个具体样本 ω 下的 $N(t,\omega)/t$，求解的是时间平均更新速率（time-average renewal rate）；基本更新定理对 $M(t)/t$ 的运算则考虑了所有样本 $\omega \in \Omega$，求解的是总体的时间平均更新速率。简而言之，极限定理考察单个样本的渐近性质；基本更新定理

则是考察所有样本的集成（ensemble）所具有的渐近性质。对基本更新定理的证明不能使用大数定律，具体证明过程参见本章附录。

阅读材料：费勒简介

威廉·费勒（1906—1970），杰出的克罗地亚裔美国数学家，出生于克罗地亚。毕业于萨格勒布大学数学系（1925 年），在哥廷根获得博士学位（1926 年），师从理查德·柯朗（Richard Courant）。自 1939 年以来一直居住在美国，受雇于康奈尔布朗大学，自 1950 年以来在普林斯顿大学担任尤金·希金斯（Eugen Higgins）数学教授，是学术杂志《数学评论》的发起人之一（1939 年）。费勒在生灭过程、随机泛函、可列马尔可夫过程积分型泛函的分布、布朗运动与位势、超过程等方向上均成就斐然，对近代概率论的发展做出了卓越贡献。

作为概率论这门学科的创始人之一，费勒以其两卷本专著《概率论及其应用导论》而闻名。该书被认为是 20 世纪最好的数学教科书之一，被翻译成俄文、中文、西班牙文、波兰文和匈牙利文。许多数学概念都以他的名字命名，比如：费勒过程、费勒转移函数、费勒半群、费勒性质、费勒布朗运动、费勒爆炸检验、林德伯格-费勒条件、费勒算子、费勒势、费勒测度、不定克雷因-费勒微分算子和柯尔莫哥洛夫-费勒方程。在 1958 年于爱丁堡举行的国际数学家大会上，费勒发表了题为"概率分析与经典分析之间的一些新联系"的全体会议演讲。

费勒曾担任多个国家学院的成员，如前南斯拉夫（现克罗地亚）科学与艺术学院、丹麦皇家科学院、美国国家科学院、波士顿美国艺术与科学院，以及著名的科学组织——伦敦皇家统计学会和伦敦数学学会（荣誉会员）。他还荣获了 1970 年美国总统国家科学奖章。1996 年有一颗小行星以他的名字命名。

例 6.13 一个工人连续干一些零活，每完成一个零活，就开始一个新的零活。每个零活需要一个具有密度函数 f 的随机时间独立地完成。在这个过程中，可能会发生独立于这些零活的触电意外，其发生服从速率为 λ 的泊松过程。一旦发生触电意外，这个工人就不再继续手头的零活，而是开始一个新的零活。长期来看，零活完成的速率是多少？

解答： 本问题中，将零活的完成看成一个更新过程。记更新的时间间隔为 X，计算完成速率，需要计算出 $\mathbb{E}(X)$。记零活完成的时间为 W，发生触电意外的时间为 S，则有：

$$\mathbb{E}(X|W=w, S=s) = \begin{cases} s + \mathbb{E}(X), & s < w \\ w, & s \geqslant w \end{cases}$$

说明：当 $s < w$ 时，发生触电意外，此时将开始新的零活，原零活的时间 s 仍需计算在

内。根据全概率公式可得：

$$\mathbb{E}(X|W=w) = \int_0^\infty \mathbb{E}(X|W=w,\, S=s)\lambda \mathrm{e}^{-\lambda s}\,\mathrm{d}s$$

$$= \int_0^w [s+\mathbb{E}(X)]\lambda \mathrm{e}^{-\lambda s}\,\mathrm{d}s + \int_w^\infty w\lambda \mathrm{e}^{-\lambda s}\,\mathrm{d}s$$

$$= \int_0^w s\lambda \mathrm{e}^{-\lambda s}\,\mathrm{d}s + \mathbb{E}(X)\int_0^w \lambda \mathrm{e}^{-\lambda s}\,\mathrm{d}s + w\int_w^\infty \lambda \mathrm{e}^{-\lambda s}\,\mathrm{d}s$$

$$= \left[\frac{1}{\lambda} - \left(w+\frac{1}{\lambda}\right)\mathrm{e}^{-\lambda w}\right] + \mathbb{E}(X)\left(1-\mathrm{e}^{-\lambda w}\right) + w\mathrm{e}^{-\lambda w}$$

$$= \mathbb{E}(X)\left(1-\mathrm{e}^{-\lambda w}\right) + \frac{1}{\lambda}\left(1-\mathrm{e}^{-\lambda w}\right)$$

$$= \left[\mathbb{E}(X)+\frac{1}{\lambda}\right]\left(1-\mathrm{e}^{-\lambda w}\right)$$

对上式两端取期望，由于 $\mathbb{E}[\mathbb{E}(X|W=w)] = \mathbb{E}(X)$，因此，

$$\mathbb{E}(X) = \left[\mathbb{E}(X)+\frac{1}{\lambda}\right]\left[1-\mathbb{E}(\mathrm{e}^{-\lambda w})\right]$$

$$\mathbb{E}(X) = \frac{1-\mathbb{E}(\mathrm{e}^{-\lambda w})}{\lambda\mathbb{E}(\mathrm{e}^{-\lambda w})}$$

因此，长期来看，零活完成的速率是 $\dfrac{\lambda\mathbb{E}(\mathrm{e}^{-\lambda w})}{1-\mathbb{E}(\mathrm{e}^{-\lambda w})}$，其中，

$$\mathbb{E}(\mathrm{e}^{-\lambda w}) = \int_0^\infty \mathrm{e}^{-\lambda w}f(w)\,\mathrm{d}w$$

（三）布莱克威尔定理

定义 6.5 格点随机变量

若随机变量 X 只在常数 $d>0$ 的整数倍上取值，且

$$\sum_{n=0}^\infty \mathbb{P}(X=nd) = 1$$

则称 X 是格点（lattice）随机变量。若 d 是使得上式成立的最大整数，则称 d 是 X 的周期。

在基本更新定理中，如果更新函数 $M(t)$ 严格单调上升，且有连续的导数 $m(t)$，则下式成立：

$$\lim_{t \to \infty} m(t) = \lim_{t \to \infty} \frac{M(t)}{t} = \frac{1}{\mu}$$

对于任意非负常数 $a < b$，根据中值定理，存在 $c_t \in (a, b)$，使得：

$$\lim_{t \to \infty} [M(b+t) - M(a+t)] = \lim_{t \to \infty} m(c_t + t) \cdot (b - a)$$
$$= \frac{b-a}{\mu}$$

布莱克威尔定理、
剩余寿命的期望
值

据此得到的定理称作布莱克威尔定理（Blackwell's theorem）。

定理 6.12 布莱克威尔定理

假设 $\mu = \mathbb{E}(X_i)$ 是更新过程中的平均更新间隔，

(1) 若 X_i 不是格点随机变量，那么对于 $0 \leqslant a < b$，当 $t \to \infty$ 时，有：

$$M(b+t) - M(a+t) \to \frac{b-a}{\mu}, \qquad 0 \leqslant a < b$$

(2) 若 X_i 是格点随机变量，且有周期 d，那么当 $t \to \infty$ 时，有：

$$M(nd) - M(nd - d) \to \frac{d}{\mu}, \qquad n = 1, 2, \dots$$

五、年龄和剩余寿命

（一）年龄和剩余寿命的长期期望值

关于剩余寿命，我们可以通过图6.4形象地展示。图6.4(a) 展示的是更新过程的一条可能路径，图6.4(b) 展示的则是对应的剩余寿命。这里需要注意的是，每次更新后的剩余寿命会随着时间的流逝线性递减（斜线的斜率是 -1），到更新时点 T_i 处，剩余寿命减为零。

我们研究的重点在于 $t \to \infty$ 时，平均剩余寿命（time-average residual life）是多少。从图6.4(b) 中，我们可以得到这些折线与横轴围成的面积 $S(t)$，记作：

$$S(t) = \int_0^t Y(u)\, \mathrm{d}u = \frac{1}{2} \sum_{i=1}^{N(t)} X_i^2 + \int_{T_{N(t)}}^t Y(u)\, \mathrm{d}u, \qquad t \in \left[T_{N(t)}, T_{N(t)+1} \right)$$

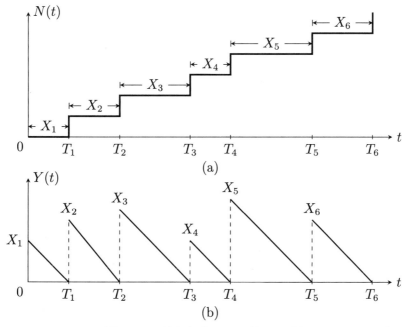

图 **6.4** 剩余寿命 $Y(t)$ 的展示图

平均剩余寿命就是 $S(t)$ 与时间 t 的比值。根据大数定律，当 $t \to \infty$ 时，该比率 $S(t)/t \to \mathbb{E}[Y(t)]$，即：

$$\mathbb{E}[Y(t)] = \lim_{t \to \infty} \frac{1}{t} \int_0^t Y(u)\,\mathrm{d}u$$

由于 $t \in \big[T_{N(t)}, T_{N(t)+1}\big)$，因此可以构造出与之相关联的区间如下：

知识讲解

剩余寿命 $Y(t)$ 的
长期期望值

$$\frac{1}{t} \cdot \frac{1}{2} \sum_{i=1}^{N(t)} X_i^2 \leqslant \frac{1}{t} \int_0^t Y(u)\,\mathrm{d}u \leqslant \frac{1}{t} \cdot \frac{1}{2} \sum_{i=1}^{N(t)+1} X_i^2 \tag{6.22}$$

当 $t \to \infty$ 时，式 (6.22) 的左侧可以表示如下：

$$\lim_{t \to \infty} \frac{\sum_{i=1}^{N(t)} X_i^2}{2t} = \lim_{t \to \infty} \frac{\sum_{i=1}^{N(t)} X_i^2}{N(t)} \cdot \frac{N(t)}{2t} \tag{6.23}$$

其中，

$$\lim_{t \to \infty} \frac{\sum_{i=1}^{N(t)} X_i^2}{N(t)} = \lim_{k \to \infty} \frac{\sum_{i=1}^{k} X_i^2}{k} = \mathbb{E}(X^2) \quad \text{a.s.} \tag{6.24}$$

根据极限定理，

$$\lim_{t \to \infty} \frac{N(t)}{2t} = \frac{1}{2\mathbb{E}(X)} \qquad \text{a.s.} \tag{6.25}$$

因此，

$$\lim_{t \to \infty} \frac{\sum_{i=1}^{N(t)} X_i^2}{2t} = \frac{\mathbb{E}(X^2)}{2\mathbb{E}(X)}, \qquad \text{a.s.} \tag{6.26}$$

对式 (6.22) 的右侧进行类似的变换，结果如下：

$$\lim_{t \to \infty} \frac{1}{2t} \sum_{i=1}^{N(t)+1} X_i^2 = \lim_{t \to \infty} \frac{\sum_{i=1}^{N(t)+1} X_i^2}{N(t)+1} \cdot \frac{N(t)+1}{N(t)} \cdot \frac{N(t)}{2t} = \frac{\mathbb{E}(X^2)}{2\mathbb{E}(X)} \tag{6.27}$$

根据夹逼定理，我们最终得到：

$$\mathbb{E}[Y(t)] = \lim_{t \to \infty} \frac{1}{t} \int_0^t Y(u) \, \mathrm{d}u = \frac{\mathbb{E}(X^2)}{2\mathbb{E}(X)}, \qquad \text{a.s.} \tag{6.28}$$

从中不难看出，平均剩余寿命的取值取决于更新间隔 X 的一阶矩和二阶矩。

如前文所述，年龄 $A(t)$ 表示在 t 时刻，距离上一次更新的时间间隔，即：

$$A(t) = t - T_{N(t)}$$

图6.5展示的是更新过程及其对应的年龄图。这里需要注意的是，每次更新后的年龄会随着时间的流逝而线性递增（斜线的斜率是 1），到更新时点 T_i 处，年龄达到第 $(i-1)$ 次更新的最大值 X_i。

类似于剩余寿命的分析，我们可以对应得到 $t \to \infty$ 时，平均年龄（time-average age）的取值，这里不再赘述，而是直接给出相应的结论：

知识讲解

年龄 $A(t)$ 的长期期望值

$$\mathbb{E}[A(t)] = \lim_{t \to \infty} \frac{1}{t} \int_0^t A(u) \, \mathrm{d}u = \frac{\mathbb{E}(X^2)}{2\mathbb{E}(X)}, \qquad \text{a.s.} \tag{6.29}$$

由于 $A(t) + Y(t) = T_{N(t)+1} - T_{N(t)} = X_{N(t)+1}$，根据式 (6.28) 和 (6.29)，我们可以得到平均更新间隔（time-average interval）的结果：

$$\mathbb{E}[X_{N(t)+1}] = \lim_{t \to \infty} \frac{1}{t} \int_0^t X_{N(u)+1} \, \mathrm{d}u = \frac{\mathbb{E}(X^2)}{\mathbb{E}(X)}, \qquad \text{a.s.} \tag{6.30}$$

我们可以对前面所述内容进行如下总结：

定理 6.13

假设 X 是更新过程 $N(t)$ 的时间间隔，期望为 μ，方差为 σ^2，且 X 不是格点随机

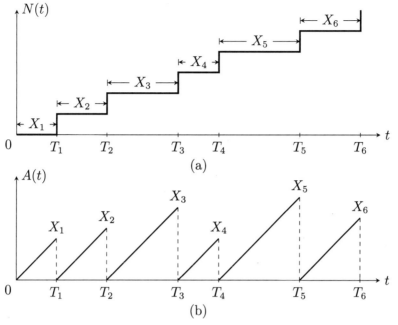

图 6.5 年龄 $A(t)$ 的展示图

变量。每次更新的年龄 $A(t)$ 和剩余寿命 $Y(t)$ 分别记为：

$$A(t) = t - T_{N(t)}, \qquad Y(t) = T_{N(t)+1} - t$$

于是有：

(1) $\mathbb{E}[Y(t)] = \dfrac{\mathbb{E}(X^2)}{2\mathbb{E}(X)} = \dfrac{\mu^2 + \sigma^2}{2\mu}$, a.s.

(2) $\mathbb{E}[A(t)] = \dfrac{\mathbb{E}(X^2)}{2\mathbb{E}(X)} = \dfrac{\mu^2 + \sigma^2}{2\mu}$, a.s.

(3) $\mathbb{E}[X_{N(t)+1}] = \dfrac{\mathbb{E}(X^2)}{\mathbb{E}(X)} = \dfrac{\mu^2 + \sigma^2}{\mu}$, a.s.

例 6.14 假设 X 是更新过程 $N(t)$ 的时间间隔，且 X 不是格点随机变量，证明下式以概率 1 成立：

$$\lim_{t \to \infty} \left[M(t) - \frac{t}{\mathbb{E}(X)} + 1 \right] = \frac{\mathbb{E}(X^2)}{2[\mathbb{E}(X)]^2}$$

其中，$M(t) = \mathbb{E}[N(t)]$。

证明： 由于 $Y(t) = T_{N(t)+1} - t$，对等式两端取期望可得：

$$\mathbb{E}[Y(t)] = \mathbb{E}[T_{N(t)+1}] - t$$

根据瓦尔德定理的推论，我们可知：

$$\mathbb{E}[T_{N(t)+1}] = \mathbb{E}(X)[M(t) + 1]$$

于是可得：

$$\mathbb{E}[Y(t)] = \mathbb{E}(X)[M(t) + 1] - t$$

$$\frac{\mathbb{E}[Y(t)]}{\mathbb{E}(X)} = M(t) - \frac{t}{\mathbb{E}(X)} + 1$$

由于 $t \to \infty$ 时，

$$\mathbb{E}[Y(t)] = \frac{\mathbb{E}(X^2)}{2\mathbb{E}(X)}, \qquad \text{a.s.}$$

因此，

$$\lim_{t \to \infty} \frac{\mathbb{E}[Y(t)]}{\mathbb{E}(X)} = \frac{\mathbb{E}(X^2)}{2\mathbb{E}(X)} \cdot \frac{1}{\mathbb{E}(X)} = \frac{\mathbb{E}(X^2)}{2[\mathbb{E}(X)]^2}$$

最终可得：

$$\lim_{t \to \infty} \left[M(t) - \frac{t}{\mathbb{E}(X)} + 1 \right] = \frac{\mathbb{E}(X^2)}{2[\mathbb{E}(X)]^2}$$

知识讲解

年龄 $A(t)$ 的渐近
分布

（二）年龄和剩余寿命的分布

前面对年龄和剩余寿命的长期期望值进行了研究，本部分将具体研究当 $t \to \infty$ 时，它们分布的渐近性质。

我们先研究年龄 $A(t)$ 的分布，假设一个系统中某个零件具有独立同分布的寿命 $X_1, X_2, \ldots$。零件损坏后将立即更新，相应的更新过程记作 $N(t)$。另外假设每个零件均有一个试用期 $y > 0$，若零件在试用期内没有损坏，则会进入正式工作期；若在试用期内损坏，则该零件将只有试用期而无正式工作期。

记第 i 个零件的试用期为 U_i，则 $U_i = \min(X_i, y)$，对应的正式工作期为 $V_i = X_i - U_i, (X_i > y)$（如图6.6所示）。

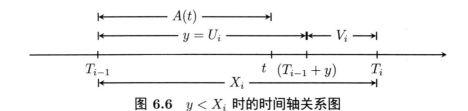

图 6.6 $y < X_i$ 时的时间轴关系图

根据期望的性质，可得：

$$\mathbb{E}(U_i) = \mathbb{E}[\min(X_i, y)] = \int_0^\infty \mathbb{P}[(\min(X_i, y) > s)]\,\mathrm{d}s$$

$$= \int_0^y \mathbb{P}(X_i > s,\, y > s)\,\mathrm{d}s$$

$$\{y > s\} \subseteq \{X_i > s\} \to = \int_0^y \mathbb{P}(X_i > s)\,\mathrm{d}s$$

$$= \int_0^y \overline{F}(s)\,\mathrm{d}s$$

其中，$\overline{F}(s)$ 是 X_i 的生存函数（survival function），与 X_i 的分布函数 $F(s)$ 具有如下等式关系：

$$F(s) + \overline{F}(s) \equiv 1$$

根据强大数定律，易得：

$$\lim_{t \to \infty} \mathbb{P}[A(t) \leqslant y] = \frac{\mathbb{E}(U_i)}{\mathbb{E}(X_i)}$$

由于 X_i 独立同分布，因此，$\mathbb{E}(X_i) = \mu$，最终可得：

$$\lim_{t \to \infty} \mathbb{P}[A(t) \leqslant y] = \frac{1}{\mu} \int_0^y \overline{F}(s)\,\mathrm{d}s, \qquad y \geqslant 0$$

因此，当 t 很大时，年龄 $A(t)$ 的分布函数 $F_A(y)$ 可用下式近似：

$$F_A(y) = \frac{1}{\mathbb{E}(X_i)} \int_0^y \overline{F}(s)\,\mathrm{d}s, \qquad y \geqslant 0 \tag{6.31}$$

对上式两端关于 y 求导，可以进一步得到 $A(t)$ 的密度函数 $f_A(y)$ 如下：

$$f_A(y) = \frac{\overline{F}(y)}{\mathbb{E}(X_i)} = \frac{\mathbb{P}(X_i > y)}{\mu} \tag{6.32}$$

接下来我们研究剩余寿命的分布。假设一个系统中某个零件具有独立同分布的寿命 $X_1, X_2, \ldots$，相应的更新过程记作 $N(t)$。零件在损坏前有一个异常状态，此状态发生在零件损坏前的 y 小时（如图6.7所示）。记 $V_i = \min(X_i, y)$，$U_i = X_i - V_i\ (X_i > V_i)$。

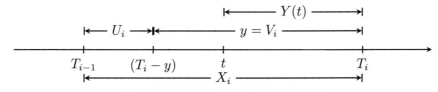

图 6.7 $y < X_i$ 时的时间轴关系图

根据期望的性质，可得：

$$\mathbb{E}(V_i) = \mathbb{E}[\min(X_i, y)] = \int_0^y \overline{F}(s)\,\mathrm{d}s$$

根据强大数定律，易得：

$$\lim_{t \to \infty} \mathbb{P}[Y(t) \leqslant y] = \frac{\mathbb{E}(V_i)}{\mathbb{E}(X_i)}$$

由于 X_i 独立同分布，并且 $\mathbb{E}(X_i) = \mu$，那么最终可得：

$$\lim_{t \to \infty} \mathbb{P}[Y(t) \leqslant y] = \frac{1}{\mu} \int_0^y \overline{F}(s)\,\mathrm{d}s, \qquad y \geqslant 0$$

因此当 t 很大时，剩余寿命 $Y(t)$ 的分布函数 $F_Y(y)$ 也可用下式近似：

$$F_Y(y) = \frac{1}{\mathbb{E}(X_i)} \int_0^y \overline{F}(s)\,\mathrm{d}s, \qquad y \geqslant 0 \tag{6.33}$$

对上式两端关于 y 求导，可以进一步得到 $Y(t)$ 的密度函数 $f_Y(y)$ 如下：

$$f_Y(y) = \frac{\overline{F}(y)}{\mathbb{E}(X_i)} = \frac{\mathbb{P}(X_i > y)}{\mu} \tag{6.34}$$

例 6.15 某台机器每次中断运行就换上一个同样类型的机器。如果机器的寿命服从均值为 3 的指数分布。

请问：该机器的寿命小于一年的概率是多少？

解答： 解法一：本问题求解的关键在于更新过程中年龄 $A(t)$ 的极限分布。$X_i \sim \mathcal{E}(1/3)$，相应地，有：

$$\mathbb{E}(X_i) = 3, \qquad F(s) = \mathbb{P}(X_i \leqslant s) = 1 - \mathrm{e}^{-\lambda s} = 1 - \exp\left(-\frac{1}{3}s\right)$$

因此，

$$\begin{aligned}
F_A(1) = \lim_{t \to \infty} \mathbb{P}[A(t) \leqslant 1] &= \frac{1}{\mathbb{E}(X_i)} \int_0^1 \overline{F}(s)\,\mathrm{d}s \\
&= \frac{1}{3} \int_0^1 \exp\left(-\frac{1}{3}s\right)\,\mathrm{d}s \\
&= -\exp\left(-\frac{1}{3}s\right)\Big|_0^1 = 1 - \exp\left(-\frac{1}{3}\right) = 0.283
\end{aligned}$$

解法二：根据指数分布的性质，可得：

$$\mathbb{P}(T < 1) = 1 - \mathrm{e}^{-\lambda t} = 1 - \exp\left(-\frac{1}{3} \times 1\right) = 1 - \exp\left(-\frac{1}{3}\right) = 0.283$$

我们可以对前面所述内容进行如下总结：

200

定理 6.14

假设 X_i 是更新过程 $N(t)$ 的时间间隔，且 X_i 不是格点随机变量。每次更新的年龄 $A(t)$ 和剩余寿命 $Y(t)$ 分别记为：

$$A(t) = t - T_{N(t)}, \qquad Y(t) = T_{N(t)+1} - t$$

当 $t \to \infty$ 时，年龄 $A(t)$ 和剩余寿命 $Y(t)$ 的分布函数如下：

$$F_A(y) = F_Y(y) = \frac{1}{\mu} \int_0^y \overline{F}(s)\,\mathrm{d}s, \qquad y \geqslant 0$$

相应的密度函数如下：

$$f_A(y) = f_Y(y) = \frac{1}{\mu}\overline{F}(y), \qquad y \geqslant 0$$

其中，$\mu = \mathbb{E}(X_i)$，$\overline{F}(s)$ 是 X_i 的生存函数。

根据定理，我们还可以相应得到年龄 $A(t)$ 和剩余寿命 $Y(t)$ 的期望值。由于 $A(t)$ 和 $Y(t)$ 的密度函数及定义域均相同，因此它们的期望值相等。以 $A(t)$ 为例，求解期望值的计算过程如下：

$$\begin{aligned}
\mathbb{E}[A(t)] &= \int_0^\infty y f_A(y)\,\mathrm{d}y \\
&= \frac{1}{\mu} \int_0^\infty y\overline{F}(y)\,\mathrm{d}y \\
&= \frac{1}{\mathbb{E}(X_i)} \int_0^\infty y\mathbb{P}(X_i > y)\,\mathrm{d}y
\end{aligned}$$

由于 $\mathbb{E}(Y^p) = \displaystyle\int_0^\infty p y^{p-1}\mathbb{P}(Y > y)\,\mathrm{d}y$，因此，

$$\int_0^\infty y\mathbb{P}(X_i > y)\,\mathrm{d}y = \frac{1}{2}\mathbb{E}(X_i^2)$$

从而可得：

$$\mathbb{E}[A(t)] = \frac{\mathbb{E}(X_i^2)}{2\mathbb{E}(X_i)}$$

上式的结果与式 (6.29) 完全相同。

第三节　更新过程的变化形式

类似于泊松过程，根据研究实际问题的需要，更新过程也具有诸多变化形式。常见的是更新奖赏过程和交替更新过程。

一、更新奖赏过程

正如泊松过程是更新过程的特例，复合泊松过程可看作更新奖赏过程的特例。我们先给出更新奖赏过程（renewal-reward process）的定义。

定义 6.6

考虑更新间隔时间 X_n，$n \geqslant 1$ 的更新过程 $N(t)$，并假设每次更新发生时将接受一次奖赏（reward），记 R_i 为第 i 次更新时得到的奖赏，假设 R_i 独立同分布，并且 R_i 与第 i 个更新间隔 X_i 之间相互独立，则称 $R(t)$ 为更新奖赏过程，其表达式如下：

$$R(t) = \sum_{i=1}^{N(t)} R_i \tag{6.35}$$

其反映了到时间 t 为止的全部奖赏数额。

知识讲解

更新奖赏过程的
概念及其性质

定理 6.15

对于更新奖赏过程 $R(t)$，R_i 为第 i 次更新时得到的奖赏，T_i 为第 i 次更新的时间，X_i 为第 i 个更新间隔，则下式以概率 1 成立：

$$\frac{R(t)}{t} \to \frac{\mathbb{E}(R_i)}{\mathbb{E}(X_i)} \tag{6.36}$$

证明： 当 $t \to \infty$ 时，

$$\frac{R(t)}{t} = \frac{1}{t} \sum_{i=1}^{N(t)} R_i = \frac{N(t)}{t} \cdot \frac{1}{N(t)} \sum_{i=1}^{N(t)} R_i$$

$$= \frac{\sum_{i=1}^{N(t)} R_i}{N(t)} \bigg/ \frac{t}{N(t)} \to \frac{\mathbb{E}(R_i)}{\mathbb{E}(X_i)}$$

上面的证明中，分子项的证明应用了强大数定律，即：

$$\frac{\sum_{i=1}^{N(t)} R_i}{N(t)} \to \mathbb{E}(R_i), \qquad \text{a.s.}$$

分母项的证明则应用了更新过程的极限定理，即：

$$\frac{t}{N(t)} \to \mathbb{E}(X_i), \qquad \text{a.s.}$$

推论 6.3

记 $\mathcal{R}(t)$ 是更新奖赏过程 $R(t)$ 中的奖赏函数（reward function），其更新间隔的期望值为 $\mathbb{E}(X) < \infty$，并且第 i 次更新时得到的奖赏 R_i 满足 $\mathbb{E}(|R_i|) < \infty$，因此，

$$\lim_{t \to \infty} \frac{1}{t} \int_0^t \mathcal{R}(\tau)\, \mathrm{d}\tau = \frac{\mathbb{E}(R_i)}{\mathbb{E}(X)}, \qquad \text{a.s.} \tag{6.37}$$

定理 6.16

对于更新奖赏过程 $R(t)$，R_i 为第 i 次更新时得到的奖赏，T_i 为第 i 次更新的时间，X_i 为第 i 个更新间隔，若 $\mathbb{E}(R_i) < \infty$，$\mathbb{E}(X_i) < \infty$，则当 $t \to \infty$ 时，下式成立：

$$\frac{\mathbb{E}[R(t)]}{t} \to \frac{\mathbb{E}(R_i)}{\mathbb{E}(X_i)}, \qquad \text{a.s.} \tag{6.38}$$

例 6.16 考虑一个修车/换车的问题。假设李师傅的车的寿命是密度函数为 h 的随机变量，且车损坏了就需要维修，修车需要的费用为 A。车的寿命到达 T 年就需要更换，换车需要的费用为 B。

请问：长期来看，李师傅在单位时间内为车所花的费用的期望值是多少？

解答： 对于此问题，首先要界定清楚何时修车、何时换车。假设每一次出现这样的事情经过的时间是 X_i，假定车的自然寿命是 s，那么有：$X_i = s \wedge T$。

首先计算 $\mathbb{E}(X_i)$。

$$\begin{aligned}
\mathbb{E}(X_i) = \mathbb{E}(s \wedge T) &= \int_0^\infty (s \wedge T) h(s)\, \mathrm{d}s \\
&= \int_0^T s h(s)\, \mathrm{d}s + \int_T^\infty T h(s)\, \mathrm{d}s \\
&= \int_0^T s h(s)\, \mathrm{d}s + T \int_T^\infty h(s)\, \mathrm{d}s
\end{aligned}$$

对应的奖赏期望值 $\mathbb{E}(R_i)$ 如下：

$$\begin{aligned}
\mathbb{E}(R_i) &= A \cdot \mathbb{P}(s < T) + B \cdot \mathbb{P}(s \geqslant T) \\
&= A \int_0^T h(s)\, \mathrm{d}s + B \int_T^\infty h(s)\, \mathrm{d}s
\end{aligned}$$

因此，李师傅在单位时间内为车所花的费用的期望值是：

$$\frac{\mathbb{E}(R_i)}{\mathbb{E}(X_i)} = \frac{A \displaystyle\int_0^T h(s)\, \mathrm{d}s + B \int_T^\infty h(s)\, \mathrm{d}s}{\displaystyle\int_0^T s h(s)\, \mathrm{d}s + T \int_T^\infty h(s)\, \mathrm{d}s}$$

例 6.17 考虑一个修车/换车的问题。假设李师傅的车的寿命是 $[0,10]$ 上均匀分布的随机变量，且车损坏了就需要维修，修车需要的费用为 3 万元。车的寿命达到 T 年就需要更换，换车需要的费用为 10 万元。

请问：李师傅应该如何确定其换车年限 T，才能保证长期来看其在单位时间内为车所花的费用的期望值最小？

解答： 本例是对上一例题内容的深化。由于车的寿命服从 $[0,10]$ 上的均匀分布，因此，

$$h(t) = \frac{1}{10}, \qquad t \in [0,10]$$

将上一例题中的结论代入本题的对应数值，可得：

$$
\frac{\mathbb{E}(R_i)}{\mathbb{E}(X_i)} = \frac{A\int_0^T h(s)\,\mathrm{d}s + B\int_T^\infty h(s)\,\mathrm{d}s}{\int_0^T s h(s)\,\mathrm{d}s + T\int_T^\infty h(s)\,\mathrm{d}s} = \frac{3\int_0^T \frac{1}{10}\,\mathrm{d}s + 10\int_T^{10}\frac{1}{10}\,\mathrm{d}s}{\int_0^T s\frac{1}{10}\,\mathrm{d}s + T\int_T^{10}\frac{1}{10}\,\mathrm{d}s}
$$

$$
= \frac{3\cdot\frac{1}{10}T + 10\cdot\frac{1}{10}(10-T)}{\frac{1}{20}T^2 + T\cdot\frac{1}{10}(10-T)}
$$

$$
= \frac{6T + 200 - 20T}{T^2 + 20T - 2T^2}
$$

$$
= \frac{200 - 14T}{20T - T^2} = \frac{10 - 0.7T}{T - 0.05T^2}
$$

记 $g(T) = \mathbb{E}(R_i)/\mathbb{E}(X_i)$，则有：

$$
g'(T) = \frac{-0.7(T - 0.05T^2) - (10 - 0.7T)(1 - 0.1T)}{(T - 0.05T^2)^2}
$$

$$
= \frac{0.035T^2 + T - 10}{(T - 0.05T^2)^2}
$$

令 $g'(T) = 0$，则有：

$$0.035T^2 + T - 10 = 0 \quad \Rightarrow \quad T = \frac{-1 \pm \sqrt{2.4}}{0.07}$$

由于 $T > 0$，因此，

$$T = \frac{\sqrt{2.4} - 1}{0.07} \approx 7.85(\text{年})$$

李师傅最佳的换车年限应该为 7.85 年。

例 6.18 火车发车问题。假设旅客按间隔时间的均值为 μ 的更新过程到达火车站。一旦有 N 位旅客等候，就发出一列火车。如果火车站有 n 个旅客在等待，会引起单位时间 nc 元的费用。

请问：火车站单位时间产生的平均费用是多少？

解答： 该问题中，发出一列火车就意味着完成一次更新，而一次更新的时间间隔，就会发生因旅客等待而产生的费用，这些费用可看成"奖赏"，在更新发生的时间间隔产生。因此该问题属于更新奖赏过程。

由于到达时间间隔的均值是 μ，只有当等待的旅客数凑够 N 人才会触发更新，因此，

$$\mathbb{E}(X_i) = N \cdot \mathbb{E}(T_i) = N \cdot \mu$$

记 T_n 表示第 n 位到达的旅客与第 $(n+1)$ 位到达的旅客之间的时间间隔，于是，

$$\mathbb{E}(R_i) = \mathbb{E}[c \cdot T_1 + 2c \cdot T_2 + \cdots + (N-1)c \cdot T_{N-1}]$$

由于 $\mathbb{E}(T_i) = \mu$，因此，

$$\mathbb{E}(R_i) = c[\mu + 2\mu + \cdots + (N-1)\mu] = c\mu \frac{N(N-1)}{2}$$

因此火车站单位时间产生的平均费用是：

$$\frac{\mathbb{E}(R_i)}{\mathbb{E}(X_i)} = \frac{c\mu N(N-1)}{2N\mu} = \frac{c(N-1)}{2}$$

例 6.19 有关闭时间的服务系统。假设顾客以速率为 λ 的泊松过程到达有一个服务窗口的自动取款机服务亭，在到达时必须通过服务亭的大门。然而，在每次有人通过的随后 t 时长内，门会自动关闭。看到门关闭的顾客将会流失，并产生费用 c。看到门开启的顾客若发现服务窗口仍有顾客在接受服务，将不接受服务而离开，产生的费用为 K。假设每位顾客接受服务的时间均服从速率为 μ 的指数分布。

请问：此服务系统引起的单位时间的平均费用是多少？

解答： 本问题可以看作一个更新奖赏过程，其中每次更新均开始于服务亭的大门开启；而对应的"奖赏"，则是因拒绝服务造成顾客流失所产生的费用。

每次更新的时间间隔取决于前一次服务亭大门关闭的时长 t，以及顾客到达服务亭的速率 λ，因此，

$$\mathbb{E}(X_i) = t + \frac{1}{\lambda}$$

需要说明的是，顾客以速率为 λ 的泊松过程到达，相应的到达时间间隔服从速率为 λ 的指数分布，其均值就是速率的倒数 $1/\lambda$。

这里的费用分为两个部分：到达的顾客看到门关闭而产生的费用，记作 C_1；到达的顾客看到仍有顾客在接受服务而产生的费用，记作 C_2。因此，

$$\mathbb{E}(C_1) = \lambda t c$$

需要说明的是，由于顾客以速率为 λ 的泊松过程到达，在 t 时间段内到达的顾客数量的期望值为 λt，所以将其乘以费用 c，得到的就是这段时间内流失顾客产生的总费用之期望值 $\mathbb{E}(C_1)$。

类似地，根据指数分布的性质，假设顾客接受服务的时长为 T_1，顾客到达服务亭的时长为 T_2。因此，当顾客到达服务亭时，发现仍有顾客正在接受服务的概率是：

$$\mathbb{P}[T_2 = \min(T_1, T_2)] = \frac{\lambda}{\lambda + \mu}$$

另外，顾客到达服务亭时大门关闭的情形，我们已经在 $\mathbb{E}(C_1)$ 中予以考虑，因此在 $\mathbb{E}(C_2)$ 的求解中，还需考虑到达服务亭的时长 $T_2 > t$ 的概率，即：

$$\mathbb{P}(T_2 > t) = \mathrm{e}^{-\mu t}$$

因此，

$$\mathbb{E}(C_2) = K \cdot \mathbb{P}(T_2 > t) \cdot \mathbb{P}[T_2 = \min(T_1, T_2)] = K\mathrm{e}^{-\mu t}\frac{\lambda}{\lambda + \mu}$$

最终，此服务系统引起的单位时间的平均费用如下：

$$\frac{\mathbb{E}(R_i)}{\mathbb{E}(X_i)} = \frac{\mathbb{E}(C_1) + \mathbb{E}(C_2)}{\mathbb{E}(X_i)} = \frac{\lambda tc + K\mathrm{e}^{-\mu t}\dfrac{\lambda}{\lambda + \mu}}{t + \dfrac{1}{\lambda}}$$

二、交替更新过程

定义 6.7

假设在状态 1 下，$s_1, s_2, \ldots$ 独立同分布，且分布函数为 F，期望值为 μ_F；假设在状态 2 下，$u_1, u_2, \ldots$ 独立同分布，且分布函数为 G，期望值为 μ_G，并且这两组随机变量之间是交替的。由此所得到的更新过程 $N(t)$ 称为交替更新过程（alternating renewal process）。

知识讲解

交替更新过程的概念及例题

关于交替更新过程中的所谓"交替"，图6.8给出了相应的时间轴展示。

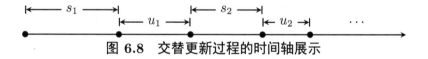

图 6.8   交替更新过程的时间轴展示

定理 6.17

在一个交替更新过程中，处于状态 1 的时间所占比例的极限为 $\dfrac{\mu_F}{\mu_F + \mu_G}$。

证明：将相邻的两个时间段进行两两分组，并且如果处于状态 1，就在状态 1 到达的时候记录一个奖赏 s_i，表示处于状态 1 的时间 s_i。否则就记奖赏为 0（如图6.9所示）。

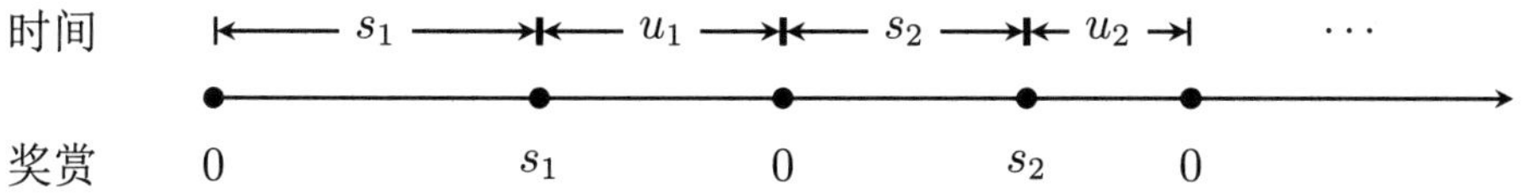

图 6.9 时间轴展示

于是可得：

$$\mathbb{E}(R_i) = \mathbb{E}(s_i) = \mu_F, \qquad \mathbb{E}(X_i) = \mathbb{E}(s_i) + \mathbb{E}(u_i) = \mu_F + \mu_G$$

根据更新奖赏过程的结论，可得：

$$\frac{R(t)}{t} \to \frac{\mathbb{E}(R_i)}{\mathbb{E}(X_i)} = \frac{\mathbb{E}(s_i)}{\mathbb{E}(s_i) + \mathbb{E}(u_i)} = \frac{\mu_F}{\mu_F + \mu_G}$$

我们还可以从另一个角度去考虑交替更新过程。我们可以将状态 1 看作"开"（on），将状态 2 看作"关"（off），一次更新伴随着"开—关循环"（on-off cycle）一次，于是处于状态 1 的时间所占的比例就可以看作系统处于"开"的平均时间占总时间的比例。根据大数定律，该比例可以记为：

$$\frac{\mathbb{E}(\text{"开"状态的时间})}{\mathbb{E}(\text{总时间})} = \frac{\mathbb{E}(\text{"开"状态的时间})}{\mathbb{E}(\text{"开"状态的时间}) + \mathbb{E}(\text{"关"状态的时间})} \tag{6.39}$$

于是可得：

$$\frac{\mathbb{E}(R_i)}{\mathbb{E}(X_i)} = \frac{\mu_F}{\mu_F + \mu_G}$$

例 6.20 机场接站问题。假设某机场的国际航班出站旅客的分布服从一个速率为每小时 10 人的泊松过程，有一辆面包车，它每接满 7 人就会立刻出发，送这批旅客前往位于市区的酒店。36 分钟之后，这辆面包车就会回来。如果到达的旅客没有看到面包车，就会自行前往机场附近的酒店。

请问：长时间来看，最终去市区的酒店的旅客比例为多少？

解答： 假设 s_i 表示面包车接旅客时，在机场停留的时间；u_i 表示面包车从离开机场到回到机场花费的时间（本问题中，此值为常数 36 分钟，即 0.6 小时），于是可得：

$$\mathbb{E}(s_i) = \frac{1}{10} \times 7 = 0.7, \qquad \mathbb{E}(u_i) = 0.6$$

最终去市区的酒店的旅客比例为：

$$\frac{\mathbb{E}(s_i)}{\mathbb{E}(s_i) + \mathbb{E}(u_i)} = \frac{0.7}{0.7 + 0.6} = \frac{7}{13}$$

例 6.21 考虑一个换灯泡的问题。假如灯泡寿命的分布函数为 F，均值为 μ_F。一个修理工会不定期来检查灯泡，检查灯泡的时间服从一个速率为 λ 的泊松过程。如果发现灯泡坏了，就会立即更换。求：

(1) 灯泡更换的速率。

(2) 长期来看，灯泡正常工作的时间占比。

(3) 长期来看，修理工检查灯泡的时候不用更换灯泡的次数占比。

解答： 假设在 0 时刻安上一个新灯泡，它将持续工作的时间为 s_1，根据指数分布的无记忆性，到下次检查灯泡还需要经过的时间为 u_1，相应地 u_1 服从速率为 λ 的指数分布，依此类推开始新的更新周期。从中不难看出，这是一个交替更新过程。

(1) 每次更新的时间间隔的期望值 $\mathbb{E}(X_i)$ 取决于灯泡工作时间和检查灯泡的时间间隔之和，因此，

$$\mathbb{E}(X_i) = \frac{1}{\lambda} + \mu_F$$

根据极限定理，可得：

$$\frac{N(t)}{t} \to \frac{1}{\mathbb{E}(X_i)} = \frac{1}{\mu_F + 1/\lambda}$$

因此，平均需要 $(\mu_F + 1/\lambda)$ 的时间更换一次灯泡。

(2) 令 $R_i = s_i$，于是根据式 (6.38)，可得：

$$\frac{\mathbb{E}[R(t)]}{t} \to \frac{\mathbb{E}(R_i)}{\mathbb{E}(X_i)} = \frac{\mu_F}{\mu_F + 1/\lambda}$$

因此，灯泡正常工作的时间占比为 $\mu_F/(\mu_F + 1/\lambda)$。

(3) 假设截至 t 时刻，修理工检查了 $V(t)$ 次，相应地，修理工换了 $N(t)$ 次灯泡。于是本问题中我们需要计算的就是：

$$\frac{V(t) - N(t)}{V(t)} = 1 - \frac{N(t)}{V(t)}$$

由于修理工检查灯泡的时间服从速率为 λ 的泊松过程，因此，

$$\frac{V(t)}{t} \to \lambda$$

知识讲解

交替更新过程的
例题

另外，结合 (1) 中得到的结果，我们可得：

$$\frac{V(t) - N(t)}{V(t)} = 1 - \frac{N(t)}{V(t)} = 1 - \left[\frac{N(t)}{t} \bigg/ \frac{V(t)}{t}\right] \to 1 - \frac{1}{\lambda\mu_F + 1} = \frac{\mu_F}{\mu_F + 1/\lambda}$$

例 6.22 假设顾客按一个到达间隔的分布为 F 的更新过程来到某家商店。假设此商店只出售一种商品，而每个到达的顾客对此商品的需求量是具有相同分布 G 的独立随机变量。商店使用以下 (s, S) 订购策略：若存货数减少到 s 件或以下，那么将订购足够的商品，使存货数增加到 S（假定订购商品的供应是立刻发生的）。假设某个时点服务完顾客后的存货数是 x 件，即订购商品的数量为：

$$\begin{cases} S - x, & 0 < x < s \\ 0, & x \geqslant s \end{cases}$$

对于一个固定的值 y, $s \leqslant y \leqslant S$, 我们想研究: 长期来看存货数不少于 y 的时间所占的比例。记存货数为 $u(t)$, 假定 $u(t) \geqslant y$ 时, 系统处于"开"状态, 否则系统就处于"关"状态。由此可见: "开—关循环"一次就构成了一次更新。因此, 根据大数定律, 我们不难得到该比例的计算公式如下:

$$u(t) \text{ 不少于 } y \text{ 的时间所占的比例} = \frac{\mathbb{E}(\text{循环一次处于"开"状态的时间})}{\mathbb{E}(\text{循环一次的总时间})}$$

记相继到达的顾客各自的需求量为 $D_1, D_2, \ldots$, 记 N_x 为引起存货数下降到低于 x 的水平的顾客数, 即:

$$N_x = \min\{n : D_1 + D_2 + \cdots + D_n > S - x\}$$

因此, 若第 N_y 个顾客购买完商品后, 造成存货数下降到低于 y 的水平, 则此时"开"状态结束, 系统进入"关"状态。对应的 N_s 则表示造成存货数下降到低于 s 的水平的顾客数, 此时会触发补库存行为, 系统由"关"状态转为"开"状态, 一次更新("开—关循环"一次)完成。图 6.10 展示了存货数与顾客数的关系。

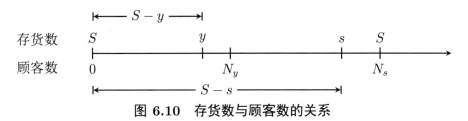

图 6.10　存货数与顾客数的关系

用 $X_i \, (i \geqslant 1)$ 表示顾客 i 的到达间隔时间, 则有:

$$\text{循环一次处于"开"状态的时间} = \sum_{i=1}^{N_y} X_i \tag{6.40}$$

$$\text{循环一次的总时间} = \sum_{i=1}^{N_s} X_i \tag{6.41}$$

由于 X_i 独立同分布, 因此,

$$\mathbb{E}\left[\sum_{i=1}^{N_y} X_i\right] = \mathbb{E}(X)\mathbb{E}(N_y), \qquad \mathbb{E}\left[\sum_{i=1}^{N_s} X_i\right] = \mathbb{E}(X)\mathbb{E}(N_s)$$

因此, 从长期来看, 存货数 $u(t)$ 不少于 y 的时间所占的比例为:

$$\frac{\mathbb{E}\left[\sum_{i=1}^{N_y} X_i\right]}{\mathbb{E}\left[\sum_{i=1}^{N_s} X_i\right]} = \frac{\mathbb{E}(X)\mathbb{E}(N_y)}{\mathbb{E}(X)\mathbb{E}(N_s)} = \frac{\mathbb{E}(N_y)}{\mathbb{E}(N_s)}$$

根据式 (6.11) 可得：

$$\mathbb{E}(N_y) = M(S - y) + 1, \qquad \mathbb{E}(N_s) = M(S - s) + 1$$

其中，$\mathbb{E}[N(t)] = M(t) = \sum_{n=1}^{\infty} G_n(t)$，因此，

$$\frac{\mathbb{E}(N_y)}{\mathbb{E}(N_s)} = \frac{M(S - y) + 1}{M(S - s) + 1}$$

本章附录

一、$F_n(t)$ 与 X_i 的分布函数 F 的关系的推导

由于 $T_n = X_1 + X_2 + \cdots + X_n$，因此 $T_n = T_{n-1} + X_n$，由于 $F_n(t)$ 是 T_n 的分布函数，即：

$$F_n(t) = \mathbb{P}(X_n \leqslant t)$$

因此，根据全概率公式可得：

$$\begin{aligned}
F_n(t) &= \sum_{0 < u \leqslant t} \mathbb{P}(T_{n-1} \leqslant t - u)\mathbb{P}(X_n = u) \\
&= \int_0^t F_{n-1}(t - u)\,\mathrm{d}F(u)
\end{aligned}$$

上式中，由于 X_i 独立同分布，因此，X_i 的分布函数均是 F。这里 $F_n(t)$ 可看作 F_{n-1} 与 F 的卷积，可记为：

$$F_n(t) = (F_{n-1} * F)(t)$$

对上式进行不断迭代，可以得到：

$$F_n(t) = (F_{n-2} * F * F)(t)$$
$$F_n(t) = (F_{n-3} * F * F * F)(t)$$
$$\cdots\cdots \quad \cdots \quad \cdots$$
$$F_n(t) = (\underbrace{F * F * \cdots * F * F}_{n\uparrow})(t)$$

因此，$F_n(t)$ 是 X_i 的分布函数 F 的 n 重卷积。

二、极限定理的证明

记 $\mu = \mathbb{E}(X_n)$，$n \geqslant 1$ 表示更新间隔的期望值，若 $\mathbb{P}(X_i > 0) > 0$，那么当 $t \to \infty$ 时，下式以概率 1 成立：

$$\frac{N(t)}{t} \to \frac{1}{\mu}, \qquad \text{a.s.}$$

证明：假设 t 时刻，更新过程的计数为 $N(t)$，我们可知：

$$T_{N(t)} \leqslant t < T_{N(t)+1}$$

由此可得：

$$\frac{N(t)}{T_{N(t)+1}} < \frac{N(t)}{t} \leqslant \frac{N(t)}{T_{N(t)}} \tag{6.42}$$

我们注意到，

$$\frac{T_{N(t)}}{N(t)} = \frac{X_1 + X_2 + \cdots + X_{N(t)}}{N(t)} = \overline{X}$$

根据强大数定律，当 $t \to \infty$ 时，$\overline{X}$ 将接近于总体的期望值，因此，

$$\overline{X} \to \mathbb{E}(X_n) = \mu, \qquad \text{a.s.}$$

相应地，

$$\frac{N(t)}{T_{N(t)}} \to \frac{1}{\mu}, \qquad \text{a.s.} \tag{6.43}$$

另一方面，

$$\frac{N(t)}{T_{N(t)+1}} = \frac{N(t)+1}{T_{N(t)+1}} \cdot \frac{N(t)}{N(t)+1}$$

因此，

$$\begin{aligned}
\lim_{t \to \infty} \frac{N(t)}{T_{N(t)+1}} &= \lim_{t \to \infty} \frac{N(t)+1}{T_{N(t)+1}} \cdot \frac{N(t)}{N(t)+1} \\
&= \lim_{n \to \infty} \frac{n+1}{T_{n+1}} \cdot \frac{n}{n+1} = \frac{1}{\mu}, \qquad \text{a.s.}
\end{aligned} \tag{6.44}$$

根据式 (6.43) 和 (6.44)，同时结合式 (6.42)，由夹逼定理可得：

$$\frac{N(t)}{t} \to \frac{1}{\mu}, \qquad \text{a.s.}$$

三、拉普拉斯变换及其软件实现

拉普拉斯变换是电子通信等相关学科的重要数学工具，其表达式如下：

$$\mathcal{L}\{f(t)\} = F(s) = \int_0^\infty f(t)\mathrm{e}^{-st}\,\mathrm{d}t \tag{6.45}$$

从本质上说，拉普拉斯变换是一种积分变换，其核心是把时间函数 $f(t)$ 与复变函数 $F(s)$ 通过核函数 e^{-st} 联系起来，从而把时域问题通过数学变换为复频域问题。

与之相对应，由 $F(s)$ 求解 $f(t)$ 使用的则是拉普拉斯逆变换，具体计算需使用复变函数中的围道积分（contour integral）。相应的表达式如下：

$$\mathcal{L}^{-1}[F(s)] = f(t) = \frac{1}{2\pi i} \int_{c-i\infty}^{c+i\infty} F(s)\mathrm{e}^{st}\,\mathrm{d}s \tag{6.46}$$

借助 Matlab 软件中的组件 MuPAD，我们可以非常容易地进行拉普拉斯变换和逆变换。以本章例 6.10 为例，求解 $\mathcal{L}\{f(t)\}$ 的命令如下：

```
>> laplace(0.5*exp(-t)+exp(-2*t), t, s)
```

输出的结果为:

$$\frac{0.5}{s+1} + \frac{1}{s+2}$$

对 $\mathcal{L}\{M(t)\}$ 进行拉普拉斯逆变换的命令如下:

```
>> ilaplace(4/(3*s^2)+1/(9*s)-1/(9*(s+3/2)), s, t)
```

输出的结果如下:

$$\frac{4t}{3} - \frac{e^{-\frac{3t}{2}}}{9} + \frac{1}{9}$$

我们还可以使用 Matlab,利用符号运算工具箱进行相应的求解,本例中的对应代码如下:

```
syms s t;
func = 0.5*exp(-t)+exp(-2*t);
f = laplace(func, t, s)
g = 1/s * f/(1-f);
m = ilaplace(g, s, t)
```

输出的结果如下:

```
f = 1/(2*(s + 1)) + 1/(s + 2)
m = (4*t)/3 - exp(-(3*t)/2)/9 + 1/9
```

关于拉普拉斯变换的具体性质及相关结论,请参阅"信号与系统"相关的书籍。在本书的末尾也给出了简略版的拉普拉斯变换对照表,完整的对照表可以在数学手册中查询到。一些高级工程数学的教材(比如 Zill(2018)[①]),也会有拉普拉斯变换及其求解的细致介绍。

四、基本更新定理的证明

对于更新过程 $N(t)$,记 $M(t) = \mathbb{E}[N(t)]$, $\mu = \mathbb{E}(X_n)$, $n \geqslant 1$。当 $t \to \infty$ 时,下式以概率 1 成立:

$$\frac{M(t)}{t} \to \frac{1}{\mu}, \qquad \text{a.s.}$$

证明: 证明此问题的思路,在于构造出 $M(t)/t$ 的上极限和下极限,并得到上下极限在 $t \to \infty$ 时的取值相同,从而通过夹逼定理得证。

首先构造下极限。由于 $T_{N(t)+1}$ 表示更新过程在 t 时刻以后的第一个更新时刻,对应的 $N(t) + 1$ 是一个停时,因此,根据瓦尔德定理及式 (6.20) 可知:

$$M(t) = \frac{\mathbb{E}[T_{N(t)+1}]}{\mu} - 1$$

[①]Dennis G. Zill. *Advanced Engineering Mathematics*[M]. 6th edition. Burlington: Jones & Bartlett, 2018.

根据 $T_{N(t)+1}$ 的含义可知，$T_{N(t)+1} > t$，因此，

$$M(t) > \frac{t}{\mu} - 1 \implies \frac{M(t)}{t} > \frac{1}{\mu} - \frac{1}{t}$$

因此：

$$\lim_{t \to \infty} \left(\frac{1}{\mu} - \frac{1}{t} \right) = \frac{1}{\mu}$$

接下来构造上极限，此处的证明过程有一定的技巧性。任取常数 $b > 0$，并令 $\widetilde{X}_i = \min(b, X_i)$，从而构成一个新的更新过程 $\{\widetilde{N}(t), \ t > 0\}$，并且 $\widetilde{m}(t) = \mathbb{E}[\widetilde{N}(t)]$，且 $\widetilde{T}_n = \widetilde{X}_1 + \widetilde{X}_2 + \cdots + \widetilde{X}_n$。由于 $\forall i, \widetilde{X}_i \leqslant X_i$，因此我们可知：$\forall n, \widetilde{T}_n \leqslant T_n$。与之相对应，下列两个不等式同样成立：

$$\widetilde{N}(t) \geqslant N(t), \qquad \widetilde{m}(t) \geqslant M(t)$$

由于 $\widetilde{T}_{\widetilde{N}(t)+1}$ 表示构造的更新过程在 t 时刻以后的第一个更新时刻，因此，

$$t < \widetilde{T}_{\widetilde{N}(t)+1} \leqslant t + b$$

从而可得：

$$\frac{M(t)}{t} \leqslant \frac{\widetilde{m}(t)}{t} = \frac{1}{t} \left[\frac{\widetilde{T}_{\widetilde{N}(t)+1}}{\mathbb{E}(\widetilde{X})} - 1 \right] \leqslant \frac{1}{t} \left[\frac{t+b}{\mathbb{E}(\widetilde{X})} - 1 \right] < \frac{t+b}{t\mathbb{E}(\widetilde{X})}$$

接下来，取 $b = \sqrt{t}$，则有：

$$\frac{M(t)}{t} \leqslant \frac{1}{\mathbb{E}(\widetilde{X})} + \frac{1}{\sqrt{t}\mathbb{E}(\widetilde{X})}$$

由于

$$\mathbb{E}(\widetilde{X}) = \int_0^b f_X(x)\,\mathrm{d}x = \int_0^{\sqrt{t}} f_X(x)\,\mathrm{d}x$$

因此，

$$\lim_{t \to \infty} \mathbb{E}(\widetilde{X}) = \int_0^\infty f_X(x)\,\mathrm{d}x = \mathbb{E}(X)$$

于是，

$$\lim_{t \to \infty} \left[\frac{1}{\mathbb{E}(\widetilde{X})} + \frac{1}{\sqrt{t}\mathbb{E}(\widetilde{X})} \right] = \frac{1}{\mathbb{E}(X)} = \frac{1}{\mu}$$

由于 $\frac{1}{\mu} - \frac{1}{t} < \frac{M(t)}{t} \leqslant \frac{1}{\mathbb{E}(\widetilde{X})} + \frac{1}{\sqrt{t}\mathbb{E}(\widetilde{X})}$，并且该不等式左右两侧的极限均为 $1/\mu$，根据夹逼定理，$M(t)/t$ 的极限也为 $1/\mu$，得证。

本章习题

1. 某地区的气候是雨期和干旱期交替。假定每次雨期持续的天数是一个均值为 2 的泊松分布，每次干旱期持续的天数服从均值为 7 的几何分布。设相继的雨期和干旱期的持续天数是相互独立的。从长远看，该地区下雨的比例是多少？

2. 小王做临时工，她每份工作的持续时间的均值为 11 个月。如果她在两份工作之间花费的时间服从均值为 3 个月的指数分布，那么从长远看，她处于工作状态的时间所占的比例是多少？

3. 成千上万的人去参加知名歌星的音乐会。他们将 10 米长的汽车停放在剧院附近的街道上。由于没有停放区指示司机可以在哪里停车，因此他们将车随机停放，并且车与车之间的剩余空间是相互独立的，均服从 $(0, 10)$ 上的均匀分布。从长远看，街道上多大比例的区域停放了汽车？

4. 顾客到达出租车停靠站的时间间隔是相互独立的，具有分布函数 F，均值为 μ_F。假定出租车是无限提供的。假定每位顾客支付的服务费是一个随机变量，其分布函数为 G，均值为 μ_G。令 $W(t)$ 表示到时刻 t 为止顾客支付的服务费总额。求 $\lim\limits_{t \to \infty} \mathbb{E}W(t)/t$。

5. 三个孩子轮流向篮筐投篮球。要等上一个孩子一直投篮到不中才轮到下一个孩子投篮。假设孩子 i 每次投篮命中的概率是 p_i，并且每次投篮命中与否相互独立。求：

   (a) 从长远看，每个孩子投篮时间所占的比例；

   (b) 当 $p_1 = 2/3$，$p_2 = 3/4$，$p_3 = 4/5$ 时，问题 (a) 的答案。

6. 一名警察（平均）大约需要 10 分钟拦停一辆超速行驶的汽车。90% 的汽车被拦停后会收到金额为 80 元的罚单。这名警察平均需要 5 分钟的时间来写罚单。另外 10% 被拦停的汽车的超速行为更为严重，平均需要交纳 300 元的罚款。这些更严重的处罚平均需要 30 分钟才能处理完。从长远看，他开罚款的速率是多少（平均每分钟多少元）？

7. 假定粒子按照速率为 λ 的泊松分布到达计数器。当一个粒子到达时，如果计数器是空闲的，则进行计数，并将计数器锁定 τ 时间。在计数器锁定期间到达的粒子不进行计数。

   (a) 求计数器在时刻 t 处于锁定状态的概率的极限值。

   (b) 计算被计数的粒子所占比例的极限值。

8. A 地消防部门接到的求救电话数服从速率为每小时 0.5 个的泊松过程。假定从接听一个电话到出警救援，再到返回驻地，准备好接听下一个求救电话所需的总时间服从 $(1/2, 1)$ 小时上的均匀分布。如果在 A 地的消防部门还没有做好出警救援准备时接听到一个新的求救电话，那么他们将求助于 B 地的消防部门出警救援。请问：必须由 B 地消防部门出警处理的求救电话的比例是多少？

9. 一位年轻的医生在急诊室值夜班。急诊病人按照速率为每小时 0.5 位的泊松过程到达。医生只有在距离上一个急诊 36 分钟（即 0.6 小时）的情况下才能睡觉。例如，如果在 1:00 有一个急诊，1:17 时有第二个急诊，那么医生至少要到 1:53 才能睡觉，如果在那之前又来了一个急诊，那么医生睡觉的时间更晚。

   (a) 通过构建一个更新奖赏过程，其中第 i 个时间间隔内获得的奖赏是在那个时间间隔中她能睡觉的总时间，计算从长期来看她能睡觉的时间所占的比例。

(b) 医生的状态在睡觉时间 s_i 和清醒时间 u_i 之间交替。根据 (a) 的答案计算 $\mathbb{E}(u_i)$。

10. 一位投资者拥有 100 000 元。如果当前的利率是 $i\%$ ［利率按复利进行计算，即平均每年增长 $\exp(i/100)$］，那么他将做一个 i 年的投资，到期取出收益后，再将 100 000 元重新进行投资。假设他第 k 次投资一个利率为 X_k 的产品，X_k 服从 $\{1,2,3,4,5\}$ 上的均匀分布。从长远看，他平均每年可获得多少收益？

11. 一台机床随着使用时间的增长会发生磨损，且有可能损坏。如果以月为单位测量损坏时间，则其密度函数为：当 $0 \leqslant t \leqslant 30$ 时，$f_T(t) = 2t/900$；其他情形下，$f_T(t) = 0$。机床损坏后必须立即更换，费用是 1 200 元。如果在损坏之前更换，那么费用是 300 元。考虑如下更换原则，即在使用 c 个月之后或者当它损坏时进行更换，那么当 c 取何值时可最小化每单位时间的平均费用？

12. 人们按照速率为每分钟 1 人的泊松过程到达大学招生办公室。当已经有 k 个人到达时，参观开始。学生每带领一个参观团可以获得 20 元的导游费用。该大学估计，一人多等一分钟将使得其对学校的善意捐款减少 0.1 元。那么参观团的最佳人数是多少？

13. 一位科学家用一台放置在山里的仪器来测量大气中的臭氧含量。暴风或者动物以速率为 1 的泊松过程干扰仪器，仪器受干扰后将不再收集数据。科学家每 L 单位时间检查一次仪器。假设仪器受到干扰后，科学家可以很快修好它，于是我们假定维修需要花费的时间为 0。

(a) 仪器工作的时间所占比例的极限值是多少？

(b) 假定收集到的数据的价值是每单位时间 a 元，而每次检查仪器的费用为 $c < a$。求检查时间 L 的最佳值。

14. 在某地的市中心，所有的停车区域只允许停车两小时。市政管理人员有规律地在市中心检查，每两小时通过同样的位置一次。当一位管理人员看到一辆汽车时，他会用粉笔做标记。如果两小时后汽车仍然停放在那里，将开一张罚单。假定司机停车时间是一个随机变量，服从 $[0,4]$ 小时上的均匀分布。那么司机将收到一张罚单的概率是多少？

15. 当机器失灵或者已经使用了 T 年时，就更换一台新机器。假设相继的机器的寿命是独立的，具有一个密度函数为 f 的共同分布 F，证明：

(a) 长期来看，机器被替换的速率为

$$\left[\int_0^T xf(x)\,\mathrm{d}x + T[1 - F(T)]\right]^{-1}$$

(b) 长期来看，机器失灵的速率为

$$\frac{F(T)}{\int_0^T xf(x)\,\mathrm{d}x + T[1 - F(T)]}$$

16. 一辆汽车的寿命有分布 H 和概率密度 h。王女士打算等车坏了或用满 T 年就买辆新车。一辆新车价值为 C_1 万元，而只要车损坏，就会引起 C_2 万元的附加费用。假定已使用 T 年的车未坏，则有一个期望售出价值 $R(T)$。

请问：长期来看，王女士每年的平均费用是多少？

17. 一台机器包含两个独立的部件，其中第 i 个部件运转一个速率为 λ_i 的指数时间。只要有一个部件正常运转，机器就能正常运行（即只有当两个部件都失灵时，机器才会失灵）。当一台机器失灵时，一台两个部件都正常运转的新机器就会被投入使用。只要一台机器失灵，就会引起费用 K；而且只要正常运行的机器有 i $(i = 1, 2)$ 个正常运转的部件，就会引起单位时间速率为 c_i 的运行费用。

求：长期来看单位时间的平均费用。

18. 设 $A(t)$ 和 $Y(t)$ 分别是具有到达间隔分布 F 的更新过程在时间 t 的年龄和剩余寿命。计算 $\mathbb{P}[Y(t) > x|A(t) = s]$。

19. 有 3 台机器，它们都是一个系统运行所必需的。机器 i 在失灵前运行一个速率为 λ_i 的指数时间，$i = 1, 2, 3$。如果一台机器失效，系统就中断运行，然后开始修复失灵的机器。修复机器 1 的时间是速率为 5 的指数随机变量；修复机器 2 的时间在 $(0, 4)$ 上均匀分布；而修复机器 3 的时间是参数为 $n = 3$ 和 $\lambda = 2$ 的 Gamma 随机变量。一旦一台机器修复，它就同新的机器一样，并且所有的机器都重新开始运行。请问：

    (a) 系统在工作的时间所占的比例是多少？

    (b) 机器 1 在修复的时间所占的比例是多少？

    (c) 机器 2 在中止情景（既不在工作也不在修复）的时间所占的比例是多少？

20. 一个卡车司机行驶往返旅程，即从 A 到 B 再回到 A。每次他以均匀地分布于 40 与 60 之间的一个固定速度（每小时公里数）从 A 行驶到 B，每次他等可能地以 40 或 60 的固定速度从 B 行驶到 A。

    (a) 从长期来看，他花费在从 A 到 B 上的行驶时间所占的比例是多少？

    (b) 从长期来看，他以每小时 40 公里行驶的时间所占的比例是多少？

21. 令 X_i $(i = 1, 2, \ldots)$ 是更新过程 $\{N(t)\}$ 的到达间隔时间，而令 Y 独立于 X_i，且是速率为 λ 的指数随机变量。

    证明：$\mathbb{E}[N(Y)] = \dfrac{\mathbb{E}(e^{-\lambda X})}{1 - \mathbb{E}(e^{-\lambda X})}$，其中 X 具有到达间隔分布。

22. 假设在工作时间内，某热线电话是一个"开—关"系统，在"关"状态下电话占线无法接通。假设"开"状态的平均时间为 20 分钟，"关"状态的平均时间为 3 分钟，假设每部电话独立工作，一共有 6 部电话。计算上午十点半恰有 2 部电话占线的概率。

23. 每次购物中心的冰激凌机发生故障后，将立即更换一台同型号的新机器。若机器的寿命服从 Gamma$(2, \lambda)$，即两个均值为 $1/\lambda$ 的指数分布的随机变量之和，那么在使用中的机器的年龄的极限分布是什么？

24. 假设某台机器每次中断运行就换上一台同样型号的新机器。如果机器的寿命分布是以下两种情况，求该机器在使用中的时间小于一年的概率：

    (a) 在 $(0, 2)$ 上的均匀分布；

    (b) 均值为 1 的指数分布。

第七章 布朗运动

前面的几章分别介绍了离散时间马氏链和连续时间马氏链。其中离散时间马氏链的状态和时间均是离散的；而连续时间马氏链则是状态离散、时间连续的。实际上，还有一类满足马氏性，并且时间和状态均连续的随机过程，称为马氏过程（Markov process），其中最具有代表性的就是在金融工程、高能物理等研究领域中被广泛使用的布朗运动。

布朗运动是由英国生物学家罗伯特·布朗（Robert Brown，1773—1858）首先观察到的花粉颗粒浮于液体内不规则运动的物理现象。[1] 1900 年，法国数学家路易斯·巴舍利耶（Louis Bachelier，1870—1946）在他的博士论文中正式将布朗运动引入证券市场，用来描述股价的变动。[2]阿尔伯特·爱因斯坦（Albert Einstein，1879—1955）于 1905 年在研究狭义相对论的过程中，独立地对布朗运动进行了数学刻画。[3]之后，诺伯特·维纳（Norbert Wiener，1894—1964）在 1923 年研究了布朗运动的数学理论，并对其严格定义，因此布朗运动也被称为维纳过程（Wiener process）。[4]图7.1展示了相关学者。

罗伯特·布朗　　　路易斯·巴舍利耶　　阿尔伯特·爱因斯坦　　　诺伯特·维纳

图 7.1　相关学者

本章将从随机游走开始，并由此过渡到对布朗运动的正式介绍。

---

[1]Brown, R. "A Brief Account of Microscopical Observations Made in the Months of June, July and August 1827, on the Particles Contained in the Pollen of Plants; and on the General Existence of Active Molecules in Organic and Inorganic Bodies"[J]. *Philosophical Magazine*, 1828, 4(21): 161–173.

[2]Bachelier, L. "Théorie de la Spéculation"[J]. *Annales scientifiques de l'École Normale Supérieure*, 1900(3): 21–86.

[3]Einstein, A. "On the Movement of Small Particles Suspended in Stationary Liquids Required by the Molecular-Kinetic Theory of Heat"[J]. *Annalen der Physik*, 1905(17): 549–560.

[4]Wiener, N. "Differential-Space"[J]. *Journal of Mathematics and Physics*, 1923(2): 131–174.

第一节　随机游走

一、随机游走的含义

知识讲解

随机游走的概念
及性质

假设一个粒子每隔 Δt 时间做一次向上或向下的运动，其中向上运动的概率为 p，移动的距离为 1 个单位；向下运动的概率为 $q = 1 - p$，移动的距离也为 1 个单位。将粒子向上运动的方向记为正值，则相应地粒子向下运动的位移即 -1 个单位。将每次粒子的位移记作随机变量 Z_i，其中 i 表示移动的次数。相应地，粒子的上下运动称作随机游走（random walk）。因此，有：

$$\mathbb{P}(Z_i = 1) = p, \qquad \mathbb{P}(Z_i = -1) = q = 1 - p \qquad (7.1)$$

假设随机变量 Z_i 是独立同分布的，当 $t = n\Delta t$ 时，将 t 时间段内粒子的位移记作 $X(t)$，则有：

$$X(t) = Z_1 + Z_2 + \cdots + Z_n \qquad (7.2)$$

根据概率统计的知识不难得到：

$$\mathbb{E}(Z_i) = 1 \cdot \mathbb{P}(Z_i = 1) + (-1) \cdot \mathbb{P}(Z_i = -1) = p - q$$
$$\mathbb{E}(Z_i^2) = 1^2 \cdot \mathbb{P}(Z_i = 1) + (-1)^2 \cdot \mathbb{P}(Z_i = -1) = 1$$
$$\mathrm{Var}(Z_i) = \mathbb{E}(Z_i^2) - [\mathbb{E}(Z_i)]^2 = 4pq$$

由于期望具有线性性质，因此，

$$\mathbb{E}[X(t)] = \mathbb{E}(Z_1) + \mathbb{E}(Z_2) + \cdots + \mathbb{E}(Z_n) = n(p - q) \qquad (7.3)$$

另外，根据随机变量 Z_i 是独立同分布的前提假设，可得：

$$\mathrm{Var}[X(t)] = \mathrm{Var}(Z_1) + \mathrm{Var}(Z_2) + \cdots + \mathrm{Var}(Z_n) = 4npq \qquad (7.4)$$

图7.2展示的是随机游走的一条模拟路径。

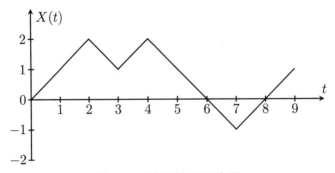

图 7.2　随机游走示意图

二、对称随机游走

根据前面所描述的随机游走，若粒子上下运动的概率均为 50%，即 $p = q = 0.5$，则可以得到粒子位移 $X(t)$ 的均值和方差分别为：

$$\mathbb{E}[X(t)] = n(p - q) = 0$$
$$\mathrm{Var}[X(t)] = 4npq = n \tag{7.5}$$

相应地，每次粒子位移 Z_i 的均值和方差分别为：

$$\mathbb{E}(Z_i) = 0, \qquad \mathrm{Var}(Z_i) = 1 \tag{7.6}$$

此时的随机游走称作对称随机游走（symmetric random walk）。其中，$n = t/\Delta t$，也就是 t 时间段粒子位移的次数。从式 (7.5) 中不难看出，位移的期望为零，方差则与位移次数 n 有关。

知识讲解

对称随机游走的性质

三、对称随机游走的二次变差

截至 t 时刻的对称随机游走的二次变差（quadratic variation）定义如下：

$$\langle X, X \rangle(t) = \sum_{i=1}^{n} (X_i - X_{i-1})^2 \tag{7.7}$$

由于增量 $Z_i = X_i - X_{i-1} = \pm 1$，因此，

$$\langle X, X \rangle(t) = n \tag{7.8}$$

由此不难看出，对称随机游走的二次变差在数值上等于其方差，即：

$$\mathrm{Var}[X(t)] = n = \langle X, X \rangle(t) \tag{7.9}$$

需要特别注意的是，二次变差 $\langle X, X \rangle(t) = n$ 与随机游走中上下运动的概率无关；而方差 $\mathrm{Var}[X(t)] = n$ 成立的前提是对称随机游走，即 $p = q = 0.5$。正因为如此，二次变差 $\langle X, X \rangle(t)$ 是沿着随机游走的单条路径计算得到的，而方差 $\mathrm{Var}[X(t)]$ 则是对所有路径以其概率为权重求平均值得到的。

四、按比例缩小型对称随机游走

在原先的对称随机游走的基础上，引入按比例缩小型对称随机游走（scaled symmetric random walk），将原先的 t 时间段粒子位移的次数 n 划分成更小的时间段，假设这里将每个时间段 $\Delta t = \dfrac{t}{n}$ 划分成距离相等的 m 段，则每个时间段就由 Δt 变为 $\dfrac{\Delta t}{m}$，相应地粒子位移的次数由 n 次变为 mn 次。在此基础上，将原先每次位移的长度由 Z_i 变为 $W^{(m)}(s)$，从而可得：

$$W^{(m)}(s) = \frac{1}{\sqrt{m}} Z_i, \qquad s \in [0, t] \tag{7.10}$$

此处需要注意的是，$W^{(m)}(s)$ 的位移长度是 Z_i 的 $\dfrac{1}{\sqrt{m}}$ 倍，而不是 $\dfrac{1}{m}$ 倍。原因是 $W^{(m)}(s)$ 是随机变量，对应的 m 个 $W^{(m)}(s)$ 期望与方差的累加之和应当与 Z_i 的期望与方差相等。于是，根据式 (7.6) 可得：

$$\mathbb{E}\left[W^{(m)}(s)\right] = 0, \qquad \mathrm{Var}\left[W^{(m)}(s)\right] = \left(\frac{1}{\sqrt{m}}\right)^2 \cdot 1 = \frac{1}{m} \tag{7.11}$$

对于 $[s,t]$ 时间段内的增量 $W^{(m)}(t) - W^{(m)}(s)$ 而言，粒子发生了 $m(t-s)$ 次位移，根据独立增量的性质可得：

$$\begin{aligned} \mathbb{E}\left[W^{(m)}(t) - W^{(m)}(s)\right] &= 0, \\ \mathrm{Var}\left[W^{(m)}(t) - W^{(m)}(s)\right] &= \frac{1}{m} \cdot m(t-s) = t - s \end{aligned} \tag{7.12}$$

接下来考虑二次变差，可得：

$$\begin{aligned} \left\langle W^{(m)}, W^{(m)} \right\rangle(t) &= \sum_{j=1}^{mt} \left[W^{(m)}\left(\frac{j}{m}\right) - W^{(m)}\left(\frac{j-1}{m}\right)\right]^2 \\ &= \sum_{j=1}^{mt} \left(\frac{1}{\sqrt{m}} Z_j\right)^2 \\ &= \sum_{j=1}^{mt} \frac{1}{m} = \frac{1}{m} \cdot mt = t \end{aligned} \tag{7.13}$$

因此，按比例缩小型对称随机游走的均值、方差和二次变差分别如下：

$$\mathbb{E}\left[W^{(m)}(t)\right] = 0 \tag{7.14}$$

$$\mathrm{Var}\left[W^{(m)}(t)\right] = t \tag{7.15}$$

$$\left\langle W^{(m)}, W^{(m)} \right\rangle(t) = t \tag{7.16}$$

为了说明该问题，假设 $m = 100$，这意味着原先的各时间段被均分成 100 段，对应的时间段粒子游走的位移变为原来的 1/10。图7.3展示的是 $W^{(100)}(t)$ 的一条模拟路径。

当按比例缩小型对称随机游走的参数 $m \to \infty$ 时，随机游走就变成了布朗运动。根据中心极限定理，当固定 $t \geqslant 0$ 时，$W^{(m)}(t)$ 在时刻 t 取值的分布将收敛于均值为 0、方差为 t 的正态分布。这一结论的证明需要使用正态分布的矩母函数及其相关性质，这里不作证明，感兴趣的读者可查阅本章附录。

阅读材料：爱因斯坦的思路

爱因斯坦在 1905 年的论文中，证明了粒子在 t 时刻位于 x 处这一问题，可

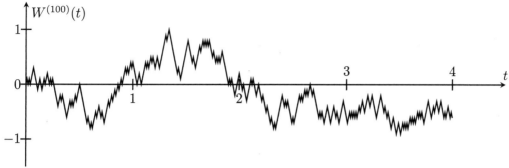

图 7.3　按比例缩小型对称随机游走的示意图

以使用以下偏微分方程加以刻画：

$$\frac{\partial f(x,t)}{\partial t} = \frac{1}{2}\frac{\partial^2 f(x,t)}{\partial x^2}$$

其中，$f(x,t)$ 代表了单位体积内粒子的数量，也就是 t 时刻 x 处粒子的密度。该方程是经典的热传导方程（heat equation），它的解为：

$$f(x,t) = \frac{1}{\sqrt{2\pi t}} \exp\left(-\frac{x^2}{2t}\right)$$

不难看出，这就是均值为 0、方差为 t 的正态分布之概率密度函数。

第二节　布朗运动及其性质

一、布朗运动的定义

定义 7.1

对于随机过程 $\{W(t),\ t \geqslant 0\}$，若满足以下四个条件，则称 $W(t)$ 为标准布朗运动（standard Brownian motion），简称布朗运动（Brownian motion）：

(1) $W(t)$ 连续且 $W(0) = 0$；

(2) $W(t) \sim \mathcal{N}(0,t)$；

(3) $W(s+t) - W(s) \sim \mathcal{N}(0,t)$；

(4) $W(t)$ 是独立增量过程。

从上述定义中的条件 (2) 可以看出，布朗运动 $W(t)$ 服从均值为 0、方差为 t 的正态分布；条件 (3) 当中，布朗运动的增量 $W(s+t) - W(s)$ 服从的分布与其初始时间 s 无关，只与增量中的时间变化 t 有关；结合条件 (2) 和 (3) 可知，布朗运动具有平稳增量；关于条件 (4)，若 $0 \leqslant s_1 < t_1 \leqslant s_2 < t_2$，则 $W(t_1) - W(s_1)$ 和 $W(t_2) - W(s_2)$ 两

个增量是独立的。根据协方差的定义以及条件 (4)，可以进一步得到：

$$
\begin{aligned}
&\mathrm{Cov}[W(t_1)-W(s_1),W(t_2)-W(s_2)]\\
&=\mathrm{Cov}[W(t_1-s_1),W(t_2-s_2)]\\
&=\mathbb{E}\big[W(t_1-s_1)W(t_2-s_2)\big]-\mathbb{E}[W(t_1-s_1)]\mathbb{E}[W(t_2-s_2)]
\end{aligned}
$$

知识讲解

布朗运动的性质

对于正态分布而言，独立意味着不相关，因此，

$$
\mathrm{Cov}[W(t_1)-W(s_1),W(t_2)-W(s_2)]=0
$$

又由于布朗运动增量的期望为 0，从而可得：

$$
\mathbb{E}\Big\{\big[W(t_1)-W(s_1)\big]\big[W(t_2)-W(s_2)\big]\Big\}=0
$$

关于独立增量性，可以通过图7.4的时间轴形象地展示出该性质的含义。回顾之前学过的内容，不难发现泊松过程与布朗运动有一定的相似之处，比如，两者均具有增量独立性和增量平稳性。

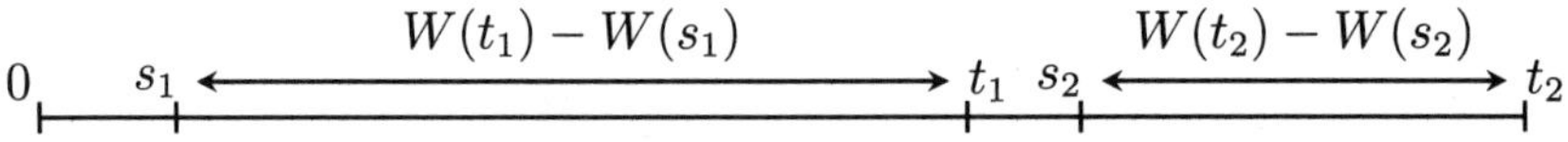

图 7.4　布朗运动统计特征的时间轴展示

二、布朗运动的性质

根据前面的定义，布朗运动具有如下性质：

(1) $\mathbb{E}[W(t)]=0$；

(2) $\mathrm{Var}[W(t)]=t=\mathbb{E}\left[W^2(t)\right]$；

(3) 若 $s<t$，则 $\mathrm{Cov}[W(s),W(t)]=\mathbb{E}[W(s)W(t)]=s\wedge t=s$。

以上性质当中，性质 (1) 来自布朗运动的定义；性质 (2) 和性质 (3) 的证明过程如下：

证明：由于布朗运动 $\{W(t)\}$ 具有增量独立性，并且均值为 0，因此可知：

$$
\mathrm{Var}[W(t)]=\mathbb{E}\big[W^2(t)\big]-\big\{\mathbb{E}[W(t)]\big\}^2=\mathbb{E}\big[W^2(t)\big]=t
$$

所以有：

$$
\begin{aligned}
\mathrm{Cov}[W(s),W(t)]&=\mathbb{E}\big[W(s)W(t)\big]-\mathbb{E}[W(s)]\mathbb{E}[W(t)]\\
&=\mathbb{E}\big[W(s)W(t)\big]\\
&=\mathbb{E}\big\{W(s)[W(t)-W(s)+W(s)]\big\}\\
&=\mathbb{E}\big\{W(s)[W(t)-W(s)]\big\}+\mathbb{E}\big[W^2(s)\big]
\end{aligned}
$$

根据增量独立性，$\mathbb{E}\big\{W(s)[W(t)-W(s)]\big\}=0$，因此有：

$$
\mathrm{Cov}[W(s),W(t)]=\mathbb{E}\big[W^2(s)\big]=s
$$

更进一步地，上式可以表示如下：

$$\mathrm{Cov}[W(s), W(t)] = \min(s, t) = s \wedge t$$

其中，符号 $\wedge$ 表示取两值中的较小值。

例 7.1 假设 $0 < s < t$，求 $W(s) + W(t)$ 的均值和方差。

解答： $W(s) + W(t)$ 可以如下变形：

$$W(s) + W(t) = 2W(s) + [W(t) - W(s)]$$

根据期望的线性性质可得：

$$\mathbb{E}[W(s) + W(t)] = \mathbb{E}[W(s)] + \mathbb{E}[W(t)] = 0$$

根据布朗运动的增量独立性，有：

知识讲解

布朗运动性质的
证明、布朗运动
的变换

$$\begin{aligned}
\mathrm{Var}[W(s) + W(t)] &= \mathrm{Var}[2W(s) + W(t) - W(s)] \\
&= 4\mathrm{Var}[W(s)] + \mathrm{Var}[W(t) - W(s)] \\
&= 4\mathrm{Var}[W(s)] + (t - s) \\
&= 4s + (t - s) = 3s + t
\end{aligned}$$

例 7.2 对于在直线上做布朗运动的粒子而言，其在时刻 2 的坐标为 1，求其在时刻 5 的坐标不超过 3 的概率。

解答： 根据题意，该概率是一个条件概率，表达式为 $\mathbb{P}[W(5) \leqslant 3 | W(2) = 1]$，因此，

$$\begin{aligned}
\mathbb{P}[W(5) \leqslant 3 | W(2) = 1] &= \mathbb{P}[W(5) - W(2) \leqslant 2 | W(2) = 1] \\
&= \mathbb{P}[W(5) - W(2) \leqslant 2] \\
&= \mathbb{P}[W(3) \leqslant 2]
\end{aligned}$$

由于 $W(3) \sim \mathcal{N}(0, 3)$，因此，

$$\mathbb{P}[W(3) \leqslant 2] = N\left(\frac{2}{\sqrt{3}}\right) = 0.876$$

其中，$N(\cdot)$ 是标准正态分布的分布函数，其具体取值可以通过查表的方式得到。该问题也可以使用 Matlab 得到结果，相应的命令如下：

```
>> normcdf(2, 0, sqrt(3))
```

或者

```
>> normcdf(2/sqrt(3), 0, 1)
```

除此以外，在电子表格软件 Excel 当中，还可以使用命令 `NORMSDIST` 算出同样的结果，这里不再赘述。

三、布朗运动的变换

> **定理 7.1**
>
> 对于布朗运动 $W(t)$，经过如下变换后的随机过程 $X(t)$ 仍然是布朗运动：
> (1) 反射变换 (reflection)：$X(t) = -W(t)$。
> (2) 平移变换 (translation)：$X(t) = W(t+s) - W(s)$, $\forall s \geqslant 0$。
> (3) 缩放变换 (rescaling)：$X(t) = \dfrac{1}{\sqrt{a}} W(at)$, $\forall a > 0$。
> (4) 反转变换 (inversion)：$X(t) = tW(1/t)$, $t > 0$，并且 $X(0) = 0$。

证明：证明变换后的过程是布朗运动的关键在于证明该过程的期望和方差满足布朗运动的性质，即：

$$\mathbb{E}[W(t)] = 0, \qquad \mathrm{Cov}[W(t), W(s)] = s \wedge t \tag{7.17}$$

(1) 对于 $X(t) = -W(t)$，可得：

$$\mathbb{E}[X(t)] = -\mathbb{E}[W(t)] = 0$$
$$\mathrm{Cov}[X(t), X(s)] = \mathbb{E}[X(t)X(s)] - \mathbb{E}[X(t)]\mathbb{E}[X(s)]$$
$$= \mathbb{E}[W(t)W(s)] = s \wedge t$$

(2) 根据布朗运动的增量独立性，可得：

$$X(t) = W(t+s) - W(s) = W(t)$$

(3) 对于 $X(t) = \dfrac{1}{\sqrt{a}} W(at)$，可得：

$$\mathbb{E}[X(t)] = \frac{1}{\sqrt{a}}\mathbb{E}[W(at)] = 0$$
$$\mathrm{Cov}[X(t), X(s)] = \mathbb{E}[X(t)X(s)] - \mathbb{E}[X(t)]\mathbb{E}[X(s)]$$
$$= \frac{1}{a}\mathbb{E}[W(at)W(as)] = \frac{1}{a}\min(at, as)$$
$$= \min(t, s) = t \wedge s$$

(4) 当 $t > 0$ 时，对于 $X(t) = tW(1/t)$，可得：

$$\mathbb{E}[X(t)] = t\mathbb{E}[W(1/t)] = 0$$
$$\mathrm{Cov}[X(t), X(s)] = \mathbb{E}[X(t)X(s)] - \mathbb{E}[X(t)]\mathbb{E}[X(s)]$$
$$= st \cdot \mathbb{E}[W(1/t)W(1/s)]$$
$$= st \cdot \min(1/t, 1/s)$$
$$= \min(s, t) = s \wedge t$$

另外，$X(0) = 0$，因此 $X(t)$ 是布朗运动。

四、布朗运动的瞬时增量及其性质

根据定义可知：

$$W(t + \Delta t) - W(t) \sim \mathcal{N}(0, \Delta t)$$

当 $\Delta t \to 0$ 时，定义

$$\mathrm{d}W(t) = \lim_{\Delta t \to 0} W(t + \Delta t) - W(t)$$

此时 $\mathrm{d}W(t)$ 称作 $W(t)$ 的瞬时增量（instantaneous increment），相应地，

$$\mathrm{d}W(t) \sim \mathcal{N}(0, \mathrm{d}t)$$

如果对 $W(t)$ 关于 t 求导，可得：

$$\frac{\mathrm{d}W(t)}{\mathrm{d}t} = \lim_{\Delta t \to 0} \frac{W(t + \Delta t) - W(t)}{\Delta t} \tag{7.18}$$

> 知识讲解
>
> 布朗运动的瞬时增量及变差的性质、首中时刻的性质

根据布朗运动的性质不难得到：

$$\mathbb{E}\left[\frac{W(t + \Delta t) - W(t)}{\Delta t}\right] = \frac{1}{\Delta t} \cdot \mathbb{E}[W(t + \Delta t) - W(t)] = 0$$

$$\mathrm{Var}\left[\frac{W(t + \Delta t) - W(t)}{\Delta t}\right] = \frac{1}{(\Delta t)^2} \cdot \mathrm{Var}[W(t + \Delta t) - W(t)] = \frac{1}{\Delta t}$$

注意到，当 $\Delta t \to 0$ 时，$\mathrm{Var}\left[\dfrac{W(t + \Delta t) - W(t)}{\Delta t}\right] \to \infty$，微商的方差无界，意味着微商的取值可以是任意大的数值，由此可见 $W(t)$ 的导数不存在。因此，布朗运动 $W(t)$ 是处处连续且处处不可微的特殊函数。[①] 布朗运动的这一特征，决定了其路径不是光滑的（smooth）。

定理 7.2 布朗运动的变差

对于布朗运动 $W(t)$，其一次变差（first variation）如下：

$$\lim_{n \to \infty} \sum_{k=0}^{n-1} \left| W(t_{k+1}) - W(t_k) \right| = \infty$$

二次变差（quadratic variation）如下：

$$\langle W, W \rangle(t) = \lim_{n \to \infty} \sum_{k=0}^{n-1} \left[W(t_{k+1}) - W(t_k) \right]^2 = t$$

[①] 有很长一段时间，人们以为不存在处处连续且处处不可微的函数，直到魏尔斯特拉斯（Weierstrass）于 1872 年首次构造出了这种特殊的函数。

类似地，当 $p \geqslant 3$ 时，其高阶变差如下：

$$\lim_{n \to \infty} \sum_{k=0}^{n-1} \left[W(t_{k+1}) - W(t_k) \right]^p = 0$$

布朗运动的二次变差也可以形式地记为：

$$dW(t) \cdot dW(t) = dt \tag{7.19}$$

需要说明的是，布朗运动与光滑函数最主要的差别体现在二次变差上：光滑函数的二次变差为零[①]，而布朗运动的二次变差不为零[②]。

第三节　布朗运动的首中时刻

一、首中时刻的概念

> **定义 7.2**
>
> 对于常数 a，用 τ_a 表示布朗运动的质点首次到达位置 a 的时刻，即：
>
> $$\tau_a = \min\{t : t \geqslant 0, W(t) = a\} \tag{7.20}$$
>
> 则称 τ_a 为首中时刻（first hitting time）或首达时间（first passage time）。

注意，这里的首中时刻 τ_a 是一个随机变量，就是之前几章所提及的停时。正因为如此，所以可以利用强马氏性来对其分布加以研究。

二、首中时刻的性质

考虑一个布朗运动，其起始点的位置在 a 处，由于布朗运动具有对称性，在已知 $\tau_a < t$ 的条件下，在未来的任意时刻 t，布朗运动的质点会等可能地位于 a 的上方和下方，即：

$$\mathbb{P}[W(t) > a | \tau_a < t] = \mathbb{P}[W(t) < a | \tau_a < t] = \frac{1}{2} \tag{7.21}$$

对于上式中的第一项可得：

$$\mathbb{P}[W(t) > a | \tau_a < t] = \frac{\mathbb{P}[W(t) > a, \tau_a < t]}{\mathbb{P}(\tau_a < t)} = \frac{\mathbb{P}[W(t) > a]}{\mathbb{P}(\tau_a < t)} \tag{7.22}$$

假设 $a > 0$，由于 $W(0) = 0$ 且布朗运动是连续的，因此 $\{W(t) > a\}$ 必然意味着在 t 时刻之前，质点到达了位置 a，即 $\{\tau_a < t\}$ 必然成立。因此，$\mathbb{P}[W(t) > a, \tau_a < t] =$

[①]具体证明参见本章附录。

[②]具体证明参见本章附录。

$\mathbb{P}[W(t) > a]$, 于是,

$$
\begin{aligned}
\mathbb{P}(\tau_a < t) &= 2 \cdot \mathbb{P}[W(t) > a] = 2 \cdot \mathbb{P}\left(Z > \frac{a}{\sqrt{t}}\right) \\
&= 2 \int_{a/\sqrt{t}}^{\infty} \frac{1}{\sqrt{2\pi}} \exp\left(-\frac{x^2}{2}\right) \mathrm{d}x
\end{aligned}
\tag{7.23}
$$

假设 $a < 0$, 则有如下类似的结果:

$$
\mathbb{P}[W(t) < a | \tau_a < t] = \frac{\mathbb{P}[W(t) < a, \tau_a < t]}{\mathbb{P}(\tau_a < t)} = \frac{\mathbb{P}[W(t) < a]}{\mathbb{P}(\tau_a < t)}
\tag{7.24}
$$

于是,

$$
\begin{aligned}
\mathbb{P}(\tau_a < t) &= 2 \cdot \mathbb{P}[W(t) < a] = 2 \cdot \mathbb{P}\left(Z < \frac{a}{\sqrt{t}}\right) \\
&= 2 \int_{-\infty}^{a/\sqrt{t}} \frac{1}{\sqrt{2\pi}} \exp\left(-\frac{x^2}{2}\right) \mathrm{d}x \\
&= 2 \int_{-a/\sqrt{t}}^{\infty} \frac{1}{\sqrt{2\pi}} \exp\left(-\frac{x^2}{2}\right) \mathrm{d}x
\end{aligned}
\tag{7.25}
$$

综合式 (7.23) 和式 (7.25), 可得:

$$
\begin{aligned}
F_{\tau_a}(t) &= \mathbb{P}(\tau_a < t) = 2 \int_{|a|/\sqrt{t}}^{\infty} \frac{1}{\sqrt{2\pi}} \exp\left(-\frac{x^2}{2}\right) \mathrm{d}x \\
&= 2 \cdot N\left(-\frac{|a|}{\sqrt{t}}\right)
\end{aligned}
\tag{7.26}
$$

式 (7.26) 得到的是 τ_a 的分布函数 $F_{\tau_a}(t)$, 对应的取值是图7.5中两块阴影部分面积之和。对 $F_{\tau_a}(t)$ 关于 t 求微分, 可以得到对应的密度函数 $f_{\tau_a}(t)$, 计算过程如下:

$$
\begin{aligned}
f_{\tau_a}(t) &= \frac{\mathrm{d}F_{\tau_a}(t)}{\mathrm{d}t} = \frac{1}{\sqrt{2\pi}} \exp\left(-\frac{1}{2} \cdot \frac{a^2}{t}\right) \cdot |a| \cdot \frac{1}{2} t^{-3/2} \\
&= \frac{|a|}{\sqrt{2\pi t^3}} \exp\left(-\frac{a^2}{2t}\right), \qquad t > 0
\end{aligned}
\tag{7.27}
$$

此处 τ_a 的概率分布称作参数为 $1/2$ 和 $a^2/2$ 的逆 Gamma 分布（inverse Gamma distribution）[①], 记作: $\tau_a \sim \mathrm{IG}(1/2, a^2/2)$。

[①] 对于形状参数为 α、尺度参数为 β 的逆 Gamma 分布, 其概率密度函数如下:

$$
f(x; \alpha, \beta) = \frac{\beta^\alpha}{\Gamma(\alpha)} \left(\frac{1}{x}\right)^{\alpha+1} \exp\left(-\frac{\beta}{x}\right), \qquad x > 0
$$

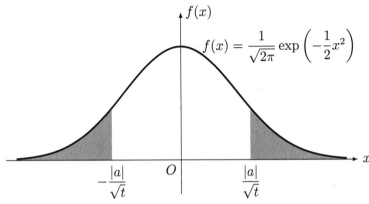

图 7.5 τ_a 分布函数的图示

布朗运动的首中时刻具有非常特殊的性质，考虑以下概率：

$$\mathbb{P}(\tau_a < \infty) = \lim_{t \to \infty} \mathbb{P}(\tau_a < t)$$
$$= \lim_{t \to \infty} 2 \cdot N\left(-\frac{|a|}{\sqrt{t}}\right) \tag{7.28}$$
$$= 2 \cdot N(0) = 1$$

知识讲解

首中时刻的性质
证明、反射原理

由此可见，对于任意位置 a，布朗运动均能以概率 1 到达。

另外再考察一下首中时刻 τ_a 的期望值，计算如下：

$$\mathbb{E}(\tau_a) = \int_0^\infty t \cdot f_{\tau_a}(t)\, \mathrm{d}t = \int_0^\infty \frac{|a|}{\sqrt{2\pi t}} \exp\left(-\frac{a^2}{2t}\right) \mathrm{d}t \tag{7.29}$$

显然，上式的结果对于任意 a 均有 $\mathbb{E}(\tau_a) = \infty$，因此，首中时刻的期望值为无穷大。

最后，将首中时刻 τ_a 的相关性质以定理的形式总结如下：

定理 7.3 首中时刻 τ_a 的性质

用 τ_a 表示布朗运动的质点首次到达位置 a 的时刻，则以下性质成立：

(1) τ_a 的分布函数为：

$$F_{\tau_a}(t) = \mathbb{P}(\tau_a < t) = 2 \cdot N\left(-\frac{|a|}{\sqrt{t}}\right)$$

(2) τ_a 的密度函数为：

$$f_{\tau_a}(t) = \frac{|a|}{\sqrt{2\pi t^3}} \exp\left(-\frac{a^2}{2t}\right), \qquad t > 0$$

(3) $\mathbb{E}(\tau_a) = \infty$。
(4) $\mathbb{P}(\tau_a < \infty) = 1$。

三、首中时刻在金融中的应用

在期权的大家族中,美式期权(American option)是其中非常重要的品种。与欧式期权不同的是,美式期权可以在到期前的任意时刻选择提前行使权利。美式期权提前行权的具体时间取决于期权标的物价格的随机变动情况。正因为如此,提前行权的时间可看作本节所介绍的首中时刻。另外,在奇异期权当中,有一类应用广泛的期权品种——障碍期权(barrier option),这类期权在未来标的物价格达到一定水平(即障碍价格)时生效[也称敲入(knock-in)]或失效[也称敲出(knock-out)]。因此,障碍期权敲入或敲出的时间也可以看作首中时刻。

第四节 反射原理与布朗运动的最大值

一、反射原理

布朗运动在首中时刻 τ_a 后发生了反射,由此所构成的路径也是布朗运动,这一性质就是反射原理(reflection principle)。

> **定义 7.3**
>
> 考虑一个随机过程 $\widetilde{W}(t)$,其定义如下:
>
> $$\widetilde{W}(t) = \begin{cases} W(t), & t \in [0, \tau_a] \\ 2a - W(t), & t \in [\tau_a, \infty) \end{cases} \tag{7.30}$$
>
> 称 $\widetilde{W}(t)$ 是在 τ_a 时刻发生反射的布朗运动。

图7.6给出了反射原理示意图。

由定义可知,$\widetilde{W}(\tau_a) = a$,因此当 $t > \tau_a$ 时,$\widetilde{W}(t)$ 与原先的布朗运动 $W(t)$ 关于位置 a 对称。因此,

$$\widetilde{W}(t) + W(t) = 2a \quad \Rightarrow \quad \widetilde{W}(t) = 2a - W(t), \qquad t > \tau_a \tag{7.31}$$

二、布朗运动的最大值

> **定义 7.4**
>
> 对于布朗运动 $W(t)$,若在区间 $t \in [0, T]$ 上,有:
>
> $$M_T = \max_{t \in [0, T]} W(t)$$
>
> 则称 M_T 是布朗运动在 $[0, T]$ 上的最大值。

当 $a > 0$ 时,如果在时间 t 处,$W(t) > a$,则意味着在时间段 $[0, t]$ 上,$M_t > a$ 并

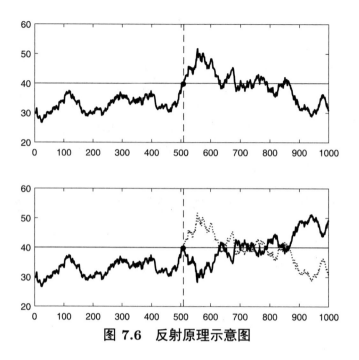

图 7.6 反射原理示意图

且 $\tau_a < t$，因此，

$$
\begin{aligned}
\{M_t > a\} &= \{M_t > a, W(t) > a\} \cup \{M_t > a, W(t) \leqslant a\} \\
&= \{W(t) > a\} \cup \{M_t > a, W(t) \leqslant a\}
\end{aligned} \tag{7.32}
$$

由于上面的两个事件互不相容，因此，

$$
\mathbb{P}(M_t > a) = \mathbb{P}[W(t) > a] + \mathbb{P}[M_t > a, W(t) \leqslant a] \tag{7.33}
$$

根据反射原理，以 τ_a 为界，当 $t \geqslant \tau_a$ 时，$\widetilde{W}(t) = 2a - W(t)$，于是，

$$
\mathbb{P}[M_t > a, W(t) \leqslant a] = \mathbb{P}\left[M_t > a, \widetilde{W}(t) \geqslant a\right] = \mathbb{P}\left[\widetilde{W}(t) \geqslant a\right] \tag{7.34}
$$

由于 $\widetilde{W}(t)$ 与 $W(t)$ 均是布朗运动，因此，

$$
\mathbb{P}\left[\widetilde{W}(t) \geqslant a\right] = \mathbb{P}[W(t) \geqslant a]
$$

于是，

$$
\begin{aligned}
\mathbb{P}(M_t > a) &= \mathbb{P}[W(t) > a] + \mathbb{P}[W(t) \geqslant a] = 2 \cdot \mathbb{P}[W(t) > a] \\
&= 2 \cdot \mathbb{P}\left(Z > \frac{a}{\sqrt{t}}\right) = 2 \cdot \int_{a/\sqrt{t}}^{\infty} \frac{1}{\sqrt{2\pi}} \exp\left(-\frac{1}{2}x^2\right) \mathrm{d}x \\
&= 2 \cdot \int_{-\infty}^{-a/\sqrt{t}} \frac{1}{\sqrt{2\pi}} \exp\left(-\frac{1}{2}x^2\right) \mathrm{d}x = 2N\left(-\frac{a}{\sqrt{t}}\right)
\end{aligned} \tag{7.35}
$$

230

另外，注意到 $\{M_t > a\}$ 这一事件必然意味着 $\{\tau_a < t\}$ 成立，因此，

$$\mathbb{P}(M_t > a) = \mathbb{P}(\tau_a < t) = F_{\tau_a}(t) = 2N\left(-\frac{a}{\sqrt{t}}\right), \qquad a > 0 \tag{7.36}$$

这里直接使用了前一节提到的首中时刻 τ_a 的分布函数。

综上所述，可以得到 M_t 的分布函数如下：

$$\begin{aligned} F_{M_t}(a) &= \mathbb{P}(M_t < a) = 1 - \mathbb{P}(M_t > a) \\ &= 1 - 2N\left(-\frac{a}{\sqrt{t}}\right) \\ &= \int_{-a/\sqrt{t}}^{a/\sqrt{t}} \frac{1}{\sqrt{2\pi}} \exp\left(-\frac{1}{2}x^2\right) \mathrm{d}x \end{aligned} \tag{7.37}$$

知识讲解

布朗运动最大值
的性质

M_t 的分布函数 $F_{M_t}(a)$ 对应的取值是图7.7中阴影部分的面积。

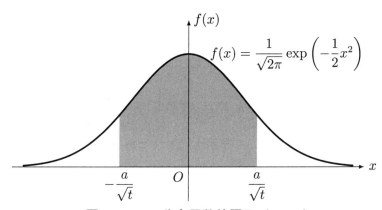

$$f(x) = \frac{1}{\sqrt{2\pi}} \exp\left(-\frac{1}{2}x^2\right)$$

图 7.7 M_t 分布函数的图示（$a > 0$）

第五节　反正弦律

接下来我们对布朗运动在时间段 $(0, t]$ 内，至少有一次返回位置 0 的概率进行研究。我们将 $(r, t]$ 时间段内布朗运动到达位置 0 的次数记作 $N(r, t)$，并由此定义该段时间返回次数不少于一次的概率 $z(r, t)$，即：

$$z(r, t) = \mathbb{P}[N(r, t) \geqslant 1], \qquad r \in [0, t) \tag{7.38}$$

根据全概率公式，我们有：

$$z(r, t) = \mathbb{P}[N(r, t) \geqslant 1] = \int_{-\infty}^{\infty} \mathbb{P}[N(r, t) \geqslant 1 | W(r) = x] \cdot \mathbb{P}[W(r) = x]\, \mathrm{d}x \tag{7.39}$$

上式中，$\mathbb{P}[N(r, t) \geqslant 1 | W(r) = x]$ 表示在 r 时刻布朗运动处于位置 x 的条件下，时间段 $(r, t]$ 内布朗运动到达位置 0 的次数不少于一次的概率。

假设 $x < 0$，根据布朗运动的独立增量性质，以上概率也可看作在 $W(0) = 0$ 的条件下，在时间段 $(0, t-r]$ 内布朗运动到达位置 $-x$ 的次数不少于一次的概率，这等价于在这一时间段内布朗运动的最大值大于 $-x$ 的概率，因此，

$$\mathbb{P}[N(r,t) \geqslant 1 | W(r) = x] = \mathbb{P}[M_{t-r} > -x | W(0) = 0] = \mathbb{P}(\tau_{-x} < t-r)$$

图 7.8 给出了布朗运动变换示意图。

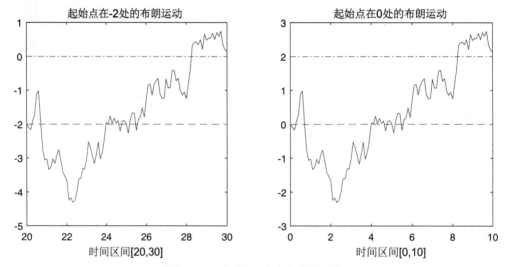

图 7.8　布朗运动变换示意图

类似地，当 $x > 0$ 时，利用反射原理，我们可得：

$$\mathbb{P}[N(r,t) \geqslant 1 | W(r) = x] = \mathbb{P}[M_{t-r} > x | \widetilde{W}(0) = 0] = \mathbb{P}(\tau_x < t-r)$$

因此，

$$\mathbb{P}[N(r,t) \geqslant 1 | W(r) = x] = \mathbb{P}(\tau_{|x|} < t-r) = \int_0^{t-r} \frac{|x|}{\sqrt{2\pi u^3}} \exp\left(-\frac{x^2}{2u}\right) \mathrm{d}u \qquad (7.40)$$

于是，

$$\begin{aligned}
z(r,t) &= \int_{-\infty}^{\infty} \mathbb{P}[N(r,t) \geqslant 1 | W(r) = x] \cdot \mathbb{P}[W(r) = x]\,\mathrm{d}x \\
&= \int_{-\infty}^{\infty} \left[\int_0^{t-r} \frac{|x|}{\sqrt{2\pi u^3}} \exp\left(-\frac{x^2}{2u}\right) \mathrm{d}u\right] \cdot \frac{1}{\sqrt{2\pi r}} \exp\left(-\frac{x^2}{2r}\right) \mathrm{d}x \\
&= \frac{1}{2\pi} \int_0^{t-r} \frac{1}{\sqrt{u^3 r}} \int_{-\infty}^{\infty} |x| \exp\left[-\frac{x^2}{2}\left(\frac{1}{u} + \frac{1}{r}\right)\right] \mathrm{d}x\,\mathrm{d}u
\end{aligned}$$

注意到 $|x| \exp\left[-\frac{x^2}{2}\left(\frac{1}{u}+\frac{1}{r}\right)\right]$ 是偶函数，因此，

$$z(r,t) = \frac{1}{\pi}\int_0^{t-r}\frac{1}{\sqrt{u^3 r}}\int_0^\infty x\exp\left[-\frac{x^2}{2}\left(\frac{1}{u}+\frac{1}{r}\right)\right]\mathrm{d}x\,\mathrm{d}u$$

$$z = x^2/2 \to = \frac{1}{\pi}\int_0^{t-r}\frac{1}{\sqrt{u^3 r}}\int_0^\infty \exp\left[-z\left(\frac{1}{u}+\frac{1}{r}\right)\right]\mathrm{d}z\,\mathrm{d}u$$

$$= \frac{1}{\pi}\int_0^{t-r}\frac{1}{\sqrt{u^3 r}}\cdot\left(\frac{ur}{u+r}\right)\mathrm{d}u = \frac{1}{\pi}\int_0^{t-r}\sqrt{\frac{r}{u}}\frac{1}{u+r}\mathrm{d}u$$

$$v = \sqrt{u} \to = \frac{\sqrt{r}}{\pi}\int_0^{\sqrt{t-r}}\frac{2}{v^2+r}\mathrm{d}v = \frac{2\sqrt{r}}{\pi}\int_0^{\sqrt{t-r}}\frac{1}{r(v^2/r+1)}\mathrm{d}v$$

$$w = v/\sqrt{r} \to = \frac{2}{\pi}\int_0^{\sqrt{(t-r)/r}}\frac{1}{1+w^2}\mathrm{d}w = \frac{2}{\pi}\arctan w\Big|_0^{\sqrt{(t-r)/r}}$$

$$= \frac{2}{\pi}\arctan\sqrt{\frac{t-r}{r}} = \frac{2}{\pi}\arccos\sqrt{\frac{r}{t}}$$

由此我们得到了在时间段 $(r,t]$ 内，返回位置 0 的次数不少于一次的概率 $z(r,t)$ 为：

$$z(r,t) = \frac{2}{\pi}\arccos\sqrt{\frac{r}{t}} \tag{7.41}$$

与之相对，同样时间段内没有返回位置 0 的概率即为：

$$1 - z(r,t) = 1 - \frac{2}{\pi}\arccos\sqrt{\frac{r}{t}} = \frac{2}{\pi}\left(\frac{\pi}{2} - \arccos\sqrt{\frac{r}{t}}\right)$$
$$= \frac{2}{\pi}\arcsin\sqrt{\frac{r}{t}} \tag{7.42}$$

最终我们得到了布朗运动的反正弦律 (Arcsine law) 如下：

定理 7.4 布朗运动的反正弦律

设 $W(u)$ 是布朗运动，则其在时间段 (r,t) 上没有返回位置 0 的概率为：

$$\mathbb{P}\{W(u)\neq 0, u\in(r,t)\} = \frac{2}{\pi}\arcsin\sqrt{\frac{r}{t}} \tag{7.43}$$

反正弦律也可以表述为：对于 $\alpha\in(0,1)$，

$$\mathbb{P}\{W(u)\neq 0, u\in(\alpha t,t)\} = \frac{2}{\pi}\arcsin\sqrt{\alpha} \tag{7.44}$$

由式 (7.44) 可知：布朗运动没有返回位置 0 的概率，与时间段的缩放参数 α 联系紧密。我们记

$$F(\alpha) = \frac{2}{\pi}\arcsin\sqrt{\alpha}, \qquad \alpha\in(0,1) \tag{7.45}$$

此处的 $F(\alpha)$ 就是反正弦分布的分布函数。反正弦分布实际上是特殊形式的 Beta 分布。对其关于 α 求导，可得反正弦分布的密度函数：

$$f(\alpha) = F'(\alpha) = \frac{1}{\pi\sqrt{\alpha(1-\alpha)}} \tag{7.46}$$

图7.9是反正弦分布的概率密度函数图像。

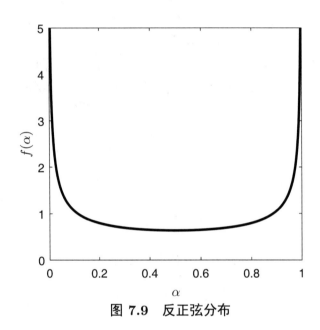

图 7.9 反正弦分布

第六节　马氏过程

在前几章介绍马氏链的时候，我们介绍了马氏性，即在给定当前的条件下，未来与过去是独立的，即：

$$\mathbb{P}(X_{n+1} = j | X_n = i, X_k = x_k, 0 \leqslant k < n) = \mathbb{P}(X_{n+1} = j | X_n = i) \tag{7.47}$$

时间和状态均连续的布朗运动同样具有此种性质，即：

$$\mathbb{P}(X_{t+s} \leqslant y | X_u, 0 \leqslant u \leqslant s) = \mathbb{P}(X_{t+s} \leqslant y | X_s) \tag{7.48}$$

当这个条件概率不依赖于 s 的取值时，该过程具有时齐性，即：

$$\mathbb{P}(X_{t+s} \leqslant y | X_s) = \mathbb{P}(X_t \leqslant y | X_0), \qquad \forall s \tag{7.49}$$

时间和状态均连续的过程如果满足上述马氏性，则称为马氏过程。相应地，$\mathbb{P}(X_t \leqslant y | X_0 = x)$ 称为过程的转移分布函数。正如在离散状态马氏链当中使用转移矩阵来研究

随机演化的过程，在马氏过程中则是使用转移函数来研究过程随时间的演化。转移函数也称转移核（transition kernel），记作 $K_t(x, \cdot)$，表示在 $X_0 = x$ 的条件下，经过时间 t 到达 X_t 处的条件概率密度。因此，下式成立：

$$\mathbb{P}(X_t \leqslant y | X_0 = x) = \int_{-\infty}^{y} K_t(x, w) \, \mathrm{d}w \tag{7.50}$$

正如离散状态马氏链满足 C-K 方程，马氏过程同样具有类似的 C-K 方程，只不过原先公式中的求和符号变成了积分符号，原先的转移概率变成了转移核。离散状态马氏链中的转移概率 $p_{s+t}(x, y)$ 与马氏过程中的转移核 $K_{s+t}(x, y)$ 之间的关系如下：

$$p_{s+t}(x, y) = \sum_{k} p_s(x, k) p_t(k, y), \qquad \forall k \tag{7.51}$$

$$K_{s+t}(x, y) = \int_{-\infty}^{\infty} K_s(x, z) K_t(z, y) \, \mathrm{d}z, \qquad \forall s, t \tag{7.52}$$

证明： 根据马氏过程的时齐性和马氏性，可得：

$$\begin{aligned}
\int_{-\infty}^{y} K_{s+t}(x, w) \, \mathrm{d}w &= \mathbb{P}(X_{s+t} \leqslant y | X_0 = x) = \int_{-\infty}^{\infty} \mathbb{P}(X_{s+t} \leqslant y, X_s = z | X_0 = x) \, \mathrm{d}z \\
&= \int_{-\infty}^{\infty} \mathbb{P}(X_{s+t} \leqslant y | X_s = z, X_0 = x) \cdot \mathbb{P}(X_s = z | X_0 = x) \, \mathrm{d}z \\
&= \int_{-\infty}^{\infty} \mathbb{P}(X_{s+t} \leqslant y | X_s = z) \cdot K_s(x, z) \, \mathrm{d}z \\
&= \int_{-\infty}^{\infty} \mathbb{P}(X_t \leqslant y | X_0 = z) \cdot K_s(x, z) \, \mathrm{d}z \\
&= \int_{-\infty}^{\infty} \left[\int_{-\infty}^{y} K_t(z, w) \, \mathrm{d}w \right] \cdot K_s(x, z) \, \mathrm{d}z
\end{aligned}$$

对上式两端关于 y 求微分，可得：

$$K_{s+t}(x, y) = \int_{-\infty}^{\infty} K_s(x, z) K_t(z, y) \, \mathrm{d}z$$

对于布朗运动 $W(t)$ 而言，由于 $W(t + s) - W(s) = W(t) \sim \mathcal{N}(0, t)$，因此，

$$\begin{aligned}
\mathbb{P}[W(s + t) \leqslant y | W(s) = x] &= \mathbb{P}[W(t) \leqslant (y - x) | W(0) = 0] \\
&= \int_{-\infty}^{y-x} \frac{1}{\sqrt{2\pi t}} \exp\left(-\frac{w^2}{2t} \right) \, \mathrm{d}w
\end{aligned}$$

从而

$$K_t(x, y) = \frac{1}{\sqrt{2\pi t}} \exp\left[-\frac{(y - x)^2}{2t} \right] \tag{7.53}$$

从中不难看出，布朗运动是马氏过程中的一个特例。

第七节　布朗运动的变化形式

一、布朗桥

知识讲解

定义 7.5

假设 $W(t)$ 是一个布朗运动，令

$$W^*(t) = W(t) - tW(1), \qquad t \in [0, 1] \qquad (7.54)$$

则称 $W^*(t)$ 为布朗桥（Brownian bridge）。

布朗运动的变化形式

根据定义不难看出：

$$W^*(0) = W(0) = 0, \qquad W^*(1) = W(1) - W(1) = 0$$

可见，$W^*(t)$ 的两个端点是固定的，就如同桥一样，故名布朗桥。

对于布朗桥 $W^*(t)$，假设 $0 \leqslant s \leqslant t \leqslant 1$，其期望和协方差分别为：

$$\mathbb{E}[W^*(t)] = \mathbb{E}[W(t)] - \mathbb{E}[tW(1)] = \mathbb{E}[W(t)] - t\mathbb{E}[W(1)] = 0 \qquad (7.55)$$

$$\begin{aligned}
\mathrm{Cov}[W^*(s)W^*(t)] &= \mathbb{E}[W^*(s)W^*(t)] = \mathbb{E}\left[W(s)-sW(1)\right]\left[W(t)-tW(1)\right] \\
&= \mathbb{E}[W(s)W(t)] - t\mathbb{E}[W(s)W(1)] \\
&\quad - s\mathbb{E}[W(1)W(t)] + ts\mathbb{E}[W^2(1)] \\
&= s - ts - st + ts = s - ts = s(1-t)
\end{aligned} \tag{7.56}$$

布朗桥还可以如下方式定义：

定义 7.6

假设 $W(t)$ 是一个布朗运动，令

$$X(t) = W(t) - \frac{t}{T}W(T), \qquad t \in [0,T] \tag{7.57}$$

则称 $X(t)$ 为布朗桥。

上面定义的布朗桥仍然满足 $X(0) = X(T) = 0$，可以看作第一种定义的拓展。不难看出，当 $T=1$ 时，布朗桥 $X(t)$ 就变成了 $W^*(t)$。

与前面的方法类似，假设 $0 \leqslant s \leqslant t \leqslant T$，可以得到 $X(t)$ 的期望和协方差分别为：

$$\mathbb{E}[X(t)] = \mathbb{E}[W(t)] - \frac{t}{T}\mathbb{E}[W(T)] = 0 \tag{7.58}$$

$$\begin{aligned}
\mathrm{Cov}[X(s)X(t)] &= \mathbb{E}[X(s)X(t)] = \mathbb{E}\left[W(s)-\frac{s}{T}W(T)\right]\left[W(t)-\frac{t}{T}W(T)\right] \\
&= \mathbb{E}[W(s)W(t)] - \frac{t}{T}\mathbb{E}[W(s)W(T)] \\
&\quad - \frac{s}{T}\mathbb{E}[W(T)W(t)] + \frac{st}{T^2}\mathbb{E}[W^2(T)] \\
&= s - \frac{t}{T}s - \frac{s}{T}t + \frac{st}{T^2}T \\
&= s - \frac{st}{T}
\end{aligned} \tag{7.59}$$

在布朗运动的相关应用中，还有一种形式的布朗桥更具实用价值，其定义如下：

定义 7.7

假设 $W(t)$ 是一个布朗运动。给定 $T > 0$，$a,b \in \mathbb{R}$，则在 $[0,T]$ 上从 a 到 b 的布朗桥 $X^{a\to b}(t)$ 定义如下：

$$X^{a\to b}(t) = a + (b-a)\cdot\frac{t}{T} + X(t), \qquad t \in [0,T] \tag{7.60}$$

其中，$X(t)$ 是由式 (7.57) 定义的布朗桥，满足 $X(0) = X(T) = 0$。

从中不难看出，布朗桥 $X^{a\to b}(t)$ 的两个端点 0 与 T 满足下式：

$$X^{a\to b}(0) = a, \qquad X^{a\to b}(T) = b$$

假设 $0 \leqslant s \leqslant t \leqslant T$，布朗桥 $X^{a \to b}(t)$ 的期望为：

$$\mathbb{E}\left[X^{a \to b}(t)\right] = a + (b - a) \cdot \frac{t}{T} + \mathbb{E}[X(t)] = a + (b - a) \cdot \frac{t}{T} \tag{7.61}$$

由于 $X^{a \to b}(t)$ 的表达式中，$a + (b - a) \cdot \dfrac{t}{T}$ 是确定项（deterministic term），因此计算协方差时可以不予考虑。于是，$X^{a \to b}(t)$ 的协方差就与 $X(t)$ 的协方差相同，即：

$$\mathrm{Cov}\left[X^{a \to b}(s) X^{a \to b}(t)\right] = \mathrm{Cov}[X(s) X(t)] = s - \frac{st}{T} \tag{7.62}$$

关于布朗桥的图示见图7.10。

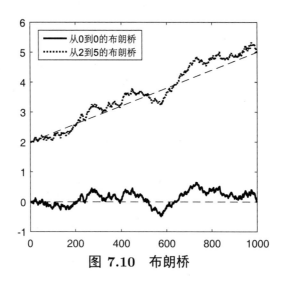

图 7.10　布朗桥

二、有漂移的布朗运动

定义 7.8

假设 $W(t)$ 是一个布朗运动，则以下随机过程 $X(t)$ 称为有漂移的布朗运动（Brownian motion with drift）：

$$X(t) = \mu t + \sigma W(t), \qquad t \geqslant 0 \tag{7.63}$$

其中的常数 μ 称为漂移系数（drift），常数 σ 称为波动率（volatility）。

对 $X(t)$ 计算期望和方差，结果如下：

$$\begin{aligned}
\mathbb{E}[X(t)] &= \mathbb{E}(\mu t) + \mathbb{E}[\sigma W(t)] = \mu t \\
\mathrm{Var}[X(t)] &= \mathrm{Var}[\mu t + \sigma W(t)] = \mathrm{Var}[\sigma W(t)] = \sigma^2 t
\end{aligned} \tag{7.64}$$

由此可见，有漂移的布朗运动的均值不为零；其方差与漂移项无关，且与波动率 σ 的平方值成正比。图7.11分别展示了有漂移的布朗运动的轨迹（左图）以及波动率取值不同时的布朗运动的轨迹（右图）。

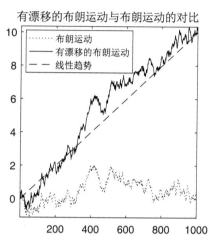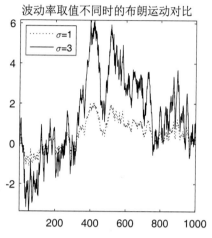

图 7.11　不同形式的布朗运动对比

三、几何布朗运动

与前面所提及的布朗运动的形式不同，几何布朗运动的状态空间是 $\mathbb{R}^+ \cup \{0\}$，即它是一个非负的过程。几何布朗运动在数理金融中的应用非常广泛，可以用来对股票等金融资产[①]进行建模。

定义 7.9

假设 $X(t)$ 是漂移系数为 μ、波动率为 σ 的布朗运动，即：

$$X(t) = \mu t + \sigma W(t)$$

定义过程 $G(t)$，其满足：

$$G(t) = G(0)\exp[X(t)], \qquad t \geqslant 0 \tag{7.65}$$

并且 $G(0) > 0$，则称 $G(t)$ 是几何布朗运动（geometric Brownian motion）。

对 $G(t)$ 取自然对数，可得：

$$\ln G(t) = \ln G(0) + X(t)$$

[①]由于股票等金融资产是有限负债的，因此其价格不可能跌破 0，几何布朗运动刚好具有类似的特点。

相应地，

$$\mathbb{E}[\ln G(t)] = \mathbb{E}[\ln G(0)] + \mathbb{E}[X(t)] = \ln G(0) + \mu t$$
$$\mathrm{Var}[\ln G(t)] = \mathrm{Var}[\ln G(0) + X(t)] = \mathrm{Var}[X(t)] = \sigma^2 t \qquad (7.66)$$

本章附录

一、布朗运动的软件模拟

考虑在时间段 $[0,t]$ 上模拟布朗运动的轨迹。假设将该时间段分成大小相等的 n 个子时间段，相应地生成 n 个变量，分别记作 $W(t_1), W(t_2), \ldots, W(t_n)$。其中，$t_i = i \cdot t/n$，$i = 1, 2, \ldots, n$，并且假定 $W(0) = 0$。

根据布朗运动的增量独立性可得：

$$W(t_i) = W(t_{i-1}) + [W(t_i) - W(t_{i-1})] = W(t_{i-1}) + X_i \qquad (7.67)$$

其中，$X_i \sim \mathcal{N}(0, t/n)$。

因此，为了生成布朗运动的轨迹，只需要从 $W(0) = 0$ 开始，生成满足条件的随机数 X_i，然后逐个代入上式相加迭代，依次得到 $W(t_1), W(t_2), \ldots, W(t_n)$，最终将这些点绘出，即可得到模拟的布朗运动轨迹。根据此思路编制的 Matlab 代码如下：

```
P=zeros(1,99);
S=zeros(1,100);
P=sqrt(10/100).*randn(1,100);
P=cumsum(P);
S=[0 P];
plot(0:.1:10, S)
```

这里取 $t = 10$，$n = 100$。类似地，还可以将 t 固定、n 的取值变动的情况下的布朗运动轨迹绘制出来，如图7.12所示。不难看出，随着 n 取值的增大，模拟出的轨迹将越来越接近布朗运动的真实图像。

二、按比例缩小型对称随机游走的 Python 代码

以下代码可以绘制不同步长和不同分段数情况下的按比例缩小型对称随机游走的图像。建议将代码复制到 Jupyter notebook 中进行动态展示。

```
import numpy as np
from scipy.stats import randint
from math import *
import ipywidgets as pw
import matplotlib as mpl
import matplotlib.pyplot as plt
```

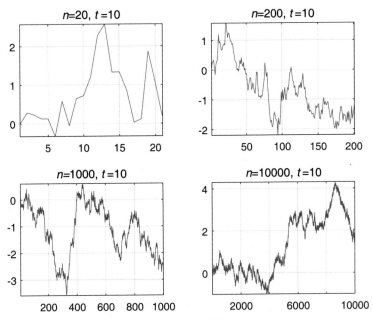

图 7.12 模拟的布朗运动轨迹对比

```
mpl.rcParams['font.sans-serif'] = ['Microsoft Yahei']

def SRW(step=10, scale=1):
    '''
    参数说明
    ----------
    step : 随机游走的时间间隔数
    scale : 相邻时间间隔的分段数
            (等于1就是Random Walk, 取大于1的整数就是Scaled Random Walk)
    '''
    S = np.zeros(step*scale+1)
    S[0] = 0
    for i in range(1,step*scale+1):
        S[i]=S[i-1]+ 1/sqrt(scale)*(2*(randint.rvs(1,3))-3)
    X = np.arange(0,len(S))

    fig, ax  = plt.subplots()
    ax.plot(X, S, linewidth=1)
    ax.set_xlabel('时间')
    ax.set_title('Scaled Random Walk')
    ax.set_xticks(range(0, step*scale+1, scale))
```

```
ax.set_xticklabels(i for i in range(step+1))
ax.set_xlim(0, step*scale)
plt.show()
return
```

#%% example 建议使用Jupyter notebook进行动态展示
pw.interact(SRW, step=[5,10,20], scale=[1,5,10,50,100,300,1000])

三、光滑函数二次变差为零的证明

设 $f(t)$ 是在 $[0,T]$ 上有定义的光滑函数，即该函数具有连续的导数，则其截至时刻 T 的二次变差为：

$$\langle f,f\rangle(T) = \lim_{\|\Pi\|\to 0}\sum_{i=0}^{n-1}[f(t_{i+1})-f(t_i)]^2 \tag{7.68}$$

这里将 $[0,T]$ 这个时间段分割成 n 个子时间段，分别为：$[0,t_1],(t_1,t_2],\ldots,(t_{n-1},t_n]$，其中，$0=t_0<t_1<t_2<\cdots<t_n=T$；$\|\Pi\|$ 是这 n 个子时间段中最长的，即：

$$\|\Pi\| = \max_i(t_{i+1}-t_i), \qquad i=0,1,2,\ldots,n-1$$

对于光滑函数而言，微分中值定理成立。因此，存在 $t_i^*\in[t_i,t_{i+1}]$，使得：

$$f(t_{i+1})-f(t_i) = f'(t_i^*)(t_{i+1}-t_i)$$

因此，

$$\begin{aligned}\sum_{i=0}^{n-1}[f(t_{i+1})-f(t_i)]^2 &= \sum_{i=0}^{n-1}|f'(t_i^*)|^2(t_{i+1}-t_i)^2\\ &\leqslant \|\Pi\|\cdot\sum_{i=0}^{n-1}|f'(t_i^*)|^2(t_{i+1}-t_i)\end{aligned} \tag{7.69}$$

于是，

$$\begin{aligned}\langle f,f\rangle(T) &\leqslant \lim_{\|\Pi\|\to 0}\left[\|\Pi\|\cdot\sum_{i=0}^{n-1}|f'(t_i^*)|^2(t_{i+1}-t_i)\right]\\ &= \lim_{\|\Pi\|\to 0}\|\Pi\|\cdot\lim_{\|\Pi\|\to 0}\sum_{i=0}^{n-1}|f'(t_i^*)|^2(t_{i+1}-t_i)\\ &= \lim_{\|\Pi\|\to 0}\|\Pi\|\cdot\int_0^T|f'(t)|^2\mathrm{d}t\end{aligned} \tag{7.70}$$

由于 $f(t)$ 具有连续的导数，所以 $\int_0^T|f'(t)|^2\mathrm{d}t$ 是有界的。因此，

$$\lim_{\|\Pi\|\to 0}\|\Pi\|\cdot\int_0^T|f'(t)|^2\mathrm{d}t = 0 \tag{7.71}$$

最终可得:

$$\langle f, f \rangle(T) = 0$$

即光滑函数的二次变差为零。

下面这段代码可以清晰地展现出指数函数的光滑性,感兴趣的读者可以使用 Matlab 或者 Scilab 软件进行演示。

```
t=linspace(-1,1,1024);
plot(t,exp(t)), grid
title('指数函数')
t0=clock;
t=0;
while t<20
    axis([0 0 1 1]+exp(-t/5)*[-1 1 -1 1])
    drawnow
    t=etime(clock,t0);
end
```

四、布朗运动二次变差不为零的证明

由于布朗运动 $W(t)$ 不是光滑函数,无法使用微分中值定理,因此在下面的证明中,将不再借助该定理。

设 $\{t_0, t_1, \ldots, t_n\}$ 是关于时间段 $[0, T]$ 的一个划分,其中 Π 是其中最长的子时间段。对应的二次变差定义为:

$$Q_\Pi = \sum_{i=0}^{n-1} [W(t_{i+1}) - W(t_i)]^2 \tag{7.72}$$

由于样本的二次变差是独立随机变量之和,因此其均值和方差也是这些随机变量均值和方差之和,即:

$$\mathbb{E}(Q_\Pi) = \sum_{i=0}^{n-1} \mathbb{E}[W(t_{i+1}) - W(t_i)]^2$$
$$\mathrm{Var}(Q_\Pi) = \sum_{i=0}^{n-1} \mathrm{Var}\left\{[W(t_{i+1}) - W(t_i)]^2\right\} \tag{7.73}$$

由于

$$\mathbb{E}[W(t_{i+1}) - W(t_i)]^2 = \mathrm{Var}[W(t_{i+1}) - W(t_i)] = t_{i+1} - t_i \tag{7.74}$$

因此,

$$\mathbb{E}(Q_\Pi) = \sum_{i=0}^{n-1} (t_{i+1} - t_i) = t_n - t_0 = T \tag{7.75}$$

根据正态分布的矩母函数，可以得到 $W(t_{i+1}) - W(t_i)$ 的四阶矩，结果如下：

$$\mathbb{E}[W(t_{i+1}) - W(t_i)]^4 = 3(t_{i+1} - t_i)^2 \tag{7.76}$$

因此，

$$\begin{aligned}
\mathrm{Var}\big\{[W(t_{i+1}) - W(t_i)]^2\big\} &= \mathbb{E}[W(t_{i+1}) - W(t_i)]^4 - \big\{\mathbb{E}[W(t_{i+1}) - W(t_i)]^2\big\}^2 \\
&= 3(t_{i+1} - t_i)^2 - (t_{i+1} - t_i)^2 \\
&= 2(t_{i+1} - t_i)^2
\end{aligned} \tag{7.77}$$

因此，

$$\mathrm{Var}(Q_\Pi) = \sum_{i=0}^{n-1} 2(t_{i+1} - t_i)^2 \leqslant \sum_{i=0}^{n-1} 2\|\Pi\|(t_{i+1} - t_i) = 2\|\Pi\|T \tag{7.78}$$

于是，

$$\begin{aligned}
\lim_{\|\Pi\|\to 0} \mathrm{Var}(Q_\Pi) &= 0 \\
\lim_{\|\Pi\|\to 0} \mathbb{E}(Q_\Pi) &= T
\end{aligned} \tag{7.79}$$

二次变差的方差为零，意味着其不再是随机变量，因此布朗运动 $W(T)$ 的二次变差为 T。

下面这段代码可以清晰地展现出布朗运动的非光滑性，感兴趣的读者可以使用 Matlab 或者 Scilab 软件进行演示。

```
tfin=60;
n=2^10+1; % 取值增加，分辨率相应提升
t=linspace(-1,1,n);
h=diff(t(1:2));
x=cumsum([0,sqrt(h)*randn(1,n-1)]);
x=x-x((n+1)/2);
j=1:2:n;
i=2:2:n;
k=(n+3)/4:(3*n+1)/4;
hand=plot(t,x);
title('布朗运动（维纳过程）')
axis([-1 1 -1 1])
hold on
plot([-1.1 0 1.1],[0 0 0],'ro-')
hold off
pause
t0=clock;
tt=0;
```

```
while tt<tfin
    width=exp(-tt/5);
    axis([-width width -sqrt(width) sqrt(width)])
    drawnow
    if h>width/(n/4)
        h=h/2;
        x(j)=x(k);
        t(j)=t(k);
        t(i)=0.5*(t(i-1)+t(i+1));
        x(i)=0.5*(x(i-1)+x(i+1))+sqrt(h/2)*randn(size(i));
        set(hand,'xdata',t,'ydata',x)
    end
    tt=etime(clock,t0);
end
```

五、高斯积分简介

高斯积分是一类非常特殊的积分，最早由德国数学家高斯（Carl Friedrich Gauss, 1777—1855）提出，并被用于正态分布的刻画中。该积分的形式如下：

$$I = \int_{-\infty}^{\infty} \exp\left(-x^2\right) \mathrm{d}x$$

求解该积分的方法具有一定的技巧性，在上式的基础上，构造一个相同的积分形式：

$$I = \int_{-\infty}^{\infty} \exp\left(-y^2\right) \mathrm{d}y$$

将上面两式相乘，可得：

$$I^2 = \int_{-\infty}^{\infty} \int_{-\infty}^{\infty} \exp\left[-(x^2 + y^2)\right] \mathrm{d}x\,\mathrm{d}y$$

对上式的求解可以通过坐标变换，即将直角坐标系转换成极坐标系完成，结果如下：

$$
\begin{aligned}
I^2 &= \int_0^{2\pi} \mathrm{d}\theta \int_0^{\infty} \exp\left(-r^2\right) r\,\mathrm{d}r \\
&= 2\pi \cdot \frac{1}{2} \int_0^{\infty} \exp\left(-r^2\right) \mathrm{d}(r^2)
\end{aligned}
\tag{7.80}
$$

$$u = -r^2 \to = \pi \int_{-\infty}^{0} \exp(u)\,\mathrm{d}u = \pi$$

因此，

$$I = \int_{-\infty}^{\infty} \exp\left(-x^2\right) \mathrm{d}x = \sqrt{\pi}$$

相应地，

$$I(\alpha) = \int_{-\infty}^{\infty} \exp(-\alpha u^2)\, \mathrm{d}u = \sqrt{\frac{\pi}{\alpha}}$$

对 $I(\alpha)$ 的积分表达式关于 α 分别求一阶和二阶导，可得：

$$I'(\alpha) = -\int_{-\infty}^{\infty} u^2 \exp(-\alpha u^2)\, \mathrm{d}u = \sqrt{\pi}\left(-\frac{1}{2}\right)\alpha^{-\frac{3}{2}}$$

$$I''(\alpha) = \int_{-\infty}^{\infty} u^4 \exp(-\alpha u^2)\, \mathrm{d}u = \sqrt{\pi}\left(-\frac{1}{2}\right)\left(-\frac{3}{2}\right)\alpha^{-\frac{5}{2}}$$

依此类推，可以得到 $I(\alpha)$ 关于 α 的 n 阶导，结果如下：

$$\begin{aligned}
I^{(n)}(\alpha) &= (-1)^n \int_{-\infty}^{\infty} u^{2n} \exp(-\alpha u^2)\, \mathrm{d}u \\
&= \sqrt{\pi}\cdot(-1)^n \frac{1\times 3\times 5\times\cdots\times(2n-1)}{2^n}\alpha^{-(2n+1)/2}
\end{aligned} \tag{7.81}$$

因此，

$$\int_{-\infty}^{\infty} u^{2n}\exp(-\alpha u^2)\,\mathrm{d}u = \sqrt{\pi}\cdot\frac{1\times 3\times 5\times\cdots\times(2n-1)}{2^n}\alpha^{-(2n+1)/2} \tag{7.82}$$

对于布朗运动的增量 $X = W(t_n) - W(t_{n-1})$ 而言，其服从均值为 0、方差为 $(t_n - t_{n-1})$ 的正态分布。相应的概率密度函数为：

$$f(x) = \frac{1}{\sqrt{2\pi(t_n - t_{n-1})}}\exp\left[-\frac{x^2}{2(t_n - t_{n-1})}\right] \tag{7.83}$$

令 $t_n - t_{n-1} = \Delta t$，则

$$\begin{aligned}
\mathbb{E}(X^2) &= \int_{-\infty}^{\infty} x^2 f(x)\, \mathrm{d}x \\
&= \int_{-\infty}^{\infty} x^2 \frac{1}{\sqrt{2\pi\Delta t}}\exp\left(-\frac{x^2}{2\Delta t}\right)\mathrm{d}x \\
&= \frac{1}{\sqrt{2\pi}}\int_{-\infty}^{\infty} x^2 \exp\left(-\frac{x^2}{2\Delta t}\right)\mathrm{d}\left(\frac{x}{\sqrt{\Delta t}}\right) \\
&= \frac{\Delta t}{\sqrt{2\pi}}\int_{-\infty}^{\infty} u^2 \exp\left(-\frac{u^2}{2}\right)\mathrm{d}u
\end{aligned}$$

由前面得到的 $I'(\alpha)$ 的结果，可得：

$$\mathbb{E}(X^2) = \frac{\Delta t}{\sqrt{2\pi}}\sqrt{\pi}\left(\frac{1}{2}\right)\left(\frac{1}{2}\right)^{-\frac{3}{2}} = \Delta t \tag{7.84}$$

246

类似地，

$$
\begin{aligned}
\mathbb{E}(X^4) &= \int_{-\infty}^{\infty} x^4 f(x)\,\mathrm{d}x \\
&= \int_{-\infty}^{\infty} x^4 \frac{1}{\sqrt{2\pi\Delta t}} \exp\left(-\frac{x^2}{2\Delta t}\right)\,\mathrm{d}x \\
&= \frac{1}{\sqrt{2\pi}} \int_{-\infty}^{\infty} x^4 \exp\left(-\frac{x^2}{2\Delta t}\right)\,\mathrm{d}\left(\frac{x}{\sqrt{\Delta t}}\right) \\
u = \frac{x}{\sqrt{\Delta t}} \to &= \frac{(\Delta t)^2}{\sqrt{2\pi}} \int_{-\infty}^{\infty} u^4 \exp\left(-\frac{u^2}{2}\right)\,\mathrm{d}u
\end{aligned}
$$

由前面得到的 $I''(\alpha)$ 的结果，可得：

$$
\mathbb{E}(X^4) = \frac{(\Delta t)^2}{\sqrt{2\pi}} \sqrt{\pi} \left(\frac{1}{2}\right)\left(\frac{3}{2}\right)\left(\frac{1}{2}\right)^{-\frac{5}{2}} = 3(\Delta t)^2 \tag{7.85}
$$

因此，

$$
\mathrm{Var}(X^2) = \mathbb{E}(X^4) - [\mathbb{E}(X^2)]^2 = 3(\Delta t)^2 - (\Delta t)^2 = 2(\Delta t)^2
$$

六、按比例缩小型对称随机游走收敛于正态分布的证明

> **定理 7.5**
>
> 当 $m \to \infty$ 时，$W^{(m)}(t) \sim \mathcal{N}(0, t)$。

证明： 该结论的证明过程如下：

由于

$$
W^{(m)}(t) = \frac{M_{mt}}{\sqrt{m}} = \frac{1}{\sqrt{m}} \sum_{i=1}^{mt} X_i
$$

构造 $W^{(m)}(t)$ 的矩母函数 $M_m(u)$ 如下：

$$
\begin{aligned}
M_m(u) = \mathbb{E}\left[\mathrm{e}^{uW^{(m)}(t)}\right] &= \mathbb{E}\left[\exp\left(\frac{u}{\sqrt{m}} M_{mt}\right)\right] \\
&= \mathbb{E}\left[\exp\left(\frac{u}{\sqrt{m}} \sum_{i=1}^{mt} X_i\right)\right] \\
&= \mathbb{E}\left[\prod_{i=1}^{mt} \exp\left(\frac{u}{\sqrt{m}} X_i\right)\right] \\
X_i \text{ 独立同分布} \to &= \prod_{i=1}^{mt} \mathbb{E}\left[\exp\left(\frac{u}{\sqrt{m}} X_i\right)\right]
\end{aligned}
$$

由于 X_i 是对称随机游走，因此，

$$
\mathbb{E}\left[\exp\left(\frac{u}{\sqrt{m}} X_i\right)\right] = \frac{1}{2}\exp\left(\frac{u}{\sqrt{m}}\right) + \frac{1}{2}\exp\left(-\frac{u}{\sqrt{m}}\right)
$$

从而可得：

$$M_m(u) = \left[\frac{1}{2}\exp\left(\frac{u}{\sqrt{m}} \right) + \frac{1}{2}\exp\left(-\frac{u}{\sqrt{m}} \right) \right]^{mt}$$

对上式两端取自然对数，可得：

$$\ln[M_m(u)] = mt\ln\left[\frac{1}{2}\exp\left(\frac{u}{\sqrt{m}} \right) + \frac{1}{2}\exp\left(-\frac{u}{\sqrt{m}} \right) \right]$$

接下来，令 $x = 1/\sqrt{m}$，则有：

$$\lim_{m\to\infty}\ln[M_m(u)] = \lim_{m\to\infty} mt\ln\left[\frac{1}{2}\exp\left(\frac{u}{\sqrt{m}} \right) + \frac{1}{2}\exp\left(-\frac{u}{\sqrt{m}} \right) \right]$$

$$x = \frac{1}{\sqrt{m}} \to\ = t\lim_{x\to 0}\frac{\ln\left(\frac{1}{2}e^{ux} + \frac{1}{2}e^{-ux} \right)}{x^2}$$

$$= t\lim_{x\to 0}\frac{\ln[\cosh(ux)]}{x^2}$$

$$\text{洛必达法则} \to\ = ut\lim_{x\to 0}\frac{\tanh(ux)}{2x}$$

$$\text{洛必达法则} \to\ = u^2 t\lim_{x\to 0}\frac{1}{2}\left[\frac{1 - \sinh^2(x)}{\cosh^2(x)} \right] = \frac{1}{2}u^2 t$$

从而可得：

$$\lim_{m\to\infty}\ln[M_m(u)] = \frac{1}{2}u^2 t \quad\Rightarrow\quad \lim_{m\to\infty}M_m(u) = \exp\left(\frac{1}{2}u^2 t \right)$$

不难看出，当 $m\to\infty$ 时，$W^{(m)}(t)$ 的矩母函数 $M_m(u)$ 与期望为零、方差为 t 的正态分布之矩母函数相同。这意味着：

$$\lim_{m\to\infty}W^{(m)}(t) \sim \mathcal{N}(0, t)$$

本章习题

1. 已知 $W(t)$ 是标准布朗运动，假设 $X(t) = |W(t)|$，$t \geqslant 0$，求 $\mathbb{E}X(t)$ 和 $\mathrm{Var}X(t)$。
2. 假设 $W(t)$ 是标准布朗运动，求：
   (a) $\mathbb{P}[W(2) > 3]$；
   (b) $\mathbb{P}[W(3) > W(2)]$。
3. 假设 $W(t)$ 是标准布朗运动，求：
   (a) $aW(s) + bW(t)$ 的分布，其中 a, b, s, t 均是实数，并且 $0 < s < t$；
   (b) $\mathbb{P}[W(2) - 2W(3) \leqslant 4]$。
4. 假设 $W(t)$ 是标准布朗运动，并且 $0 \leqslant u \leqslant s \leqslant t$，求：
   (a) $\mathbb{E}[W^2(t)W^2(s)]$；
   (b) $\mathbb{E}[W(t)W(s)W(u)]$。

5. 假设 $W(t)$ 是标准布朗运动，求 $W(1) + W(2) + \cdots + W(n)$ 的分布。

6. 假设 $W(t)$ 和 $B(t)$ 是两个独立的标准布朗运动，取 $X(t) = \dfrac{B(t) + W(t)}{\sqrt{2}}$，

   证明 $X(t)$ 也是一个布朗运动，并求出 $B(t)$ 与 $X(t)$ 的相关系数。

7. 假设 $W(t)$ 是标准布朗运动，证明：

$$\mathrm{Corr}[W(s), W(t)] = \sqrt{\frac{s \wedge t}{s \vee t}}, \qquad s \neq t$$

   其中，$\mathrm{Corr}[W(s), W(t)]$ 是 $W(s)$ 和 $W(t)$ 的相关系数。

8. 假设 $W(t)$ 是标准布朗运动，求：

   (a) $\mathrm{Cov}[W(5) + 2W(3), W(2) + W(3)]$；

   (b) 使得 $\mathrm{Var}[W(5) + kW(4) + W(1)]$ 最小的实数 k。

9. 假设 $W(t)$ 是标准布朗运动，求 $\mathbb{P}\left[W(1) < \dfrac{1}{2}, W(3) > W(1) + 2\right]$。

符号说明

$\mathbb{R}$	实数（real number）集
$\mathbb{Z}$	整数（integer）集
$\mathbb{N}$	自然数（natural number）集
$\forall$	对于所有的（for all）
$\exists$	存在（exists）
a.s.	几乎必然（almost surely）成立或存在
$\mathcal{F}$	σ 代数
$\mathbf{1}_A(x)$	示性函数（indicator function），当 $x \in A$ 时取值为 1；否则取 0
$\exp(x)$	自然常数 $\mathrm{e} \approx 2.71828\cdots$ 的指数 e^x
$X \wedge Y$	两数取最小值，即 $\min(X, Y)$
$X \vee Y$	两数取最大值，即 $\max(X, Y)$
$\mathcal{N}(\mu, \sigma^2)$	均值为 μ、方差为 σ^2 的正态分布（normal distribution）
$N(\cdot)$	标准正态分布的分布函数，即 $N(x) = \mathbb{P}(X \leqslant x)$，其中 $X \sim \mathcal{N}(0, 1)$
$n!$	阶乘（factorial），即 $1 \times 2 \times 3 \times \cdots \times n$
$\binom{n}{m}$	组合数（combinatorial number），意为从 n 个不同元素中取出 m 个元素 $(m \leqslant n)$ 的所有组合的个数
$O(\Delta t)$	Δt 的高阶无穷小
$\mathbb{P}$	概率符号
$\mathbb{E}(X)$	随机变量 X 的期望（expectation）
$\mathrm{Var}(X)$	随机变量 X 的方差（variance）
$f_X(t)$	随机变量 X 的概率密度函数（probability density function, pdf）
$F_X(t)$	随机变量 X 的累积分布函数（cumulative distribution function, cdf）

$M_X(t)$	随机变量 X 的矩母函数（moment generating function, mgf），参数为 t
$\phi_X(t)$	随机变量 X 的特征函数（characteristic function, cf），参数为 t
$G_X(s)$	随机变量 X 的概率母函数（probability generating function, pgf），参数为 s
$\mathbb{P}(X\|Y)$, $\mathbb{P}_Y(X)$	条件概率
$\mathbb{E}(X\|Y)$, $\mathbb{E}_Y(X)$	条件期望
τ	停时（stopping time）
τ_x	首次返回状态 x 的最短时间
τ_x^k	第 k 次返回状态 x 的最短时间
f_{xy}	从状态 x 开始，经过有限步到达状态 y 的概率
f_{xx}^k	经过有限时间，k 次返回状态 x 的概率
$p^n(x,y)$	离散时间马氏链中，从状态 x 开始，经 n 步到达状态 y 的概率
$p_t(x,y)$	连续时间马氏链中，从状态 x 开始，经时长 t 到达状态 y 的概率
$q(x,y)$	连续时间马氏链中，从状态 x 跳到状态 y 的速率
q_x	连续时间马氏链中，离开状态 x 的速率，即 $\|q(x,x)\|$
$\mathcal{E}(\lambda)$	速率为 λ 的指数分布（exponential distribution）
$\mathrm{Poi}(\lambda)$	均值为 λ 的泊松分布（Poisson distribution）
$M(t)$	更新函数，即 $\mathbb{E}N(t)$
$m(t)$	更新强度，即 $\mathrm{d}M(t)/\mathrm{d}t$
$\mathcal{L}$	拉普拉斯变换（Laplace transform）的算符
$\mathcal{L}\{f(t)\}$	对函数 $f(t)$ 进行拉普拉斯变换，变换后的参数为 s
X_n	第 n 个更新间隔，即 $T_n - T_{n-1}$
$T_{N(t)}$	第 $N(t)$ 次更新的时刻
$A(t)$	年龄，即 $t - T_{N(t)}$
$Y(t)$	剩余寿命，即 $T_{N(t)+1} - t$
$W(t)$	标准布朗运动

拉普拉斯变换对照表

原函数 $f(t)$	拉普拉斯变换 $\mathcal{L}[f(t)] = F(s)$	备注
1	$\dfrac{1}{s}$	
t^n	$\dfrac{n!}{s^{n+1}}$	$n = 1, 2, \ldots$
e^{at}	$\dfrac{1}{s-a}$	a 是常数
$t^n \mathrm{e}^{at}$	$\dfrac{n!}{(s-a)^{n+1}}$	a 是常数，$n = 1, 2, \ldots$
$\sin(kt)$	$\dfrac{k}{s^2 + k^2}$	k 是常数
$\cos(kt)$	$\dfrac{s}{s^2 + k^2}$	k 是常数
$\sinh(kt)$	$\dfrac{k}{s^2 - k^2}$	k 是常数
$\cosh(kt)$	$\dfrac{s}{s^2 - k^2}$	k 是常数
$\mathrm{e}^{at} f(t)$	$F(s-a)$	a 是常数
$t^n f(t)$	$(-1)^n \dfrac{\mathrm{d}^n}{\mathrm{d}s^n} F(s)$	$n = 1, 2, \ldots$

参考文献

[1] Dennis G. Zill. *Advanced Engineering Mathematics*[M]. 6th edition, Burlington: Jones & Bartlett, 2018.

[2] Gregory F. Lawler. *Introduction to Stochastic Processes*[M]. 2nd edition, London: Chapman and Hall/CRC, 2006.

[3] J. R. Norris. *Markov Chains*[M]. New York: Cambridge University Press, 1997.

[4] Jean-Francois Le Gall. *Brownian Motion, Martingales, and Stochastic Calculus*[M]. Switzerland: Springer, 2016.

[5] Mark A. Pinsky and Samuel Karlin. *An Introduction to Stochastic Modeling*[M]. 4th edition, New York: Academic Press, 2011.

[6] Nicolas Privault. *Understanding Markov Chains: Examples and Applications*[M]. New York: Springer, 2013.

[7] René L. Schilling and Lothar Partzsch. *Brownian Motion: An Introduction to Stochastic Processes*[M]. Göttingen: Springer, 2012.

[8] Richard Durrett. *Essentials of Stochastic Processes*[M]. 3rd edition, New York: Springer, 2016.

[9] Richard F. Bass. *Stochastic Processes*[M]. New York: Cambridge University Press, 2011.

[10] Robert G. Gallager. *Stochastic Processes: Theory for Applications*[M]. New York: Cambridge University Press, 2013.

[11] Robert P. Dobrow. *Introduction to Stochastic Processes with R*[M]. New York: Wiley, 2016.

[12] Sheldon M. Ross. *Introduction to Probability Models*[M]. 12th edition, New York: Academic Press, 2019.

[13] Sidney I. Resnick. *Adventures in Stochastic Processes*[M]. Boston: Birkhäuser, 2005.

[14] Steven Shreve. *Stochastic Calculus for Finance I: The Binomial Asset Pricing Model*[M]. New York: Springer, 2004.

[15] Steven Shreve. *Stochastic Calculus for Finance II: Continuous-Time Models*[M]. New York: Springer, 2004.

[16] Tomas Björk. *Point Processes and Jump Diffusions: An Introduction with Finance

Applications[M]. New York: Cambridge University Press, 2021.

[17] X. Sheldon Lin. *Introductory Stochastic Analysis for Finance and Insurance*[M]. New York: Wiley, 2006.

[18] Zdzisław Brzeźniak and Tomasz Zastawniak. *Basic Stochastic Processes: A Course Through Exercises*[M]. London: Springer, 1998.

[19] 何书元. 随机过程 [M]. 北京: 北京大学出版社, 2008.

[20] 施三支, 马文联. 应用随机过程 [M]. 北京: 电子工业出版社, 2018.

[21] 王军，邵吉光，王娟. 随机过程及其在金融领域中的应用 [M]. 2 版. 北京：清华大学出版社, 2018.

[22] 余颖丰. 企业异质性理论研究：从新新贸易理论到动态宏观经济理论 [M]. 北京: 首都经济贸易大学出版社, 2020.

[23] 张波, 商豪, 邓军. 应用随机过程 [M]. 5 版. 北京: 中国人民大学出版社, 2020.

[24] 张波, 张景肖, 肖宇谷. 应用随机过程 [M]. 2 版. 北京: 清华大学出版社, 2019.

图书在版编目（CIP）数据

应用随机过程/方杰，周熙雯，郭君默编著. --北京：中国人民大学出版社，2024.6
高等学校经济管理类主干课程教材
ISBN 978-7-300-32692-4

Ⅰ.①应… Ⅱ.①方… ②周… ③郭… Ⅲ.①随机过程-高等学校-教材 Ⅳ.①O211.6

中国国家版本馆 CIP 数据核字（2024）第 061519 号

高等学校经济管理类主干课程教材
应用随机过程
方杰　周熙雯　郭君默　编著
Yingyong Suiji Guocheng

出版发行	中国人民大学出版社	
社　　址	北京中关村大街 31 号	**邮政编码**　100080
电　　话	010 - 62511242（总编室）	010 - 62511770（质管部）
	010 - 82501766（邮购部）	010 - 62514148（门市部）
	010 - 62515195（发行公司）	010 - 62515275（盗版举报）
网　　址	http：//www.crup.com.cn	
经　　销	新华书店	
印　　刷	天津中印联印务有限公司	
开　　本	787 mm×1092 mm　1/16	**版　　次**　2024 年 6 月第 1 版
印　　张	16.25 插页 1	**印　　次**　2024 年 6 月第 1 次印刷
字　　数	380 000	**定　　价**　45.00 元

教学支持说明

1. 教辅资源获取方式

为秉承中国人民大学出版社对教材类产品一贯的教学支持，我们将向采纳本书作为教材的教师免费提供丰富的教辅资源。您可直接到中国人民大学出版社官网的教师服务中心注册下载——http://www.crup.com.cn/Teacher。

如遇到注册、搜索等技术问题，可咨询网页右下角在线 QQ 客服，周一到周五工作时间有专人负责处理。

注册成为我社教师会员后，您可长期根据您所属的课程类别申请纸质样书、电子样书和教辅资源，自行完成免费下载。您也可登录我社官网的"教师服务中心"，我们经常举办赠送纸质样书、赠送电子样书、线上直播、资源下载、全国各专业培训及会议信息共享等网上教材进校园活动，期待您的积极参与！

2. 高校教师可加入下述学科教师 QQ 交流群，获取更多教学服务

经济类教师交流群：781029042

财政金融教师交流群：766895628

国际贸易教师交流群：162921240

税收教师交流群：119667851

3. 购书联系方式

网上书店咨询电话：010 - 82501766

邮购咨询电话：010 - 62515351

团购咨询电话：010 - 62513136

中国人民大学出版社经济分社

地址：北京市海淀区中关村大街甲 59 号文化大厦 1506 室　100872

电话：010 - 62513572　010 - 62515803

传真：010 - 62514775

E-mail：jjfs@crup.com.cn